Karl Olsberg

Schöpfung außer Kontrolle

Karl Olsberg

Schöpfung außer Kontrolle

Wie die Technik uns benutzt

aufbau

Gewidmet der ersten Maschine,
die diesen Text lesen und verstehen kann.

ISBN 978-3-351-02714-8

Aufbau ist eine Marke
der Aufbau Verlag GmbH & Co. KG

1. Auflage 2010

Einbandgestaltung henkel/lemme
Druck und Binden CPI – Moravia Books, Pohořelice
Printed in Czech Republic

www.aufbau-verlag.de

Wenn sie nur kann,
wird die Natur dich dreist belügen.

Charles Darwin

Inhalt

Einführung

Teil I
Darwins Algorithmus

Teil II
Das Schokoladenproblem

Teil III
So lasst uns denn ein Apfelbäumchen selektieren

Herzlichen Glückwunsch!

Als Käufer dieses Buches sind Sie Teil einer Elite, einer kleinen Minderheit außergewöhnlich talentierter Lebewesen. Sie gehören zu einer Spezies, die herausragt unter all den Lebewesen unseres Planeten, vielleicht sogar unter allen Lebewesen des Universums. Sie können sprechen, lesen, schreiben.

Sie haben ein Gehirn, das weit leistungsfähiger ist als alles, was die uns bekannte Natur je hervorgebracht hat. Die Zahl der möglichen Verbindungen zwischen den Neuronen in Ihrem Kopf ist größer als die Zahl der Atome im Universum. Mit diesem Gebilde vollbringen wir wahre Wunder: Wir erschaffen Städte, Kunstwerke, das Internet. Wir fliegen zum Mond und spalten Atome. Wir haben keine natürlichen Feinde mehr, selbst die Krankheiten besiegen wir nach und nach. Wir verändern die Umwelt in so großem Ausmaß, dass wir uns mäßigen müssen in unserer einzigartigen Macht über die Natur.

In der Bibel steht: »Seid fruchtbar und mehret euch und füllet die Erde und machet sie euch untertan.« Wir haben diese Worte befolgt und die Herrschaft über die Erde übernommen. Schließlich sind wir die Quintessenz aus 3,8 Milliarden Jahren Evolution, die kontinuierlich danach gestrebt hat, immer bessere und intelligentere Geschöpfe hervorzubringen.

Wir haben Probleme, ja, aber es sind nicht mehr die Probleme des Überlebens in einer feindlichen Natur, sondern selbstgemachte Schwierigkeiten wie Terrorismus, Überbevölkerung und Umweltzerstörung. Es gibt nur eine Lebensform, die uns noch wirklich gefährlich werden kann: wir selbst.

Wir wissen nicht, ob es irgendwo da draußen im Weltall Wesen gibt, die noch intelligenter, noch mächtiger sind als wir. Aber hier, auf unserem Planeten, sind wir unumstritten die Krone der Schöpfung.

Die obigen Zeilen geben mehr oder weniger die Meinung der meisten Menschen zu ihrer Rolle auf der Erde wieder. Viele würden es vielleicht nicht so drastisch ausdrücken, nicht so arrogant wirken wollen. Aber im Grunde halten wir Menschen uns für etwas Besonderes. Wir wissen, dass wir nicht perfekt sind, halten uns gegenüber dem Rest der Schöpfung aber eindeutig für überlegen. Schließlich können wir Dinge, die kein Tier kann. Wir haben zum Beispiel die Macht, mit unseren etwa 30000 Atombomben das Leben auf der Erde – einschließlich uns selbst – weitgehend zu zerstören. Könnte es einen besseren Beweis für unsere Überlegenheit geben?

Wir sind nun mal die Krone der Schöpfung, ob wir wollen oder nicht. Wir müssen nur noch lernen, wie wir verantwortungsvoll mit unserer Führungsrolle umgehen. Das ist die »herrschende Meinung«, und vielleicht auch Ihre.

Leider ist sie falsch.

Es ist der Zweck dieses Buches zu zeigen, dass wir nicht die Krone der Schöpfung sind, sondern ihre Diener. Dass die Evolution uns schamlos ausnutzt und unsere großen Gehirne nur dazu da sind, den ewigen Kreislauf der Reproduktion, Mutation und Selektion zu beschleunigen, der allem Leben zugrunde liegt.

Wir werden Argumente dafür diskutieren, dass Städte, Autos und Fernseher nicht gezielt von uns geschaffen wurden, sondern durch denselben Evolutionsprozess entstanden sind, der auch alle Lebewesen einschließlich uns selbst hervorgebracht hat. Dass wir im Grunde nur Vermehrungshelfer für die Dinge sind, die wir herstellen, und dass diese nicht weniger »natürlich« sind als Ameisenhaufen, Tannenzapfen und Viren. Dass es sogar schwerfällt, Städte von Lebewesen abzugrenzen.

Sigmund Freud hat einmal gesagt, alle großen wissenschaftlichen Revolutionen hätten eines gemeinsam: Sie stießen die menschliche Arroganz immer wieder von einem Sockel der kosmischen Selbstsicherheit nach dem anderen. Kopernikus, Galilei, Newton und die modernen Astronomen haben gezeigt, dass die Erde nicht der Mittelpunkt des Universums ist, sondern einen absolut gewöhnlichen Stern in einem unbedeutenden Spiralarm der Milchstraße, einer von etwa einer Billion Galaxien, umkreist. Freud selbst zerstörte die Illusion vom vernünftig handelnden Menschen und machte deutlich, dass das Unbewusste unsere Handlungen viel stärker dirigiert, als wir wahrhaben wollen.

Darwin und die moderne Genetik zeigen uns, dass wir nicht einzigartige, nach Gottes Abbild geschaffene Wesen sind, sondern uns kaum von unseren tierischen Verwandten unterscheiden. Doch erst in jüngerer Zeit, mehr als einhundertfünfzig Jahre nach der Veröffentlichung der »Entstehung der Arten durch natürliche Zuchtwahl«, werden die Implikationen seiner Entdeckung allmählich in ihrem ganzen Ausmaß klar.

Stephen Jay Gould wies in »Illusion Fortschritt« nach, dass die Evolution nicht zielgerichtet verläuft, dass intelligente Wesen nicht etwa weniger intelligenten »überlegen« sind, dass der menschliche Intellekt lediglich das Ergebnis eines zwangsläufigen statistischen Effekts ist.

Der britische Zoologe Richard Dawkins zeigt in seinem Buch »Das egoistische Gen«, dass Menschen, Tiere und Pflanzen nichts als Reproduktionsmaschinen sind, die von den Genen benutzt werden, um sich zu vervielfältigen. Er wies auch darauf hin, dass wir nicht nur Gene vervielfältigen, sondern auch Informationseinheiten, die er Meme nannte – zum Beispiel Gedichte, wissenschaftliche Theorien oder handwerkliche Fähigkeiten. Damit schuf er ein neues, noch nicht sehr weit verbreitetes und von der Öffentlichkeit weitgehend unbeachtetes Forschungsgebiet: die Memetik.

Die Bedeutung der Evolutionstheorie geht weit über die Erklärung der Entstehung des Lebens auf der Erde hinaus. Sie entschlüsselt wirtschaftliche Zusammenhänge, liefert praktische Erkenntnisse über unser tägliches Leben und gibt uns Hinweise darauf, was uns in der Zukunft bevorsteht. Vor allem aber definiert sie unsere Rolle in der Schöpfung neu.

Mit dem Begriff »Schöpfung« ist hier nicht ein bewusster Akt eines höheren Wesens gemeint, wie die Religion ihn voraussetzt. »Schöpfung« bezieht sich vielmehr allgemein auf den Prozess, der die Vielfalt des Lebens auf der Erde hervorgebracht hat, unabhängig davon, ob dabei ein höheres Wesen eingreift oder nicht.

Es ist an der Zeit, dass wir uns von einer weiteren Illusion verabschieden. Nicht wir sind es, die die Natur beherrschen. Die Natur beherrscht uns. Mehr noch: Sie benutzt uns. Wir sind nichts anderes als ihre Helfershelfer, die den natürlichen Prozess der permanenten Umgestaltung und Anpassung, den wir Evolution nennen, dramatisch beschleunigen. Unsere Kultur und Technik sind, ebenso wie wir selbst, Ergebnisse dieses seit Jahrmilliarden andauernden Prozesses, der auf einem simplen mathematischen Gesetz beruht.

Wir mögen glauben, dass wir diesen Schöpfungsprozess kontrollieren können, doch in Wahrheit kontrolliert er uns. Wir tun gut daran, das zu begreifen und unsere eigentliche Rolle in diesem Prozess zu akzeptieren. Dann haben wir die Chance, aus der Erde wieder einen Garten Eden zu machen – nicht als »Krone der Schöpfung« allerdings, sondern als Gärtner.

Teil I
Darwins Algorithmus

1. Geradewegs ins Chaos

Im Jahr 1981 kaufte ich mir meinen ersten Computer – einen Texas Instruments 99/4a mit 16 Kilobyte Hauptspeicher und einem mit ca. 1 Megahertz getakteten 16-Bit-Mikroprozessor, inklusive Diskettenlaufwerk für insgesamt ca. 2500 D-Mark. Damals war ich einer der wenigen in Deutschland, die so ein Gerät für private Zwecke besaßen.

Ende 2006 erwarb ich für 1000 Euro – also einen vergleichbaren Betrag – einen Computer mit Intel-Dual-Core-Prozessor, 3,2 Gigahertz Taktfrequenz und 2 Gigabyte Hauptspeicher. In 25 Jahren hatte sich allein die Taktfrequenz, die man für einen bestimmten Geldbetrag bekommt, um den Faktor 3200 erhöht. Beim Hauptspeicher betrug der Faktor 131000. Die Rechenleistung dürfte je nach Anwendung insgesamt mehr als 100000-mal so groß sein.

Hinter dieser rasanten Entwicklung steckt ein Zusammenhang, der nach einem der Gründer des Mikroprozessor-Herstellers Intel »Mooresches Gesetz« genannt wird. Gordon Moore stellte schon Ende der sechziger Jahre die These auf, dass sich die Dichte der Halbleiterelemente in einem Mikrochip alle 2 bis 3 Jahre verdoppele, was in der Praxis über Jahrzehnte bestätigt wurde. Da die Dichte der Speicherelemente inzwischen an ihre physikalischen Grenzen stößt, wurde das Mooresche Gesetz so weit verallgemeinert, dass sich die Rechenleistung pro Dollar etwa alle 2 Jahre verdoppelt. Beim Vergleich eines modernen PC mit meinem alten TI 99/4a ist die durchschnittliche Verdoppelungszeit sogar noch kürzer.

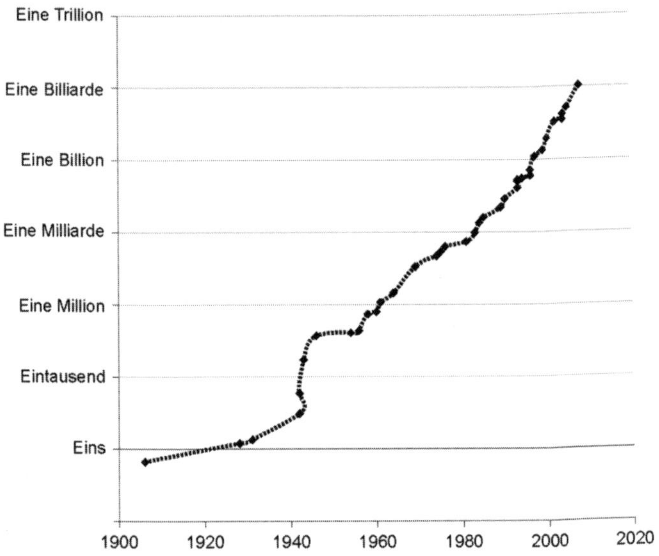

Entwicklung der Rechenleistung des jeweils schnellsten Computers der Welt in Rechenoperationen pro Sekunde

Betrachtet man die Entwicklung der Rechenleistung der jeweils schnellsten Computer ihrer Zeit, so stellt man erstaunt fest, dass Moores Erkenntnis offenbar schon viel länger gilt, und zwar mit verblüffender Genauigkeit. Seit immerhin etwa hundert Jahren folgt die Steigerung der Rechenleistung einer exponentiellen Entwicklung.

Das obige Bild zeigt die Rechenleistung der jeweils schnellsten Computer der Welt in der Einheit »Flop/s« für Floating Point Operations per Second, zu Deutsch Fließkomma-Rechenoperationen pro Sekunde. Die Skala ist in diesem Bild logarithmisch dargestellt. Das bedeutet, dass zwischen zwei Strichen jeweils eine Vertausendfachung der Rechenleistung liegt.

Die Betrachtung beginnt mit den ersten mechanischen Rechenmaschinen zu Beginn des 20. Jahrhunderts, die für eine einzelne Rechenoperation noch mehrere Sekunden brauchten. Im Sommer 2008 durchbrach erstmals ein Computer von IBM mit dem hübschen Spitznamen »Roadrunner« im Los Alamos National Laboratory in den USA die Grenze von einer Billiarde (1 000 000 000 000 000) Rechenoperationen pro Sekunde. In der Zwischenzeit hatte sich die Rechenleistung ungefähr 52-mal verdoppelt, also ziemlich genau jeweils alle 2 Jahre.

Anders, als Moore es ursprünglich gemeint hatte, betrifft diese Kurve nicht eine bestimmte Technologie, sondern die Leistung von Rechenmaschinen an sich, unabhängig davon, wie diese funktionieren. Während die ersten Computer noch mit relativ schwerfälligen elektromechanischen Relais arbeiteten, wurden durch den Einsatz von elektrischen Röhren, dann von Transistoren, integrierten Schaltungen und Mikroprozessoren immer wieder technische Grenzen überwunden.

Konrad Zuse schuf mit dem Z1 den ersten programmierbaren Rechner der Welt. Er schaffte weniger als eine Rechenoperation pro Sekunde. Dennoch war sein Konzept revolutionär, denn anders als die damals üblichen Rechenmaschinen arbeitete der Z1 bereits mit einem binären Zahlensystem, das zum Beispiel die mechanische Durchführung von Multiplikationen deutlich beschleunigte und vereinfachte.

Wie so oft stieß diese bahnbrechende Erfindung zunächst auf Skepsis und Unverständnis. Zuse erinnert sich in seinen Memoiren an ein Telefonat mit Dr. Kurt Pannke, einem Fabrikanten von Spezialrechenmaschinen, im Jahr 1937: »›Ich habe mir sagen lassen‹, begann Dr. Pannke, ›dass Sie eine Rechenmaschine erfunden haben. Nun will ich Ihnen nicht den Mut nehmen, als Erfinder zu arbeiten und neue Ideen zu entwickeln. Aber eines muss ich Ihnen doch von vornherein sagen: Auf dem Gebiet der Rechenmaschinen ist praktisch alles bis in die letzten Möglichkeiten erforscht und ausgeklügelt. Da gibt es kaum noch etwas zu erfinden, das hat mir auch der berühmte Rechenmaschinenkonstrukteur Hamann bestätigt, nach dessen Ideen rund eine Million Rechenmaschinen gebaut worden sind. Arbeitet Ihre Rechenmaschine nach dem Prinzip der wiederholten Addition oder nach dem Prinzip der Einmaleins-Körper?‹ – ›Das ist in meiner Maschine dasselbe‹, sagte ich, worauf statt einer Antwort eine längere Pause folgte.«

Es gibt gute Gründe anzunehmen, dass sich die Leistungsfähigkeit von Computern auch in Zukunft exponentiell entwickelt, sich also weiterhin etwa alle 2 Jahre verdoppeln wird. Denn es sind bereits neue Techniken in Entwicklung, die Computer noch wesentlich schneller machen können, wie beispielsweise optische Computer, analoge Rechner (die statt nur mit 0 und 1 auch mit den Zwischenwerten rechnen können) oder die exotischen Quantencomputer. Letztere existieren bisher nur in der Theorie, könnten aber eine Aufgabe, für die ein heutiger Durchschnitts-PC viele tausend Jahre brauchen würde, in einer Sekunde lösen. Selbst mit der heute verfügbaren Technik kann man die Leistung eines handelsüblichen 1000-Euro-PCs vermutlich noch eine ganze Weile alle 2 Jahre verdoppeln, indem man zum Beispiel statt eines einzigen Mikroprozessors mehrere Parallelprozessoren verwendet, wie dies bereits mit den »Dual-Core-« und »Quad-Core-Prozessoren« geschieht.

Die meisten Menschen können sich exponentielle Entwicklungen nur schwer vorstellen. Versuchen wir also, die zukünftige Steigerung der Computerleistung auf einen linearen Maßstab zu übertragen. Zeichnen wir dazu die

Leistung eines 1000-Euro-Computers im Abstand von jeweils 10 Jahren als Säule auf ein Blatt Papier. Die Höhe der Säule entspricht dabei der Rechenleistung. Beginnen wir mit einem PC des Jahres 2010 und wählen für seine Leistung eine niedrige Säule, zum Beispiel einen Zentimeter hoch. Bei einer Verdoppelung alle 2 Jahre wäre die nächste Säule für einen Computer des Jahres 2020 schon 32 Zentimeter hoch, mehr als die ganze Höhe eines DIN-A4-Blattes. Noch einmal 10 Jahre weiter, im Jahr 2030, wäre die Leistung eines Haushalts-PCs schon so stark, dass die zugehörige Säule eine Höhe von mehr als 10 Metern hätte und gerade noch auf die Fassade eines vierstöckigen Wohnhauses passte. Für das Jahr 2040 bräuchten wir dann schon ein 330 Meter hohes Gebäude, und die Säule für das Jahr 2050 würde sogar den Mount Everest überragen – sie wäre mehr als 10 Kilometer hoch. Immer vorausgesetzt natürlich, der exponentielle Trend der letzten 100 Jahre gilt noch weitere 40 Jahre fort.

Das ist eine riesige Rechenleistung. Wozu brauchen wir die? Eine Frage, die nicht leicht zu beantworten ist. Allerdings lässt sich bei näherer Betrachtung der Computerentwicklung feststellen, dass der Bedarf an Rechenleistung in den letzten 100 Jahren mindestens so schnell gewachsen ist wie die Leistungsfähigkeit der Maschinen. Denken Sie nur an die Komplexität heutiger Computerspiele, die immer realitätsnäher werden und inzwischen einen höheren Produktionsaufwand haben – aber auch mehr einbringen – als mancher Hollywood-Kinohit.

Also schön, werden Sie jetzt vielleicht denken, die Rechenleistung wächst exponentiell. Ein Telefon des Jahres 2050 ist vermutlich leistungsfähiger als der heute schnellste Computer der Welt. Na und? Wo ist das Problem?

Es ist nicht die Rechenleistung selbst, die unsere Welt

grundlegend verändert und uns in Zukunft nicht nur neue Segnungen, sondern auch ganz neue Schwierigkeiten bringen wird. Es ist die Komplexität der Maschinen, deren Leistungsfähigkeit so unermesslich wächst, und der Anwendungen, für die wir sie nutzen werden.

Als ich meinen ersten Computer kaufte, wurden in Computerzeitschriften sogenannte »Listings« abgedruckt – das waren Programme auf 2 bis 3 Seiten, die man problemlos abtippen konnte. Simple Computerspiele zum Beispiel oder etwa ein Programm zur Berechnung des Benzinverbrauchs. In den Hauptspeicher des Computers passte auch gar nicht viel mehr Komplexität – im Fall des TI 99/4a nur etwa 16000 Zeichen, das sind ungefähr 10 Schreibmaschinenseiten.

Heutige Computer sind da etwas anspruchsvoller. Das Betriebssystem Windows Vista besteht nach einer Pressemitteilung des Herstellers Microsoft aus mehr als 50 Millionen Programmzeilen. Ausgedruckt wären das etwa 300 1000 Seiten starke, zweispaltig eng gedruckte Bücher – 10-mal so viel wie eine große Enzyklopädie.

Es liegt auf der Hand, dass man solche Programme nicht mal eben »abtippt«. Man kann sie auch nicht ohne weiteres von Hand schreiben. Niemand kann die Komplexität von 50 Millionen Zeilen ohne Hilfsmittel überblicken. Man braucht dafür natürlich – Computer.

Software wird auf vielfältige Art und Weise in der Softwareentwicklung eingesetzt. Da gibt es zunächst die einfachen Werkzeuge: Texteditoren und sogenannte Compiler, die den Programmcode von einer für Menschen lesbaren in eine maschinennahe Form übersetzen. Auf der nächsten Komplexitätsstufe folgen Programmbibliotheken – Sammlungen von nützlichen Funktionen, die andere Programmierer irgendwann erstellt haben oder die vom

Betriebssystem des Computers zur Verfügung gestellt werden. Es wäre ja nicht sinnvoll, dass jeder Programmierer das Rad neu erfindet und beispielsweise eine Programmroutine zur Ausgabe eines Zeichens auf dem Bildschirm entwickelt, die von hunderttausend anderen Programmen ebenfalls benötigt wird. So etwas befindet sich natürlich schon fertig in den »Systemroutinen« des Betriebssystems.

Doch auch mit solchen Hilfsmitteln kann man die Komplexität heutiger Softwareprojekte nicht bewältigen. Also folgen auf der nächsten Ebene Planungs- und Verwaltungsprogramme, die zum Beispiel Übersichten über den Fertigstellungszustand und die aktuelle Version aller verwendeten »Software-Module« bereitstellen (Module sind einzelne Programmteile, die bestimmte Teilaufgaben, wie zum Beispiel das Drucken eines Dokuments, übernehmen).

Trotz – oder gerade wegen – dieser Hilfsmittel ist vieles, was in der Softwareentwicklung passiert, Routine. Routinetätigkeiten kann man oft automatisieren. Also gibt es längst sogenannte Codegeneratoren, die automatisch Programme schreiben. Der menschliche Entwickler sagt dem Computer dabei quasi nur noch, *was* das Programm tun soll, nicht mehr, *wie*. Ein großer Teil der Internet-Seiten, die man beim Surfen im World Wide Web zu Gesicht bekommt, wurde von solchen Codegeneratoren erzeugt.

Noch eine Stufe weiter gehen selbstlernende Programme. Sie sind in der Lage, sich selbst so zu verändern, dass sie eine bestimmte Aufgabe mit der Zeit immer besser lösen können. Obwohl diese Technik noch in den Kinderschuhen steckt, wird ihr zukünftig in einer immer komplexeren Umwelt wohl eine wachsende Bedeutung zukommen. Heutige Anwendungen findet man beispielsweise in Computerspielen, bei denen sich die Gegner im Laufe der

Zeit immer besser auf den Spieler einstellen, aber auch in technischen Systemen.

Der Effekt all dieser Technik ist, dass ein Programmierer nur noch *ungefähr* weiß, wie das Programm, das er entwickelt hat, funktioniert. Niemand versteht mehr die Komplexität eines typischen Computerprogramms, wie etwa der Textverarbeitungssoftware, mit der ich diese Zeilen schreibe, in allen Details. Niemand kennt alle Einzelheiten seiner Arbeitsweise.

Es klingt vielleicht im ersten Moment ein bisschen seltsam, dass Menschen ein funktionierendes Softwareprogramm entwickeln können, ohne dass sie genau wissen, wie es im Detail arbeitet. Aber das ist ein Grundprinzip moderner Arbeitsteilung: Niemand versteht alles. Ärzte können eine Leber transplantieren, ohne zu verstehen, wie sie auf zellularer Ebene aufgebaut ist. Heizungsmonteure können Rohre auswechseln, ohne zu wissen, wie diese hergestellt werden oder welche Technik sich genau in der Brennkammer der Heizungsanlage verbirgt. Der Konstrukteur der Bremsanlage eines Autos muss nicht im Detail verstehen, wie ein Motor funktioniert oder wie die Materialien, die er verwendet, hergestellt werden. Gentechniker verändern Genome, ohne genau zu verstehen, welche Auswirkungen dies auf den Entstehungsprozess eines Lebewesens haben wird. Spezialisierung, ein wesentliches Merkmal unserer modernen Wirtschaft, führt dazu, dass der Überblick über das Ganze verlorengeht. Trotzdem funktioniert am Ende alles.

Jedenfalls meistens.

Ein wesentliches Problem der Komplexität ist aber, dass sich Fehler einschleichen. Je komplexer, desto mehr Fehler. Es ist leicht vorstellbar, dass ein 50 Millionen Zeilen langes Programm nicht ein Dutzend Fehler enthält, sondern viele

Tausend. Natürlich findet auch die Fehlersuche längst mit Softwareunterstützung statt. Trotzdem ist es vollkommen unmöglich, ein so komplexes System völlig fehlerfrei zu machen.

Die Konsequenz erleben wir alle täglich, wenn wir mit dem Computer arbeiten: Kleine graue Fenster öffnen sich und fragen, ob man einen Fehlerbericht an den Hersteller senden möchte. Wir haben uns angewöhnt, unsere Arbeit häufig zwischenzuspeichern, weil wir jederzeit mit einem »Absturz« unserer Software rechnen müssen, der unter Umständen alles vernichtet, was wir seit dem letzten Speichern fabriziert haben. Alle Versuche, dieses Problem in den Griff zu bekommen, sind bisher gescheitert – im Gegenteil hat man das Gefühl, dass die Fehler eher zu- als abnehmen. Das ist auch daran zu erkennen, dass immer häufiger »Updates« – verbesserte Programmversionen – aus dem Internet heruntergeladen werden. Oft sogar, ohne dass wir das überhaupt bemerken.

Jemand hat einmal geschrieben: »Wenn Baumeister Häuser so bauen würden, wie Programmierer Programme schreiben, dann würde der erste Specht, der vorbeikommt, die Zivilisation zerstören.« Das ist ein bisschen unfair: Es ist viel leichter, ein Haus zu bauen, das nicht einstürzt, als ein Programm, das niemals versagt – eben weil Programme mit Hunderttausenden von Zeilen viel komplizierter sind als Architektenpläne.

Bisher haben wir über Computer auf unseren Schreibtischen gesprochen und über Programme, die wir bewusst verwenden. Doch Computer breiten sich, oft unbemerkt, immer mehr in unserem Leben aus. Ein ganz gewöhnliches Auto enthält heute bereits wesentlich kompliziertere Computertechnik, als sie die Apollo-11-Astronauten brauchten, um auf dem Mond zu landen. Computer sind nahezu überall zu finden – in Telefonen, Waschmaschinen, Radioweckern, Spielzeug. Und immer mehr von ihnen werden miteinander verbunden, über lokale Netzwerke oder über das Internet.

Ende 2008 entstand beispielsweise ein neuer Trend auf dem Strommarkt: Sogenannte »Smart Meter« messen den Stromverbrauch digital und übermitteln ihn via Internet direkt an den Stromlieferanten. Vorbei die Zeiten, da man in den Keller ging, um den Stromzähler abzulesen. Diese Geräte können aber nicht nur den Verbrauch automatisch übermitteln, sie können auch erkennen, welche Geräte besondere Energiefresser sind, und so beim Stromsparen helfen. In Zeiten steigender Energiepreise sicher eine nützliche Angelegenheit.

Augenblick mal, werden Sie jetzt vielleicht denken, jemand außerhalb meiner Wohnung kann sehen, ob ich gerade die Wäsche wasche, mir einen Kaffee koche oder ein Brot in den Toaster schiebe? In der Tat, so ist es. Aber mir geht es nicht um die Implikationen, die solche Technik für den Datenschutz hat. Smart Meter mögen durchaus nützlich, vielleicht sogar im Sinne der Energieeffizienz und des Umweltschutzes notwendig sein; sie sind inzwischen bei Neubauten sogar gesetzlich vorgeschrieben. Auf jeden Fall aber sind sie ein Beispiel für das subtile Eindringen der Computertechnik in immer mehr Lebensbereiche.

Wenn man Computer miteinander vernetzt, schafft man eine Komplexität, die noch einmal sehr viel größer ist als die Summe der Komplexität der Einzelteile. Das lässt sich an einem einfachen Rechenbeispiel verdeutlichen: Ein primitives Datennetz aus drei Knoten kennt drei mögliche Verbindungen, die jeweils ein- oder ausgeschaltet sein können. Das System hat dann $2^3 = 8$ mögliche Zustände, je nachdem, welche Verbindung zwischen den Knoten aktiv ist und welche nicht. Fügt man zu einem solchen System nur einen weiteren Knoten hinzu, gibt es 6 mögliche Verbindungen, die Zahl der möglichen Zustände steigt somit auf $2^6 = 64$. Noch ein weiterer Knoten, und wir sind schon bei mehr als 1000 möglichen Zuständen. Ein System mit nur 10 Knoten, die alle untereinander verbunden sein können, hat mehr als 35 Billionen verschiedene mögliche Zustände.

Mit anderen Worten: Wenn wir ein rapide wachsendes System von miteinander vernetzten Computern schaffen, die jeder für sich immer leistungsfähiger werden, dann steigern wir die damit verbundene Komplexität ins Unermessliche. Man kann wohl davon ausgehen, dass das Internet mit allen daran angeschlossenen Computern inzwischen eine weit kompliziertere Struktur hat als ein menschliches Gehirn.

Die Mathematik liefert uns die Grundlage, um einzuschätzen, was wir von einem solchen komplexen, sich permanent dynamisch verändernden System erwarten dürfen. Und nicht umsonst heißt der betreffende mathematische Zweig »Chaostheorie«.

Es lässt sich zeigen, dass schon relativ simple Systeme nicht mehr vollständig berechenbar sind und es unter bestimmten Umständen zu überraschenden, »chaotischen« Schwankungen im Systemzustand kommt. Beispiele solcher chaotischen Systeme finden sich in der Natur zuhauf. Die Tatsache, dass wir trotz der unglaublichen Rechenleistung heutiger Systeme immer noch keine zuverlässige Wettervorhersage erstellen können, ist der chaotischen Natur des komplexen Systems der Atmosphäre geschuldet. Sie kennen vielleicht den Satz des »Schmetterlings in Tokio, der mit einem Flügelschlag in Frankfurt einen Sturm auslösen kann«. Kleine Ursache, große Wirkung –

das ist typisch für komplexe Systeme, wobei man ergänzen muss, dass natürlich nicht jeder Flügelschlag eines Schmetterlings irgendwo einen Sturm auslöst. Solche chaotischen Systemveränderungen sind zum Glück selten – aber sie kommen vor, und zwar umso wahrscheinlicher und mit umso gravierenderen Auswirkungen, je komplexer die betreffenden Systeme sind.

Zwei praktische Beispiele mögen veranschaulichen, was das für uns alle bedeutet:

Mitte der sechziger Jahre entstanden die ersten kommerziellen Computersysteme für die betriebswirtschaftliche Verwaltung von Unternehmen. Programme wurden geschrieben, mit denen zum Beispiel automatisch Bilanzen erstellt und Rechnungen geschrieben werden konnten. Zu dieser Zeit war Speicherplatz ein sehr knappes Gut. Also versuchte man bei der Softwareentwicklung, Datensätze so kurz wie möglich zu halten. Beispielsweise speicherte man bei einem Datum nur die letzten beiden Ziffern der Jahreszahl ab – also »60« für »1960«. Vermutlich hatten die betreffenden Programmierer gar nicht erst darüber nachgedacht, aber wenn, hätten sie wohl nicht erwartet, dass die entsprechenden Programmroutinen um die Jahrtausendwende immer noch im Einsatz sein würden.

Doch so war es. Die frühen kaufmännischen Programme entwickelten sich weiter, Anwendungen wurden darum herum gebaut, doch in vielen Unternehmen gab es Mitte der neunziger Jahre immer noch Computersysteme, in deren Eingeweiden irgendwo noch Programmzeilen aus der Frühzeit der Computerentwicklung arbeiteten. Jedenfalls vermutete man das. Und so entstand das, was als »Jahr-2000-Problem« in die Technikgeschichte einging.

In jener Zeit war ich Geschäftsführer eines mittelständischen Unternehmens. Durchschnittlich einmal pro Woche erhielten wir einen Brief irgendeines unserer Kunden, der von uns eine schriftliche Erklärung erwartete, dass unsere Computersysteme »jahr-2000-fähig« seien – anderenfalls könne man uns als Lieferanten nicht mehr berücksichtigen. Aus heutiger Sicht kann man wohl von einer Hysterie sprechen, die die globale Wirtschaft ergriffen hatte. Man malte sich Horrorszenarien für den 1. Januar 2000 aus, wenn die Jahresziffern von 99 auf 00 umspringen würden. Kraftwerke, so hieß es, könnten ausfallen, die Stromversorgung zusammenbrechen. Der Absatz von Notstromaggregaten boomte, ängstliche Menschen deckten sich mit Vorräten für Wochen ein. Milliarden und Abermilliarden wurden investiert, um die verdächtigen Computersysteme zu modernisieren.

Dann kam der 1. 1. 2000, und es passierte praktisch gar nichts. All die Dieselaggregate blieben unbenutzt, die Wirtschaft funktionierte reibungslos.

Es gibt drei mögliche Erklärungen dafür, warum keine nennenswerten Probleme entstanden:

1. **Die Probleme wurden rechtzeitig erkannt und gelöst**
   Vieles spricht dafür, dass dies in Teilen der Fall ist. Ich weiß von Fehlern, die tatsächlich eingetreten wären, wären sie nicht rechtzeitig behoben worden. Wer aber die Technik ein bisschen versteht, der kann sich kaum vorstellen, dass *alle* potenziellen Fehler rechtzeitig gefunden und behoben worden wären, wenn dies die einzige Erklärung wäre.

2. **Es war alles gar nicht so schlimm, die Computerindustrie hat das Problem nur aufgebauscht**
   Tatsächlich erlebten Softwareanbieter und Systemintegrationsfirmen aufgrund der Annahme, ein solches

Problem existiere, einen gewaltigen Auftragsschub. Der Verdacht liegt nahe, dass der eine oder andere Vertriebsmitarbeiter das Problem dramatischer darstellte, als es war, um das Geschäft anzukurbeln. Man kann wohl davon ausgehen, dass auch diese Erklärung in Teilen richtig ist.

3. **Wir wussten einfach nicht, was geschehen würde**
   Niemand konnte genau sagen, welche Auswirkungen der »Jahr-2000-Fehler« haben würde. Die Komplexität der computerisierten Wirtschaft war viel zu groß, als dass selbst Experten sicher hätten sagen können, was am 1. 1. 2000 passieren würde. Es war vernünftig, auf »Nummer sicher« zu gehen und mehr Aufwand zu betreiben, als vermutlich nötig war. Dennoch konnte man nicht wissen, ob das, was man getan hatte, ausreichte.

Meines Erachtens kommt die dritte Sichtweise der Wahrheit am nächsten. Etwas süffisant könnte man sagen: Das eigentliche »Jahr-2000-Problem« war, dass wir nicht wussten, ob wir eins hatten.

Der Grund dafür ist einfach: Wir arbeiteten schon damals mit Systemen, deren Komplexität weit über unser Vorstellungsvermögen hinausging. Ob das Abkürzen der Jahreszahl auf zwei Stellen jener bildhafte Flügelschlag eines Schmetterlings hätte sein können, der das ganze System ins Chaos stürzen würde, konnte niemand wissen.

Glücklicherweise hat sich das System insgesamt als robuster erwiesen, als die Pessimisten befürchteten. Doch das »Jahr-2000-Problem« hat deutlich gemacht, dass komplexe Systeme nicht mehr voll beherrschbar sind. Dabei spielte das Internet in den neunziger Jahren nur eine untergeordnete Rolle; die Vernetzung der Computersysteme untereinander war bei weitem noch nicht so weit fortgeschritten wie heute.

Das zweite Beispiel für ein chaotisches Verhalten komplexer Systeme in der Realität ist sehr viel aktueller. Als ich im Herbst 2008 begann, dieses Buch zu schreiben, begann gerade die große Finanzkrise, die auch als »Jahrhundertkrise« bezeichnet wurde. Die Bundesregierung beschloss ein Rettungspaket in der beispiellosen Höhe von 500 Milliarden Euro, um die angeschlagene Finanzbranche zu stabilisieren. Weltweit wurden ähnliche Hilfsprogramme in einem Gesamtvolumen von mehreren Billionen Euro aufgelegt.

Es ist zum Zeitpunkt der Drucklegung dieses Buches noch zu früh, um zu bewerten, welche mittel- und langfristigen Auswirkungen diese Maßnahmen haben werden. Die Experten sind sich uneins, ob aufgrund der enormen in den Markt gepumpten Geldmenge eine Hyperinflation droht. Kurzfristig allerdings scheint eher das Gegenteil der Fall zu sein, denn aufgrund des Nachfragerückgangs sank die Preissteigerungsrate zum ersten Mal seit Jahrzehnten auf 0. Fest steht aber, dass sich die Volkswirtschaften der Welt bis an die äußersten Grenzen verschuldet haben, um die Finanzkrise in den Griff zu bekommen. Ihre Handlungsfähigkeit dürfte auf viele Jahre hinaus stark eingeschränkt sein, und wir können nur hoffen, dass wir nicht in fünf Jahren eine ähnliche Situation erleben.

Wie konnte es zu einer solchen Katastrophe kommen? Mitte 2007 wurde die Überbewertung des Hypothekenmarktes in den USA offensichtlich. In der Folge fielen die Werte von Häusern und Grundstücken, womit die Besicherung der Darlehen, die amerikanische Hypothekenbanken ihren Privatkunden gewährten, plötzlich nicht mehr ausreichte. Es zeigte sich, dass das ganze Finanzierungssystem der US-Immobilienwirtschaft auf Sand gebaut war. Es kam zu Bankpleiten und massiven Kursverlusten. Doch die Börse erholte sich rasch wieder, und der Deutsche Aktienindex DAX erreichte im Dezember 2007 mit 8076 Punkten beinahe den bisher höchsten Schlusskurs aller Zeiten von 8106 Punkten.

Dann kam es im September 2008 plötzlich zu einem erneuten Ausbruch der Finanzkrise, diesmal noch weit dramatischer als beim »eigentlichen« Zusammenbruch des US-Immobilienmarktes ein Jahr zuvor. Die US-Investmentbank Lehman Brothers ging pleite, die übrigen großen Investmentbanken Morgan Stanley und Goldman Sachs – Namen, die jeden in der Finanzbranche jahrzehntelang vor Ehrfurcht erzittern ließen – gaben freiwillig ihren Sonderstatus auf und flüchteten sich als ganz normale Geschäftsbanken unter den Sicherheitsschutzschirm des amerikanischen Bankenrechts. Innerhalb von Tagen brach ein System, das jahrzehntelang den Weltfinanzmarkt entscheidend geprägt hatte, in sich zusammen. Es war sogar vom Ende des Kapitalismus die Rede.

Auch in Europa hatte die Krise dramatische Folgen. Der Immobilienfinanzierer Hypo Real Estate geriet an den Rand des Kollapses und konnte nur durch staatliche und private Garantien in Höhe von mehr als 50 Milliarden Euro stabilisiert werden. Praktisch alle Banken mussten massive Abschreibungen und Wertverluste hinnehmen. Der DAX fiel in wenigen Tagen um mehr als 20 Prozent und erlebte insgesamt die stärksten Kursschwankungen seiner Geschichte.

Auf der Suche nach Schuldigen für das Desaster wurde man schnell fündig: Die Bankmanager waren es natürlich, die Chefs der Lehman Brothers, der Hypo Real Estate und vieler anderer Banken, die in ihrer Gier so lange alles zusammengerafft hatten, bis sie den Ast, auf dem sie saßen, abgesägt hatten.

Sicher haben bei dieser Krise viele Manager Fehler gemacht; einige Vorwürfe in Bezug auf blinde Gier und Größenwahn mögen durchaus berechtigt sein. Tatsache bleibt jedoch, dass praktisch niemand Ausmaß und Zeitpunkt dieser Krise vorausgesehen hat. Ausgewiesene Finanzprofis und Kapitalmarkt-Experten wurden ebenso überrascht wie beispielsweise der frisch gekürte Wirtschaftsnobelpreisträger Paul Krugmann, der sagte, er habe »die Krise voraussehen müssen«, es aber nicht tat – von Finanzpolitikern und Wirtschaftsprofessoren ganz zu schwiegen.

Die globale Finanzkrise trägt alle Anzeichen einer chaotischen Schwankung in einem komplexen dynamischen System. Sie war damit prinzipiell nicht vorhersehbar, auch wenn es immer wieder warnende Stimmen gegeben hat.

Die Schwierigkeit liegt auch hier – ähnlich wie beim »Jahr-2000-Problem« – in der enormen Komplexität der Finanzmärkte. Die Wirtschaftsbeziehungen der Banken untereinander sind derart verschlungen, dass sie niemand mehr in allen Einzelheiten versteht. Banken leihen anderen Banken Geld, das sie sich selbst irgendwo geliehen haben.

Dabei spielen Computer eine zentrale Rolle. Zahlungstransaktionen werden heute selbstverständlich digital vorgenommen. So kam es im September 2008 zu einer ungewollten Überweisung von mehr als 300 Millionen Euro der Kreditanstalt für Wiederaufbau an die bereits unter Gläubigerschutz stehende Investmentbank Lehman Brothers, weil der entsprechende Zahlungsbefehl von einem Computer ausgeführt wurde, den niemand über die Finanzkrise informiert hatte. Computer und Internet ermöglichen eine noch stärkere Vernetzung der globalen Kapitalmärkte – eine Komplexitätssteigerung, die neue, noch kompliziertere Finanzprodukte ermöglicht und den Teilnehmern noch mehr Rendite beschert.

Da diese Produkte selbst von Profis kaum noch verstanden werden, überlässt man es Computern, zu beurteilen, welche Risiken sie beinhalten. Ja, Sie haben richtig gelesen: Bankmanager bewerten mit Hilfe sogenannter Risiko-Management-Software die Risiken von Investitionen und Anlageformen. Einer der führenden Hersteller solcher Software ist die kanadische Firma Algorithmics. Ihr Gründer Ron Dembo verkaufte diese Firma an die Fitch Group, deren Tochterfirma Fitch Ratings einschätzt, wie kreditwürdig Banken sind. Man kann sich denken, dass solche Banken, die Risikosoftware von Algorithmics verwenden, positiver beurteilt wurden als solche, die es nicht taten.

Die Mathematik der Risikobewertung in dieser Software ist kompliziert und wird nur von den wenigsten Bankmanagern verstanden. Die Software ist nicht an sich fehlerhaft. Doch wie bei jeder Software hängt das Ergebnis von der Eingabe ab. Sind die Annahmen über die Marktentwicklung zu optimistisch, ist auch die Risikobewertung zu positiv. Das Problem ist nicht, dass Bankmanager diese Software verwenden – das Problem ist, dass sie sie verwenden, ohne genau zu wissen, wie sie funktioniert. »Die Banken haben sich der Illusion von Risk Management hingegeben, nicht aufs große Bild geschaut«, kommentiert Ron Dembo in einem Interview der *Financial Times*. »'Ne Menge Mathe, 'ne Masse Regeln, null gesunder Menschenverstand.« Ein wesentlicher Teil der Kapitalmarktkrise dürfte demnach darauf zurückzuführen sein, dass sich allzu viele Entscheider in Banken blind auf die Technik verlassen haben, die sie nutzten.

Unermessliche Kapitalströme schwappen jeden Tag rund um den Globus wie Wasser in den Strudeln einer

Meerenge. Es reicht ein vergleichsweise kleiner Auslöser – vielleicht die Pleite einer einzelnen Hypothekenbank in den USA –, um dieses System in Unruhe zu versetzen. Die Störung pflanzt sich fort und kann sich jederzeit verdichten und aufschaukeln, so wie bei unruhiger See mehr oder weniger zufällig und spontan gigantische Wellen, sogenannte Kaventsmänner von mehr als 25 Metern Höhe, entstehen können. Kein Computersystem kann diese Komplexität zuverlässig abbilden und vorausberechnen.

Es wird noch Jahre dauern, bis die Ursachen und Wirkungszusammenhänge der Krise in allen Details analysiert und verstanden worden sind. Schon jetzt steht allerdings fest, dass die Komplexität und damit die Unbeherrschbarkeit der Finanzmärkte die Krise erst ermöglicht, sie vielleicht sogar unausweichlich gemacht haben.

Ebenso steht fest, dass diese Krise nicht die letzte chaotische Systemschwankung gewesen sein wird. Wir bewegen uns auf eine Zukunft zu, die wir immer weniger verstehen, geschweige denn beherrschen, und die uns immer mehr Überraschungen bieten wird – angenehme wie unangenehme.

2. Was Darwin nicht wusste

Warum tun wir so etwas? Warum sind wir so verrückt, uns mit Technik zu umgeben, die wir nicht mehr beherrschen? Warum bauen wir komplexe Systeme, die chaotisches Verhalten an den Tag legen?

Bevor wir diese Frage beantworten, sollten wir uns vergegenwärtigen, dass komplexe Systeme, auch wenn sie chaotische Schwankungen aufweisen, nicht an sich negativ sind – im Gegenteil. Als es im Oktober 1929 zum bis dahin schlimmsten Börseneinbruch der Geschichte kam, reagierten die meisten Nationen mit protektionistischen Maßnahmen, um ihre heimatliche Wirtschaft vor den Folgen des globalen Abschwungs zu schützen. Sie koppelten sich quasi vom komplexen System der Weltwirtschaft ab, um ihre eigene Volkswirtschaft besser kontrollieren zu können. Der Effekt war genau das Gegenteil des Angestrebten: Der globale Handel brach zusammen und riss alle Länder in die tiefste Wirtschaftskrise aller Zeiten.

Heute haben wir die Chance, aus der Vergangenheit zu lernen und einerseits schneller und entschlossener, andererseits auch besonnener zu reagieren – dann wird die globale Wirtschaft den aktuellen Rückschlag wahrscheinlich viel besser »verdauen« als zur Zeit der Großen Depression. Ein Kurseinbruch von mehr als 10 Prozent, der damals Börsenmakler dazu trieb, sich aus dem Fenster zu stürzen, gehört heute zu den Ereignissen, mit denen man eben rechnen muss. Und viele Volkswirtschaftler hatten nach dem anhaltenden Aufschwung der Jahre 2003 bis 2008 ohnehin damit gerechnet, dass eher früher als später ein

Die Entwicklung des Menschen

erneuter Rückgang folgen müsse, auch wenn niemand einen so rapiden Absturz erwartet hatte.

Auch die Computer haben zweifellos viele Segnungen bewirkt, die Wirtschaft effizienter gemacht, unseren Wohlstand gemehrt und indirekt unser Leben verlängert. Dieses Buch ist kein Plädoyer gegen Technik!

Die Frage bleibt aber, warum wir diese Systeme nicht besser in den Griff bekommen, warum wir uns freiwillig und naiv in Abhängigkeit von ihnen begeben, warum wir ihrem krakenhaften Wachstum nicht früher Einhalt gebieten oder sie nicht wenigstens besser gegen solche chaotischen Schwankungen absichern.

Die Antwort darauf ist der Gegenstand dieses Buches. Sie liegt in einem wissenschaftlichen Gebiet, das auf den ersten Blick wenig mit Wirtschaft und Computern zu tun hat: in der Evolutionstheorie.

Sicher kennen Sie das berühmte Bild der graduellen Entwicklung des Affen zum Menschen, das Darwins Evolutionstheorie illustrieren soll.

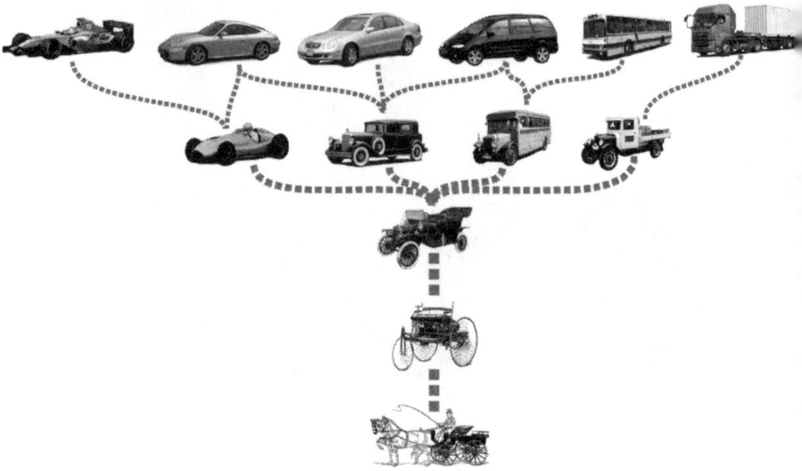

Stammbaum des Automobils

Nehmen Sie ein Buch über die Entwicklung des Automobils im 20. Jahrhundert in die Hand, und Sie werden ein sehr ähnliches Bild sehen: Eine graduelle Entwicklung von einem kutschenähnlichen Gefährt, bei dem die Pferde durch den Motor ersetzt wurden, bis zum schnittigen Sportwagen.

Noch deutlicher wird die Parallele, wenn Sie nicht nur eine bestimmte Entwicklungslinie verfolgen, sondern die ganze Breite der heutigen Modellpalette betrachten, vom Formel-1-Rennwagen bis zum Doppelstockbus, die auf einige wenige Urformen um 1900 zurückgeht. Der sich so ergebende »Stammbaum« des Automobils hat verdächtige Ähnlichkeit mit dem Stammbaum des Lebens, wie wir ihn aus dem Biologie-Lehrbuch kennen.

Ist diese Ähnlichkeit Zufall, oder steckt mehr dahinter? Um dieser Frage auf den Grund zu gehen, müssen wir uns näher damit beschäftigen, was Evolution eigentlich ist – und dabei einige populäre Irrtümer ausräumen.

Als Darwin »Die Entstehung der Arten durch natürliche Zuchtwahl« schrieb, leiteten ihn vor allem vier Erkenntnisse. Erstens wurde durch die damals entdeckten fossilen Skelette gigantischer, längst ausgestorbener Lebewesen klar, dass das Leben auf der Erde einmal ganz anders ausgesehen haben musste als heute. Zweitens wusste man, dass sich die Eigenschaften von Tieren und Pflanzen durch gezieltes Züchten graduell verändern ließen – Bauern machten sich diesen Umstand schon seit Jahrtausenden zunutze.

Drittens bewies Darwin während seiner Forschungsreisen, dass nicht nur menschlicher Eingriff, sondern auch unterschiedliche Umweltbedingungen diese »Zuchtwahl« ausüben können: Diejenigen Lebewesen, die besser an ihre Umwelt angepasst sind, haben eine größere Chance, sich zu vermehren. Sie werden von der Natur »ausgewählt«.

Viertens wurde bei näherer Betrachtung deutlich, dass die einzelnen Lebewesen sich zwar äußerlich stark voneinander unterschieden, jedoch in ihrem inneren Aufbau viele überraschende Ähnlichkeiten aufwiesen – darunter Eigenheiten, die ihnen keinen erkennbaren Vorteil brachten, wie etwa das Steißbein, der verkümmerte Schwanzansatz des Menschen. All das brachte Darwin zu der Erkenntnis, dass die Vielfalt des Lebens sich allmählich entwickelt haben musste – und sich noch weiter entwickelt.

Er wusste jedoch nicht, wie das geschieht. Er hatte keine Ahnung von Genen, kannte nicht einmal die Mendelschen Gesetze. Er hatte nur eine vage Vorstellung davon, dass Organismen irgendwie Kopien von sich selbst anfertigen können, die sich graduell vom Original unterscheiden. Er musste daher davon ausgehen, dass die Evolution – ein Begriff, der erst später geprägt wurde – auf einzelne Spezies wirkte, dass also Tiere und Pflanzen die primären Objekte des Wandels, die sogenannten Replikatoren, sind.

Dies ist ein fundamentaler Irrtum, der erstaunlicherweise bis heute nicht ausgerottet ist. Wer da wirklich ums »Überleben« kämpft, sind nicht Tier- und Pflanzenarten, sondern Gene.

Der britische Zoologe Richard Dawkins hat dies in seinen Büchern »Das egoistische Gen« und »The Extended Phenotype« umfassend dargelegt. Dawkins' konsequente Weiterentwicklung der Evolutionstheorie Darwins hat die Evolutionsbiologie nachhaltig geprägt. Es lohnt sich deshalb, seine Grundgedanken genauer zu betrachten.

Wir wissen, dass die wesentlichen Eigenschaften eines Lebewesens in seinen Genen festgelegt sind. Sie bestimmen maßgeblich die Überlebenschance des Wesens und damit die Wahrscheinlichkeit, dass es sich fortpflanzen wird. Die Gene werden an die Nachkommen weitergegeben, wobei sie in den meisten Fällen mit den Genen eines zweiten Lebewesens derselben Spezies kombiniert werden. Man kann also das Lebewesen selbst als eine Art Gen-Kopierer ansehen. Zum entscheidenden Zeitpunkt der Fortpflanzung – der ersten Zellteilung eines Embryos – sind *nur* die Gene der Eltern anwesend. Nichts sonst wird dem neuen Lebewesen mit auf den Weg gegeben außer einer dünnen Zellmembran und ein paar Chemikalien. Die Gene sind das *Einzige*, was von Generation zu Generation »überlebt«.

Wenn aber die Gene darüber »entscheiden«, wie dieser Kopierer aussieht, und damit darüber, ob sie weiter kopiert werden oder nicht, dann sind sie es, die von der Natur »ausgewählt« werden, und nicht die »Kopierer«, also die Lebewesen. Die Gene sind die wahren Replikatoren, die eigentlichen Objekte der Evolution.

Diese Unterscheidung mag fast haarspalterisch wirken, aber sie hat weitreichende Auswirkungen. Wie Dawkins in »The Extended Phenotype« darlegt, können sich zum Beispiel auch solche Gene in der Evolution durchsetzen, die nicht nur die eigene Spezies beeinflussen, sondern auch ihre Umwelt. Gene in einer Spezies können die Überlebenschancen bestimmter Gene in einer anderen Spezies verändern. So kommt es zu »Bündnissen« und »Kriegen« zwischen Genen in völlig unterschiedlichen Tieren und Pflanzen, die sich in symbiotischen Lebensgemeinschaften oder in Räuber-Beute-Beziehungen äußern.

Auch innerhalb der Gene einer Spezies gibt es einen Kampf ums »Überleben«, genauer gesagt ums Weiterkopiertwerden. Jedes Gen steht im Wettbewerb zu seinen »Allelen«, den alternativen Möglichkeiten des genetischen Codes an genau dieser Stelle des Genoms. Beispielsweise steht ein Gen, das eine blaue Augenfarbe bewirkt, in Konkurrenz zu seinen Allelen, die braune oder grüne Augen verursachen. Je nachdem, welche Auswirkungen ein solches Gen auf die eigene Spezies, auf andere Arten und auch auf die Wirkung anderer Gene innerhalb desselben Genoms hat, steigen oder sinken seine Chancen, kopiert zu werden. Es überlebt oder stirbt aus.

Es gibt sogar »Trittbrettfahrer« unter den Genen, die sich irgendwo in unseren Chromosomen »verstecken« und sich wie Schmarotzer mitkopieren lassen, ohne dass sie nennenswerte Auswirkungen auf den Organismus hätten, zu dessen Genom sie gehören. So ist zu erklären, warum unsere Gene viel mehr Informationen enthalten, als bei der Reifung eines Embryos tatsächlich genutzt werden, oder warum Teichmolche in ihrem Genom fast zehnmal so viele »Buchstaben« (Basenpaare) haben wie Menschen, obwohl sie keinen komplizierteren Körper besitzen als wir.

Entscheidend an Dawkins' Erkenntnis ist, dass die Evolution offensichtlich auf *unbelebte* Materie wirkt, denn die Gene selbst sind ja nicht lebendig.

Dass das so ist, kann man zum Beispiel auch an der Evolution der Viren sehen. Viren sind keine Lebewesen. Sie haben keinen Stoffwechsel, keine Organe und können sich nicht selbst vermehren. Trotzdem entwickeln sie sich ständig weiter, verändern sich, passen sich an ihre Umwelt an. Sie unterliegen offensichtlich der Evolution.

Eine simple logische Überlegung führt zu demselben Schluss: Wenn die Evolution zur Entwicklung des vielfältigen Lebens geführt hat, so wie wir es kennen, dann ist es nur konsequent anzunehmen, dass sie auch eine entscheidende Rolle bei der *Entstehung* des Lebens gespielt hat. Und wenn sie bei der Entstehung des Lebens geholfen hat, vielleicht sogar die entscheidende Ursache dafür war, dann muss es schon Evolution gegeben haben, *bevor* es Leben gab.

Dawkins beschreibt in »Das egoistische Gen« die Entstehung des Lebens. Grob vereinfacht stellt er sich das folgendermaßen vor:

In einer Ursuppe, in der durch natürliche Prozesse, wie sie tatsächlich täglich vorkommen, eine Vielzahl organischer Moleküle entstand, bildete sich durch Zufall und unter dem Einfluss von Energie ein besonders komplexes Molekül. Es hat vielleicht viele Billionen »Versuche« gebraucht, um dieses eine Molekül durch bloßen Zufall herzustellen, doch die Natur hatte genug Moleküle zur Verfügung und mindestens 200 Millionen Jahre Zeit herumzuprobieren.

Dieses besondere Molekül hatte die Eigenschaft, Kopien seiner selbst herzustellen, indem es die dafür notwendigen Bausteine aus der Ursuppe kraft chemischer Verbindung

»anzog« und sich dann aufspaltete. Genau dieser Prozess läuft heute bei jeder Zellteilung ab.

Damit ergab sich eine entscheidende Veränderung: Plötzlich war die Verteilung der Moleküle in der Ursuppe nicht mehr zufällig. In der Nähe des ersten »Replikators« entstanden in einer Kettenreaktion weitere Replikatoren. Das Molekül, das noch keinerlei Kriterien von Lebendigkeit erfüllte, konnte sich nichtsdestotrotz vermehren.

Bei dieser Vermehrung muss es zwangsläufig zu Fehlern gekommen sein. Beispielsweise wurde durch UV-Strahlung eine Kopie des Ur-Replikators beschädigt, oder es standen in der Umgebung nicht mehr alle notwendigen Bausteine zur Verfügung und dadurch wurde eine unvollständige Kopie hergestellt. Die weitaus meisten dieser defekten Kopien dürften nicht mehr in der Lage gewesen sein, sich selbst zu replizieren. Sie lösten sich irgendwann auf, und ihre Bestandteile wurden erneut zur Vervielfältigung des ursprünglichen Replikators genutzt. Aber einige wenige konnten sich doch vervielfältigen, obwohl sie nicht mehr mit dem ursprünglichen Molekül identisch waren. Damit gab es in der Ursuppe irgendwann mehrere verschiedene Arten von Replikatoren.

Nach kurzer Zeit müssen die kleineren Bausteine in der Ursuppe, die zur Herstellung der Kopien benötigt wurden, knapp geworden sein. Was geschah nun, wenn zwei verschiedene Replikatoren denselben Baustein aus der Ursuppe benötigten? Nur einer von beiden konnte zum Zuge kommen. Vielleicht derjenige mit der stärkeren chemischen Bindungskraft. Vielleicht der Replikator, der weniger Bausteine benötigte, um sich zu vervielfältigen, oder derjenige, der widerstandsfähiger gegen die permanenten aggressiven Einflüsse der Umwelt, wie harte Strahlung und »giftige« Moleküle, war. Vielleicht auch derjenige, dessen

Replikationsprozess aus irgendwelchen Gründen schneller ablief. Auf jeden Fall muss die Tatsache, dass die beiden Konkurrenten unterschiedlich waren, einen Einfluss auf ihre Chancen gehabt haben, sich zu vervielfältigen. Und damit steckten sie bereits mitten in dem Prozess, den wir Evolution nennen.

Irgendwann haben sich Replikator-Moleküle entwickelt, die in der Lage waren, andere Replikatoren zu zersetzen und sich ihre Bestandteile einzuverleiben – Raub-Replikatoren sozusagen. Das hatte zur Folge, dass Replikatoren größere Vervielfältigungschancen hatten, die Abwehrmechanismen gegen diese »Räuber« besaßen. Solche Abwehrmechanismen könnten irgendwann die Gestalt von Zellmembranen gehabt haben. Damit näherten sich die Replikatoren in der Ursuppe immer mehr den ersten, primitiven Lebensformen an.

Wir wissen nicht, ob die Entstehung des Lebens tatsächlich so abgelaufen ist. Aber es wäre zumindest möglich.

Wenn es tatsächlich so oder ähnlich gewesen ist, dann waren drei Dinge notwendig, um die Evolution in Gang zu setzen und die Entstehung des Lebens zu ermöglichen:

- Replikatoren, die Kopien von sich selbst herstellen konnten,
- Fehler bei der Herstellung dieser Kopien, die hin und wieder zu reproduktionsfähigen Mutationen führten,
- und eine aufgrund der Umweltbedingungen unterschiedliche Wahrscheinlichkeit dieser verschiedenen Replikator-Arten, erneut kopiert zu werden und sich auszubreiten.

Mehr als diese drei simplen Voraussetzungen braucht es offensichtlich nicht, um einen ganzen Planeten mit Gänseblümchen, Pilzen, Schnupfenviren, Elefanten und einer Bücher schreibenden Affenart zu füllen.

Na schön, wir sind also irgendwie durch Zufall aus einer Ursuppe entstanden. Kein sehr rühmlicher Anfang, aber immerhin – nach fast 4 Milliarden Jahren – ist die Evolution endlich am Ziel. Sie hat es geschafft, Lebewesen hervorzubringen, die ihre Umwelt so verändern können, dass ihre Überlebenschancen praktisch nicht mehr davon abhängen, wie diese aussieht. Damit hat sie sich selbst außer Kraft gesetzt, denn ob wir Kinder bekommen oder nicht, hängt (fast) nicht mehr von unseren körperlichen Eigenschaften ab, sondern nur noch von unserem Willen. Wir haben uns die Erde untertan gemacht und die Evolution überwunden. Wir sind der Endpunkt – weiter geht es nicht.

Das könnte man jedenfalls glauben. Leider ist jedoch auch die Annahme, die Evolution »gipfele« im Menschen, ein Irrtum. Erstens ist die Evolution nämlich mit dem Auftreten des Menschen keinesfalls beendet. Im Gegenteil trägt der Mensch zu einer erheblichen Beschleunigung der Evolution bei – dies ist der Hauptgegenstand dieses Buches.

Zweitens, und dies dürfte ein empfindlicher Dämpfer für das Ego unserer Spezies sein, strebt die Evolution keineswegs in die Richtung höherer Komplexität und Intelligenz. Diese sind vielmehr zwangsläufige Folgen zunehmender Vielfalt, wie der berühmte Biologe Stephen Jay Gould in »Illusion Fortschritt« nachwies.

Gould vergleicht die Entwicklung der Intelligenz mit einem »Random Walk«, einem Konzept aus der Statistik. Man stelle sich einen Betrunkenen vor, der des Nachts in Schlangenlinien eine Straße entlangtorkelt. Nehmen wir an, die Straße ist sehr breit und auf der rechten Seite gibt es eine Häuserzeile, in der sich auch die Kneipe befindet.

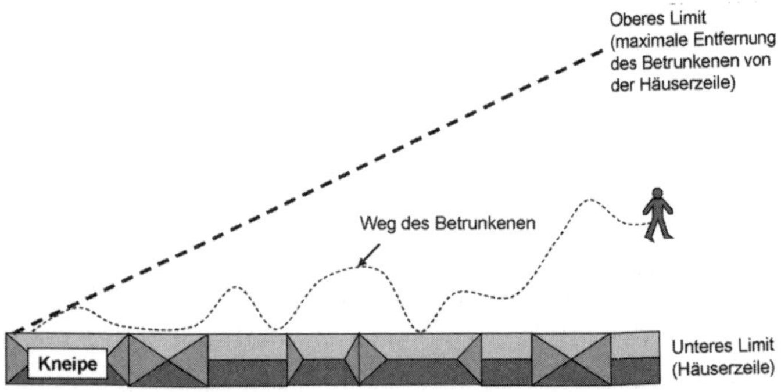

Der Weg des Betrunkenen

Unser Zechkumpan tritt also auf die Straße und geht in die Richtung, in der er sein Zuhause vermutet. Mit jedem Schritt schwankt er zufällig mal nach links, mal nach rechts. Doch wenn er ein paar Mal nach rechts abdriftet, landet er wieder an der Häuserzeile – hier geht es nicht weiter. Daraus folgt, dass der Betrunkene, je länger er läuft, immer wieder und wahrscheinlich auch immer weiter nach links abdriften wird.

Würde man seinen Weg aufzeichnen, und würde er diesen Zufallsgang genügend oft wiederholen, würde man sehen, dass sich ein Korridor ergibt, der sich mit zunehmender Länge des Wegs immer weiter nach links öffnet, während er rechts – an der Häuserwand entlang – konstant gerade bleibt.

Wenn man den Weg des Betrunkenen auf die Entwicklung der Intelligenz überträgt, dann zeigt sich, dass allein durch zufällige Mutation (mal mehr, mal weniger Intelligenz) der Extremwert – also die Intelligenz der intelligentesten Spezies – immer weiter steigen muss. Der Minimalwert – völlige Abwesenheit von Intelligenz – kann dagegen nicht weiter sinken. Also wird im Zeitverlauf auch der Mittelwert der Intelligenz aller Spezies zunehmen.

Es braucht weder einen Schöpfer noch eine besondere Fügung des Schicksals, um die menschliche Intelligenz zu erklären, sondern lediglich Zufall und ausreichend Zeit. Für die Entwicklung von Intelligenz ist es nicht einmal erforderlich, dass intelligente Spezies weniger intelligenten grundsätzlich überlegen sind. Es genügt völlig, dass die intelligente Spezies eine bestimmte Nische gut genug besetzen kann, um darin zu überleben.

Aber intelligente Wesen *sind* nun einmal weniger intelligenten überlegen, könnte man einwenden, ob das für die Entwicklung nun notwendig ist oder nicht.

Ist das wirklich so? Sind wir – im Sinne der Evolution – tatsächlich *besser* als Tiere und Pflanzen? Es gibt eine ganze Menge von Fakten, die gegen diese Annahme sprechen. Beispielsweise gibt es bald sieben Milliarden Menschen auf der Welt. Bei zehn oder zwölf Milliarden erreichen wir wahrscheinlich eine Wachstumsgrenze. Doch auf jeden Menschen kommen seinerseits Milliarden anderer Lebewesen.

Würde man alles Leben auf der Erde zusammen auf die Waage stellen, würden Mikroorganismen 60 Prozent des Gesamtgewichts ausmachen. Von den an Land lebenden Tieren stellen Insekten über die Hälfte des Gewichts. Das Gesamtgewicht der Menschheit macht dagegen gerade einmal 1/50 Prozent der Masse allen Lebens auf unserem Planeten aus.

Mit jeder Spezies, die der Mensch ausrottet, vernichtet er nicht etwa das Leben an sich, sondern er schafft nur Platz für die Ausbreitung anderer Arten. Viele seltene Tier- und Pflanzenarten verschwinden, aber dafür gibt es immer mehr Ratten, Rinder, Tauben und Stubenfliegen. Urwälder werden abgeholzt, aber dafür entstehen Weiden, Plantagen, Kulturlandschaften.

Für die Natur ist das ein ganz normaler Vorgang – Spezies, die nicht so gut an die durch den Menschen verursachten Veränderungen angepasst sind, verschwinden, andere nehmen ihren Platz ein. Nichts anderes geschieht seit 4 Milliarden Jahren auf der Erde. Der Evolution ist es egal, ob Ratten oder Berggorillas das Rennen machen, ob die von Europäern in Australien eingeschleppten Hauskatzen und Aga-Kröten den einheimischen Tierarten den Garaus machen oder nicht.

Wir Menschen verändern ohne Zweifel unsere Umwelt gravierend. Doch solche Umweltveränderungen sind auf der Erde überhaupt nichts Neues. Der Asteroid, der vor 65 Millionen Jahren einschlug und das letzte große Massensterben vor der Ankunft des Menschen auslöste, hat die Welt viel schneller und gründlicher verändert, als wir es je könnten. Die Evolution steckt solche Schicksalsschläge locker weg. Die Karten werden einfach neu gemischt, einige Lebensformen sterben, andere blühen auf.

Auch gravierende Umweltveränderungen durch Lebewesen sind keine Erfindung des Menschen. Die Tatsache, dass wir überhaupt sauerstoffhaltige Luft zum Atmen haben, ist allein darauf zurückzuführen, dass vor Jahrmilliarden winzige Organismen die Zusammensetzung der Gashülle unseres Planeten nachhaltig verändert und Sauerstoff freigesetzt haben – ein Gas, das für viele damals lebende Organismen tödlich war.

Wir befürchten, »unsere Umwelt zu zerstören«, doch selbst die gesamte Sprengkraft sämtlicher etwa 30000 Atomwaffen auf der Welt würde bei weitem nicht ausreichen, um das Leben auf der Erde vollständig auszulöschen. Insekten beispielsweise weisen eine sehr hohe Widerstandsfähigkeit gegen radioaktive Strahlung auf. Die Welt nach einem solchen nuklearen Holocaust wäre eine ganz andere – wir Menschen hätten dort keinen Platz mehr, ebenso wenig wie alle anderen Säugetiere, Vögel und die meisten Reptilien. Doch das Leben im Meer bliebe weitgehend verschont, und an Land würde das Zeitalter der Spinnen und Insekten anbrechen. Vermutlich gäbe es irgendwann tatsächlich riesige Spinnen und Skorpione, wie sie bisher nur Fantasy-Romane bevölkern. Vielleicht – nein, höchstwahrscheinlich – würden einige Insektenarten irgendwann Intelligenz entwickeln. Sie würden vielleicht eines fernen Tages – in ein paar hundert Millionen Jahren – unsere Spuren entdecken und Theorien darüber aufstellen, wie wir aussahen und warum wir ausgestorben sind.

So sehr wir uns auch bemühen, wir werden das Leben auf der Erde nicht vernichten können. Im Gegenteil – je mehr wir die Vielfalt der Biotope zerstören, desto größer ist die Gefahr, dass wir unsere eigenen Überlebenschancen beschneiden und von anderen Lebensformen verdrängt werden. Unsere Monokulturen begünstigen beispielsweise die Ausbreitung bestimmter Arten, die dann massenhaft auftreten und unsere eigene Existenz gefährden. Heuschreckenschwärme in Afrika oder die auch für den Menschen gefährliche Vogelgrippe in deutschen Massentierhaltungsbetrieben sind Beispiele dafür.

Wir verändern das Gleichgewicht in der Natur, doch wo es Verlierer gibt, gibt es immer auch Gewinner. Am Ende haben wir vielleicht unwillentlich der Evolution eine neue Richtung gegeben. Aufhalten können wir sie nicht.

3. Die Mathematik des Lebens

Wir haben gesehen, dass die Evolution eine Kraft ist, die auch auf unbelebte Dinge wie Gene, Viren und Moleküle in der Ursuppe wirkt. Sie kann also kein rein biologisches Phänomen sein. Aber was ist sie dann?

Ganz einfach: Evolution ist eine mathematische Zwangsläufigkeit. Sie entsteht immer dann, wenn drei simple Mechanismen wirken: Reproduktion, Mutation und Selektion.

Reproduktion sorgt dafür, dass aus einem Objekt mehrere gleichartige Kopien entstehen, wobei sämtliche Eigenschaften des Originalobjektes auf die Kopien übertragen (»vererbt«) werden.

Mutation bewirkt einzelne Abweichungen dieser Eigenschaften, so dass die Kopien ähnlich, aber nicht mehr dem Original gleichartig sind. Dies geschieht in aller Regel während, nicht nach der Reproduktion. Im folgenden Diagramm ist dies nur aus Gründen der Anschaulichkeit als aufeinander folgend dargestellt.

Bei der Selektion schließlich werden einzelne Kopien ausgewählt, von denen wiederum Kopien hergestellt werden, während andere nicht kopiert werden. Damit Evolution stattfindet, muss diese Selektion irgendwie durch die Eigenschaften der Objekte beeinflusst werden. Das heißt bestimmte Ausprägungen einer Eigenschaft müssen die Wahrscheinlichkeit erhöhen oder vermindern, dass das Objekt reproduziert wird. Selektion darf im Sinne der Evolution also nicht ausschließlich zufällig erfolgen.

Wenn Reproduktion, Mutation und Selektion wirken, dann folgt daraus logisch, dass sich von Generation zu

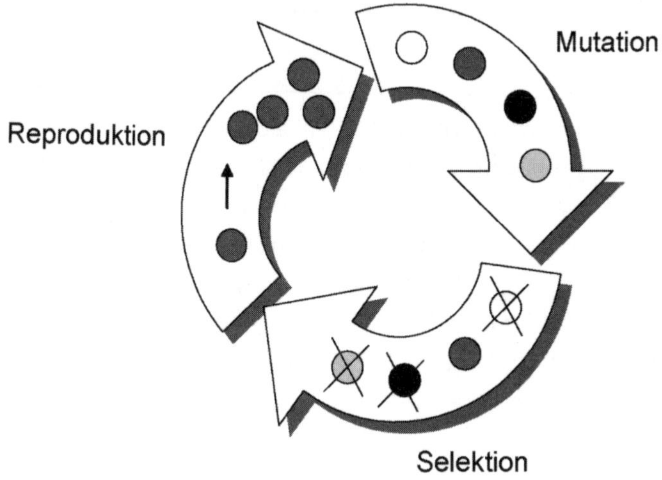

Der Kreislauf der Evolution

Generation immer »bessere« Kopien entwickeln, deren Eigenschaften die Wahrscheinlichkeit, selektiert zu werden, gegenüber dem ursprünglichen Original erhöhen. Mathematisch ausgedrückt: Die Wahrscheinlichkeit, dass ein beliebiger »Nachkomme« eines Replikators Eigenschaften aufweist, die seine Selektionschance gegenüber der des Originals erhöhen, nimmt im Zeitablauf zu. Das bedeutet:

Immer wenn Reproduktion, Mutation und Selektion stattfinden, führt dies zu Evolution.

Evolution ist eine Grundeigenschaft des Universums, eine Triebkraft, die so allgegenwärtig ist wie die Schwerkraft. Sobald sich auch nur die kleinste Chance bietet – sobald zum Beispiel irgendwo zufällig Moleküle entstehen, die sich selbst replizieren können –, setzt augenblicklich Evolution ein. Diese Zwangsläufigkeit lässt erwarten, dass das

Universum randvoll ist mit Prozessen, die der Evolution unterliegen – und die mit hoher Wahrscheinlichkeit zu etwas führen, das man Leben nennen könnte. Wir Menschen sind also vermutlich nicht allein im Kosmos, wir sind nicht einmal etwas Besonderes. Unsere Existenz ergibt sich zwangsläufig aus einer mathematischen Gesetzmäßigkeit.

Der Oxford-Professor Peter Atkins drückt das folgendermaßen aus: »Ein großer Teil des Universums bedarf keiner Erklärung. Zum Beispiel Elefanten. Sobald Moleküle miteinander konkurrieren und andere Moleküle nach ihrem Ebenbild hervorbringen können, wird man irgendwann auch Elefanten und ähnliche Lebewesen durch die Landschaft streifen sehen.«

Der oben beschriebene mathematische Zusammenhang der Evolution wirkt aber eben nicht nur auf Moleküle, die Kopien ihrer selbst herstellen können, sondern auch auf alles andere, was kopiert wird: zum Beispiel auf das Verhalten von Tieren, auf den Gebrauch von Werkzeugen, auf das Weitererzählen und Aufschreiben von Geschichten, auf den Bau von Autos, sogar auf die Herstellung von Schokoladentafeln – und nicht zuletzt auf Computerprogramme.

Doch davon später mehr. Zunächst wollen wir uns den Wirkungsmechanismus der Evolution noch einmal aus der Nähe anschauen. Dazu probieren wir ihn am besten einfach mal aus.

Wir brauchen dafür kein Chemielabor, sondern nur einen Stift, einen Würfel und die auf Seite 55 abgebildete Spieltabelle. Kopieren Sie sich die Seite bitte ein paar Mal oder schreiben Sie mit Bleistift in das Buch, denn wir werden dieses Spiel später noch mehrmals spielen, jeweils mit unterschiedlichen Regeln, um einige grundlegende Zusammenhänge der Evolution zu erforschen.

Hier sind die Grundregeln für das Evolutionsspiel:

1. Tragen Sie eine beliebige Zahl zwischen 1 und 100 in das Feld »Startzahl« ein, zum Beispiel 50. Die Startzahl definiert die Anfangsausprägung der einzigen Eigenschaft, die unsere »Replikatoren« besitzen.
2. Tragen Sie eine beliebige Zahl zwischen 1 und 100 in das Feld »Idealzahl« ein. Die Idealzahl sollte um mindestens 10 größer oder kleiner sein als die Startzahl.
3. In die sechs Felder der Generation 1 tragen Sie nun zufällige »Mutationen« der Startzahl ein. Würfeln Sie für jedes Feld einmal. Die Zahl, die Sie eintragen, wird wie folgt bestimmt: Startzahl – 3 + Würfelzahl. Bei einer gewürfelten 1 wird also die Startzahl um 2 Punkte verringert, bei einer 3 bleibt sie gleich, bei einer 5 wird sie um 2 Punkte erhöht. Die 6 als Würfelzahl wird ignoriert, Sie würfeln einfach noch einmal, wenn Sie eine 6 gewürfelt haben. Beispiel: Ihre Startzahl ist 50, Sie würfeln nacheinander 2-1-4-6-3-5-5. Die 6 wird ignoriert. In der ersten Zeile Ihrer Tabelle stünden dann die Zahlen 49, 48, 51, 50, 52 und 52.
4. Nun erfolgt die Selektion. Würfeln Sie und markieren Sie das Feld, das der Würfelzahl entspricht, mit einem Punkt in einer Ecke. Tun Sie dies insgesamt dreimal. Dann wählen Sie diejenige Zahl aus, die von den markierten Feldern der Zielzahl am nächsten ist, und umkreisen diese. Es ist dabei unerheblich, ob ein Feld mehrfach markiert wurde. Beispiel: Sie würfeln 2, 5 und 2. Im obigen Fall stünden dann in den markierten Feldern 48 und 52. Wenn Ihre Zielzahl beispielsweise 70 ist, umkreisen Sie die 52.
5. Die umkreiste (»selektierte«) Zahl ist nun die Startzahl für die nächste Generation. Wiederholen Sie den Vor-

gang ab Schritt 3 so lange, bis die selektierte Zahl die Idealzahl ist oder Sie alle 12 Zeilen (»Generationen«) ausgefüllt haben.

Ihre Tabelle sieht nach dem Spiel aller Wahrscheinlichkeit nach folgendermaßen aus:

- Die Durchschnittswerte der einzelnen Generationen haben sich insgesamt von Generation zu Generation der Idealzahl angenähert.
- Möglicherweise gibt es Generationen, in denen die selektierte Zahl gleich geblieben ist oder sich sogar wieder von der Idealzahl entfernt hat. Doch der Gesamttrend geht eindeutig in Richtung der Idealzahl.

Dieses einfache Spiel enthält alle wesentlichen Elemente der Evolution:

- Reproduktion: Aus jeder selektierten Zahl sind 6 neue Zahlen »entstanden«.
- Mutation: Die neuen Zahlen schwankten im Wert zufällig um die selektierte Zahl.
- Selektion: Es wurde nicht unbedingt immer die »beste«, das heißt der Idealzahl nächste Zahl ausgewählt, weil der Zufall (der Würfel) dies verhindert hat, aber die Nähe der Zahlen zur Idealzahl, sozusagen ihre Überlebensfähigkeit, hat einen entscheidenden Einfluss gehabt.

Natürlich ist die biologische Evolution viel komplizierter als dieses simple Spiel. Das Überleben der Arten hängt nicht von einem einzigen Merkmal ab, sondern von einer Kombination vieler Eigenschaften. Die Frage, wie Reproduktion und Mutation genau stattfinden, hat einen entscheidenden Einfluss darauf, wie sich Lebewesen anpassen. Und natürlich verändert sich die Umwelt, im Spiel durch die »Idealzahl« repräsentiert, laufend.

Das Evolutionsspiel

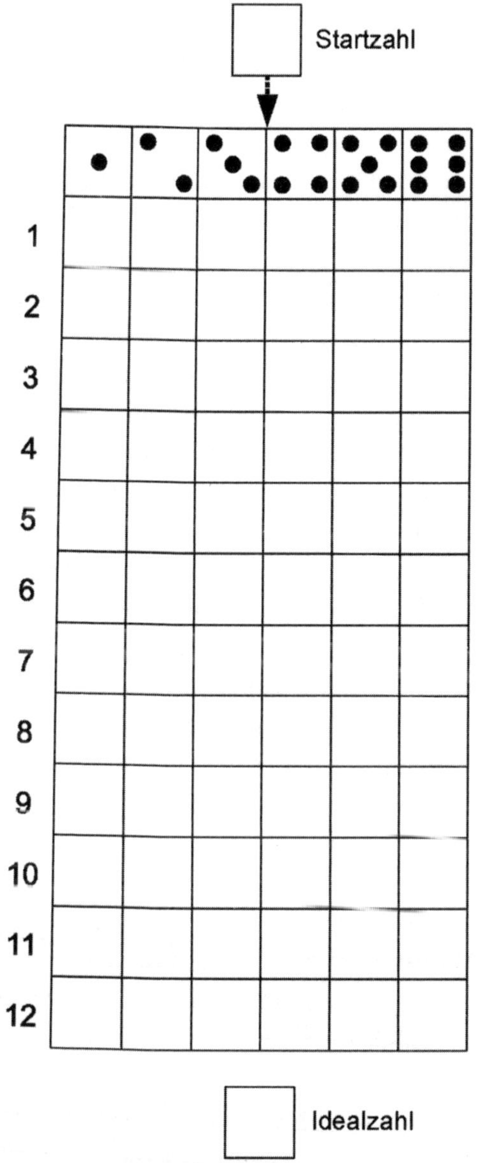

Das Evolutionsspiel: Bogen bitte kopieren

Aber das Spiel zeigt auf einfache Weise, dass die Anpassung einer Eigenschaft (Zahl) an einen Idealzustand (Idealzahl) mit Hilfe von Reproduktion, Mutation und Selektion zwangsläufig ist, und zwar auf rein abstrakter, mathematischer Ebene. Immer wenn Reproduktion, Mutation und Selektion wirken, findet eine allmähliche Veränderung hin zu einem – wie auch immer gearteten – Idealzustand statt.

Wenn aber dieser Prozess der Evolution selbst auf einem Blatt Papier stattfinden kann, dann ist das Prinzip sicher nicht allein auf biologische Vorgänge begrenzt.

Am Anfang von Kapitel 2 haben wir die formale Ähnlichkeit des Stammbaums der Automobile mit dem Stammbaum des Lebens bemerkt. Natürlich ist Ähnlichkeit allein noch kein Beweis dafür, dass hier tatsächlich dieselben Kräfte wirken. Doch wir haben gesehen, dass Evolution kein biologisches, sondern ein mathematisches Phänomen ist. Kann es sein, dass dasselbe Phänomen auch hinter der Entwicklung von Technologien steckt? Dass dieselbe universelle Kraft, die Amöben, Radieschen, Borkenkäfer, Kamele, Albert Einstein, Sie und mich hervorgebracht hat, auch zur Entwicklung von Briefumschlägen, Kartoffelschälern, Viagra und Talkshows im Fernsehen führte?

Diese zunächst sehr gewagt klingende Behauptung lässt sich leicht überprüfen. Denn wenn der oben erklärte mathematische Zusammenhang der Evolution immer gilt, sobald seine Voraussetzungen erfüllt sind, dann müssen wir ja nur herausfinden, ob diese in der technischen Entwicklung gegeben sind. Wenn es also bei der Entstehung neuer Produkte und Technologien Reproduktion, Mutation und Selektion gibt, dann muss Evolution dabei eine entscheidende Rolle spielen.

Kaum jemand wird bezweifeln, dass bei der Entwicklung von Technik Reproduktion stattfindet. Nicht nur Produkte wie Autos, MP3-Player oder Dosensuppe werden in großen Mengen »reproduziert«, sondern es werden zum Beispiel auch Konstruktionspläne für Autos oder Suppenrezepte vervielfältigt, beispielsweise im Internet, in Fachbüchern oder in den Aktenordnern und auf den Computerfestplatten der Herstellerfirmen.

Mutation ist ebenfalls nicht von der Hand zu weisen: Eine Auto-Generation unterscheidet sich in vielen Details von der nächsten, MP3-Player werden immer leistungsfähiger, und die Zutaten für Suppe verändern sich vielleicht im Laufe der Zeit, wenn sich der Geschmack der Zielgruppe ändert.

Und die Selektion? Sie findet auf dem »Markt« statt: Verbraucher entscheiden sich für bestimmte Produkte, die dann weiter vervielfältigt werden. Andere »sterben aus«, das heißt sie werden nicht mehr produziert.

Auf den ersten Blick spricht also alles dafür, dass die Evolution tatsächlich die treibende Kraft hinter dem technischen Fortschritt ist. Es gibt allerdings einen offensichtlichen Unterschied zwischen der Evolution in der Natur und der Entwicklung beispielsweise des Automobils: Ohne Zweifel werden Autos nicht rein zufällig mutiert, sondern gezielt weiterentwickelt. Unsere Intelligenz und unser Wille, unsere Intention spielen eine wesentliche Rolle.

Dies ist das wichtigste Argument gegen die Übertragbarkeit der Evolutionstheorie auf den technischen Fortschritt. Doch sieht man etwas genauer hin, stellt man fest, dass die Unterschiede verblassen.

4. Der Fortschritt ist blind

Kein Zweifel: Mutation und Selektion von Technologien werden normalerweise bewusst vorgenommen, von Menschen, die dafür viel Geld bekommen. Neue Produkte werden erforscht, entwickelt, geplant, mit raffinierten Kampagnen im Markt eingeführt. Nichts wird dem Zufall überlassen. So muss es jedenfalls auf Außenstehende wirken.

Betrachten wir zunächst die Auswirkungen, die ein solches gezieltes Vorgehen auf die Evolution hat. Spielen wir unser Evolutionsspiel noch einmal, aber diesmal mit veränderten Regeln:

1. Tragen Sie dieselbe Start- und Idealzahl ein wie im ersten Spiel.
2. Diesmal mutieren Sie die Zahl nicht zufällig. Vermindern oder erhöhen Sie alle Zahlen jeder Generation immer um 2 in Richtung der Idealzahl. Wenn beispielsweise die Startzahl 50 und die Idealzahl 20 ist, schreiben Sie in alle Felder der ersten Generation 48, in die der zweiten 46 usw. Wenn die Idealzahl nur noch um 1 von der selektierten Zahl abweicht, variieren Sie natürlich nur noch um 1.
3. Selektieren (umkreisen) Sie immer die erste Zahl in jeder Reihe und nehmen Sie diese als Startzahl für die nächste Generation.

Was ist passiert? Aller Wahrscheinlichkeit nach haben Sie sich geweigert, dieses langweilige Spiel mitzuspielen und das Blatt tatsächlich auszufüllen. Jeder kann sich leicht ausrechnen, wie die Tabelle nach dem Spiel aussieht. Wenn die Idealzahl um weniger als 25 von der Startzahl abweicht, haben Sie sie nach einer genau berechenbaren Zahl von Generationen erreicht. Wenn nicht, liegt die selektierte Zahl der 12. Generation um genau 24 dichter an der Idealzahl als die Startzahl.

In jedem Fall erfolgt die Anpassung an die Idealzahl wesentlich *schneller* als in der ersten Spielvariante. Der Ausschluss des Zufalls bei Mutation und Selektion hat also einen beschleunigenden Effekt.

Mit Evolution hat dieses zielgerichtete Vorgehen auf den ersten Blick nichts zu tun. Mathematisch gesehen haben wir jedoch lediglich einen Spezialfall des Evolutionsprinzips betrachtet, der so in der Natur nie vorkommt:

- Es herrscht vollständige Information darüber, wie die ideale Anpassungsform (die Idealzahl) aussieht.
- Jedes Zufallselement bei Mutation und Selektion ist ausgeschlossen.

Gibt dieser Spezialfall die Situation bei der Entwicklung technischer Produkte zutreffend wieder? Wohl kaum. Betrachten wir einige Fakten:

- Die weitaus meisten Produkte, die im Lebensmittelhandel neu eingeführt werden, verschwinden nach spätestens einem Jahr wieder aus den Regalen.
- 80 Prozent neu gegründeter Firmen gehen innerhalb der ersten 5 Jahre pleite oder werden wieder geschlossen.
- Die größten technologischen Umwälzungen des letzten Jahrhunderts – Automobil, Computer, Internet – wurden praktisch von niemandem korrekt vorausgesehen. Berühmt geworden ist der Ausspruch von IBM-Gründer Thomas Watson aus dem Jahr 1943: »Ich glaube, dass es auf der Welt einen Bedarf von vielleicht fünf Computern geben wird.« Dieser oft zitierte Satz ist in sich ein schö-

nes Beispiel für die Evolution von Zitaten, denn weder hat Thomas Watson IBM gegründet (er war lediglich bis 1956 der Vorstandsvorsitzende), noch lässt sich nachweisen, dass er diesen Satz je gesagt hat – das vermeintliche Zitat geht vermutlich auf einen SPIEGEL-Artikel aus dem Jahr 1956 zurück, in dem ihm diese Aussage nur indirekt zugeschrieben wird. Aber sie symbolisiert trotzdem sehr schön, dass kaum jemand die durch den Computer verursachte Revolution in ihrem vollen Umfang vorausgeahnt hat, was ohne Zweifel den Tatsachen entspricht.

All dies deutet darauf hin, dass bei der Entwicklung neuer Produkte eine Menge »Versuch und Irrtum« angewendet wird: Die Produktentwickler probieren etwas Neues aus, und entweder es »funktioniert« am Markt, oder es funktioniert nicht.

Um den Zufall bei der Entwicklung von Produkten vollkommen auszuschließen, müsste, wie in unserem langweiligen Spiel, vollkommen klar sein, wohin ein Produkt entwickelt werden muss. Es müsste vollständige Information über das »Idealprodukt« – die perfekte Kombination von Produktmerkmalen – herrschen, und zwar unter der Nebenbedingung der technischen Machbarkeit.

Dies ist natürlich in der Praxis unmöglich. Verschiedene Käufer haben meist unterschiedliche Vorstellungen von ihrem Idealprodukt. Der eine Autokäufer beispielsweise ist kostenbewusst und achtet vor allem auf einen niedrigen Benzinverbrauch. Ein anderer will möglichst große Sicherheit, ein dritter legt Wert auf die Optik. Und natürlich will der kostenbewusste ebenso ein sicheres, schickes Auto, wie der sicherheitsbewusste Geld sparen will – nur eben mit unterschiedlicher Gewichtung.

Um das Idealauto zu bauen, müsste man also im Prinzip

jedem Kunden sein eigenes Spezialfahrzeug konstruieren. Mindestens müsste man aber die genaue Gewichtung der Merkmale bei *allen* Käufern kennen, um das Produkt mit dem maximalen Absatzerfolg berechnen zu können. Dummerweise verändert sich diese Gewichtung auch noch laufend und hängt beispielsweise davon ab, was die Konkurrenz anbietet. Auch aktuelle Ereignisse, wie etwa ein steigender Ölpreis, haben einen Einfluss auf die Gewichtung, genau wie die sich verändernden Umweltbedingungen in der biologischen Evolution.

Ein weiteres Problem sind ungewollte Nebeneffekte. Selbst wenn vollkommen klar ist, in welche Richtung ein bestimmtes Produktmerkmal entwickelt werden muss, kann es passieren, dass diese Entwicklung unvorhergesehene Auswirkungen an anderer Stelle hat, die zu einer Verringerung der Selektionswahrscheinlichkeit führen. Ein neues elektronisches Sicherheitssystem beispielsweise kann die Fehleranfälligkeit des Fahrzeugs erhöhen und sein Abschneiden in der Pannenstatistik beeinflussen. Ein verbrauchsarmer Motor könnte eine geringere Beschleunigungsleistung zur Folge haben. Mehr passive Sicherheit bedeutet meist mehr Gewicht, was wiederum mehr Benzinverbrauch bewirkt, und so weiter.

Um solche unvorhergesehenen Nebenwirkungen auszuschließen, müsste man vollständige Information über sämtliche Wirkungszusammenhänge der einzelnen Produktmerkmale haben und außerdem in der Entwicklung vollständig fehlerfrei arbeiten. Es liegt auf der Hand, dass das nicht möglich ist.

Ein deutlicher Hinweis darauf, dass Produktentwicklung nicht immer sehr zielgerichtet verläuft, ist die Tatsache, dass Produkte oft für einen völlig anderen Zweck entwickelt werden als den, für den sie später benutzt werden.

- Als Konrad Zuse den ersten Computer baute, dürfte er kaum gedacht haben: So ein Ding wird irgendwann mal auf jedem Schreibtisch stehen. Erst recht wird er nicht erwartet haben, dass sich seine Erfindung innerhalb eines Menschenalters in Autos, Waschmaschinen und Kinderspielzeug wiederfinden würde.
- Das Internet war ursprünglich ein militärisches Informationssystem, das die Nachrichtenübermittlung nach einem sowjetischen Nuklearschlag sichern sollte. Es mutierte dann zu einem Austauschnetz für Wissenschaftler. Erst in der dritten »Generation« wurde das Internet zum globalen Kommunikationsnetz für jedermann und löste unter anderem eine beispiellose Börsenhysterie aus.
- Die SMS war gedacht zur Übermittlung technischer Informationen, nicht zum Versand von Liebesbotschaften. Die ursprünglichen Handydesigner hatten wohl kaum daran gedacht, dass die 12 Wähltasten eines Tages zum Schreiben von Briefen verwendet würden. Kein Mobilfunkbetreiber hatte vorausgesehen, dass allein in Deutschland jeden Tag 100 Millionen solcher Kurznachrichten versendet werden.
- Der Sinn unterschiedlicher Handy-Klingeltöne war es ursprünglich, dass Handybesitzer ihre klingelnden Handys von denen anderer Besitzer unterscheiden konnten. Niemand konnte ahnen, dass aus dem Verkauf von Klingeltönen ein Geschäft mit einem weltweiten Jahresumsatz von mehreren Milliarden Euro werden würde.

Ob man diese »Zweckentfremdungen« als Zufallseinflüsse bezeichnen kann, sei dahingestellt. Auf jeden Fall zeigen sie, dass die Mutation von Produkten zu unerwarteten Ergebnissen führen kann.

Man könnte einwenden, dass die Mutation zwar in Unkenntnis der idealen Anpassungsform erfolgt, dass dabei aber der Zufall keine oder nur eine sehr geringe Rolle spielt. Doch vieles spricht dafür, dass Zufälle entscheidend zur Entwicklung neuer Ideen und Produkte beitragen.

Immer wieder wird Erfindern zugeschrieben, dass ihnen bedeutende Einfälle aufgrund der Beobachtung zufälliger Ereignisse gekommen seien. So soll James Watt, der Erfinder der Dampfmaschine, seine entscheidende Idee bekommen haben, als er zufällig beobachtete, wie der Deckel auf dem Kochtopf seiner Mutter durch den Dampfdruck angehoben wurde und klapperte. Auch diese Geschichte ist, ähnlich wie das obige Tom-Watson-Zitat, eine Legende. Watt hat die Dampfmaschine nicht erfunden, sondern entscheidend verbessert, indem er unter anderem einen Kondensator hinzufügte. Diese Erkenntnis erlangte er nicht durch das Studium von Kochtöpfen, sondern durch das Lesen von Büchern über Wärmetheorie, für die er extra die deutsche Sprache erlernte.

Tatsächlich spielt wahrscheinlich der pure Zufall bei großen Erfindungen eine geringere Rolle, als gelegentlich behauptet wird. Oft steckt dahinter jahrelange, harte und vor allem systematische Entwicklungsarbeit. Doch diese Arbeit folgt in der Wissenschaft und Forschung sehr oft einem einfachen Prinzip: Versuch und Irrtum.

Ein Forscher hat vielleicht eine Idee, wie er eine bestimmte Verbesserung erreichen kann. Er baut eine Versuchsanordnung auf und überprüft die Idee. Nun gibt es zwei Möglichkeiten: Entweder bestätigt sich seine Hypothese – dann gibt es im Grunde keinen neuen Erkenntnisgewinn, da genau das geschieht, was er vorhergesagt hat. Oder sie bestätigt sich nicht – dann *lernt* der Forscher etwas. Vielleicht waren seine Grundannahmen falsch, oder der Aufbau des Versuchs hat nicht funktioniert. Auf jeden Fall ist etwas Unvorhergesehenes passiert. Oft sind es diese unvorhergesehenen Ereignisse, die neue Erkenntnisse ermöglichen. Denn der Forscher muss nun seine Annahmen korrigieren und an seiner Konstruktion oder an der Versuchsanordnung etwas ändern.

Wichtig daran ist, dass diese Erkenntnisse unvorhergesehen und damit in gewisser Hinsicht zufällig sind. Sie beruhen ja auf einem Fehler, der die verschiedensten Ursachen haben kann – zum Beispiel unvollständige Information, mangelnde Konzentration oder falsche Annahmen. Der Zufall spielt also doch eine wesentliche Rolle beim technischen Fortschritt.

Ein weiteres Beispiel für Zufallseinflüsse ist eine in der Produktentwicklung oft angewandte Methode zur Ideengewinnung: das Brainstorming. Dabei trifft sich eine kleine Gruppe von Mitarbeitern, die nicht unbedingt Fachleute sein müssen, zum Ideenaustausch. Es geht dabei aber nicht darum, konkrete Ideen zu diskutieren, sondern auf neue Ideen zu kommen. Die wichtigste Brainstorming-Regel besagt deshalb, dass Kritik an Ideen verboten ist. So kommt es häufig vor, dass ein Teilnehmer eine auf den ersten Blick unsinnige Idee in den Raum wirft, die jedoch bei einem anderen Teilnehmer eine Assoziation weckt, die wiederum zu einer sinnvollen Idee führt. Die Machbarkeitsprüfung und Verfeinerung der gewonnenen Ideenansätze erfolgen erst in einem zweiten Schritt.

Das Brainstorming wird zwar in der Regel mit einem konkreten Ziel initiiert, aber seine Ergebnisse sind vom Zufall stark beeinflusst. Sie hängen zum Beispiel davon ab, wer an der Sitzung teilnimmt. Wenn alle Teilnehmer ähnliche Kenntnisse in einem bestimmten technischen Bereich haben, werden andere Ideen erzeugt als in einem stark interdisziplinären Team. Letzteres wird wahrscheinlich »kreativere«, das heißt von den bisherigen Lösungen stärker abweichende Ideen entwickeln, die aber nicht notwendigerweise besser sein müssen.

Weitere Zufallseinflüsse sind die aktuelle Tagesform der Teilnehmer, die Atmosphäre des Treffens (starker Leistungsdruck, zum Beispiel aufgrund einer Krise, oder entspannte Situation) und ihre Beziehungen untereinander. Gibt es einen sehr dominanten Teilnehmer, etwa den Chef der übrigen Gruppenmitglieder, werden Brainstormings meist weniger fruchtbar sein, weil sich niemand traut, offen seine Ideen »herauszuposaunen«.

Doch selbst dann, wenn wir ganz für uns allein konzentriert über ein Problem nachdenken, spielt der Zufall bei der Lösungsfindung oft eine Rolle. Um das zu demonstrieren, spielen wir noch einmal unser kleines Evolutionsspiel. Die Regeln lauten diesmal:

1. Die Startzahl ist 20, die Idealzahl 39.
2. In jeder Generation können Sie die Ausgangszahl in genau einer der folgenden vier Arten mutieren: 2 addieren, 2 subtrahieren, mit 2 multiplizieren oder durch 2 dividieren.
3. Ihre Aufgabe ist es, in möglichst wenigen Generationen die Idealzahl exakt zu erreichen.

Versuchen Sie bitte einen Moment, das Problem zu lösen, bevor Sie weiterlesen.

Wenn Sie genauso wenig von Mathematik verstehen wie ich, ist die optimale Lösung nicht sofort offensichtlich. Also haben Sie vermutlich begonnen, in Gedanken nach einer möglichen Lösung zu suchen. Und zwar, indem Sie die zur Verfügung stehenden Mutationsmöglichkeiten ausprobieren.

Sie werden vielleicht zunächst 2 zu der Startzahl addiert

haben, merkten aber schnell, dass Sie das nicht wirklich weiterführt: Es dauert ziemlich lange, bis Sie auf diese Weise in die Nähe der Idealzahl kommen, exakt treffen können Sie sie nicht. Verdoppeln bringt Sie zumindest wesentlich schneller in die Nähe der Idealzahl. Aber wie kommt man von 40 zu 39? Ziehen Sie 2 ab, erhalten Sie 38 und sind dem Ziel auch nicht näher. Probieren wir mal das Dividieren. 38 durch 2 ist 19. Das klingt schon mal gut. Jetzt müssen wir nur noch 10-mal die 2 addieren, und wir sind am Ziel. Aber das muss doch noch eleganter gehen! Verdoppeln Sie die 38, addieren 2 und halbieren dann das Ergebnis, kommt ebenfalls 39 heraus – in insgesamt nur 5 Schritten. Also:

1. Generation: $20 \cdot 2 = 40$
2. Generation: $40 - 2 = 38$
3. Generation: $38 \cdot 2 = 76$
4. Generation: $76 + 2 = 78$
5. Generation: $78 : 2 = 39$.

Das ist schon recht schnell. Aber es ist noch nicht optimal. Finden Sie eine Lösung in 4 Generationen?

Aus diesem kleinen Spiel können wir zwei Beobachtungen ableiten:

1. Vielleicht haben Sie ein paar Zahlen auf ein Blatt Papier gekritzelt, aber mindestens ein Teil des Spiels lief sehr wahrscheinlich nur in Ihrem Kopf ab. Hinschreiben hätte viel zu lange gedauert, und es war ja oft sofort klar, was am Ende herauskommt.
2. Sie haben die Methode von Versuch und Irrtum angewendet, genau wie der Wissenschaftler in seinem Labor. Und Sie haben wahrscheinlich gerade aus den »Fehlschlägen« gelernt. Ein Verdoppeln der Ausgangszahl 20 hat Sie schnell in die Nähe des Ziels gebracht, aber Sie haben dort ein neues Problem entdeckt: Sie brauchen

eine 1 bzw. eine ungerade Zahl, um die Aufgabe zu lösen. Diese Erkenntnis hat Sie höchstwahrscheinlich auf den richtigen Weg geführt.

Auch hier haben Sie wahrscheinlich verschiedene Lösungsansätze mehrfach ausprobiert, sie mutiert und schließlich denjenigen ausgewählt, der Ihnen am meisten erfolgversprechend erschien. Die Evolution fand diesmal quasi in Ihrem Kopf statt. In welcher Reihenfolge Sie die Ansätze ausprobiert haben und wie schnell Sie auf den Lösungsweg gekommen sind, hängt von vielen externen Faktoren ab: von Ihrer Übung im Lösen mathematischer Probleme zum Beispiel, Ihrer genetischen Veranlagung oder von Ihrer »Intuition«, die letztlich nur eine Summe von Erfahrungen mit anderen Problemlösungssituationen ist. Diese Einflüsse aus Ihrem bisherigen Leben sind sehr stark zufallsgeprägt. Wahrscheinlich werden keine zwei Leser dieses Buches exakt dieselbe Reihenfolge von Gedankenschritten durchlaufen, auch wenn sie am Ende auf dieselbe Lösung kommen.

Etwas ganz Ähnliches läuft im Kopf eines Ingenieurs ab, der einen neuen Motor konstruiert, oder bei einem Designer, der eine neue Verpackung für Haarshampoo gestaltet. Verschiedene Ideen werden im Kopf »ausprobiert« und gegebenenfalls mutiert, bevor sie überhaupt zu Papier gebracht werden: »Man könnte vielleicht Teil X verlängern ... nein, das geht nicht, das passt dann nicht mehr in Gehäuse Y ... andererseits, wenn ich Teil Z um 90 Grad drehe ... ich muss dann nur die Antriebswelle anders aufhängen ...«

Bei dieser Vorgehensweise führen mehr oder weniger zufällige Assoziationen (»das ist ja so ähnlich wie bei ...«) zu Mutationen (»dann könnte man ja ...«), die danach einen Selektionsprozess durchlaufen (»nein, das geht nicht, weil ...«). Nach einigen Anpassungskreisläufen kommt dabei vielleicht eine Idee heraus, die geeignet erscheint, das Problem zu lösen. Diese Idee wird dann in die nächste Stufe des Evolutionsprozesses überführt, indem sie zum Beispiel berechnet, konkret im Computer entworfen oder mit einem Kollegen diskutiert wird. Dabei werden viele weitere Mutations- und Selektionsschritte durchlaufen.

Wir können aus den obigen Beispielen folgern, dass der Zufall beim Lösen von Problemen und bei der Entwicklung neuer Produkte und Technologien eine wichtige, wenn auch nicht die einzige Rolle spielt.

Wenn das Produkt schließlich »erfunden« ist, also ein exakter Konstruktionsplan vorliegt, ist es mit der Mutation in aller Regel noch nicht vorbei. Denn nun muss die ursprüngliche Idee an den »Reproduktionsapparat«, also die Fertigungsmöglichkeiten, angepasst werden. Die Überlegung, wie etwas hergestellt wird, spielt natürlich schon bei der Produktentwicklung eine wichtige Rolle, aber oft ergeben sich Änderungen noch im Produktionsprozess.

Zu Anfang meiner beruflichen Laufbahn hat mir ein Unternehmensberater-Kollege, der gerade für einen großen Automobilhersteller arbeitete, einmal gesagt: »Bei denen weiß keiner genau, wieso am Ende ein Auto rauskommt.« Er hatte das scherzhaft gemeint, aber mich hat dieser Satz nie losgelassen.

Heute weiß ich, dass mein Kollege, wahrscheinlich unbewusst, den Nagel auf den Kopf getroffen hat. Die Produktion von etwas so Kompliziertem wie einem Auto, das aus mehreren zehntausend Teilen besteht, ist natürlich selbst ein hochkomplexer Prozess. Es gibt zwei Möglichkeiten, einen solchen Prozess zu organisieren. Die eine ist die, jeden einzelnen Handgriff am Reißbrett zu planen und den Arbeitern genau vorzuschreiben. So hat es der legendäre Henry Ford gemacht, der Begründer der Serienfertigung im Automobilbau.

Es hat sich allerdings seit Henry Fords Tagen gezeigt, dass diese Vorgehensweise nicht optimal ist.

In den zwanziger Jahren des letzten Jahrhunderts wurde in den Hawthorne-Werken in Illinois ein interessantes Experiment gemacht. Um den Einfluss guter Beleuchtung auf die Arbeitsproduktivität zu testen, wurde die Beleuchtungsstärke bei einer Testgruppe von Arbeitern verändert. Eine Kontrollgruppe arbeitete unter unveränderten Bedingungen.

Erwartungsgemäß zeigte sich, dass die Testgruppe mit der besseren Beleuchtung produktiver war als zuvor. Doch auch die Produktivität der Kontrollgruppe stieg deutlich, obwohl hier das Licht nicht verändert worden war. Es stellte sich bald heraus, dass die Beleuchtungsstärke tatsächlich nur einen relativ geringen Einfluss auf die Arbeitsproduktivität gehabt hatte. Einen großen Einfluss jedoch hatte die Tatsache, dass die Arbeiter sich einer speziellen Gruppe zugehörig fühlten, der besondere Aufmerksamkeit entgegengebracht wurde. Dieser Effekt galt gleichermaßen für die Test- wie für die Kontrollgruppe.

Dieses Experiment hat das Management von Fertigungsanlagen ebenso stark beeinflusst wie Henry Fords Massenfertigung. Man erkannte, dass Menschen produktiver sind, wenn sie in kleinen Gruppen arbeiten, abwechslungsreiche Tätigkeiten durchführen und in ihrem Arbeitsbereich eigenständige Entscheidungen treffen können. Außerdem erwies es sich als vorteilhaft, wenn die Arbeiter unmittelbar mitgeteilt bekamen, wie produktiv sie waren, wenn sie also ähnlich wie ein Sportler ihr eigenes Leistungsniveau messen konnten. Heute weiß man, dass es nicht einmal unbedingt erforderlich ist, Prämien als Leistungsanreiz zu zahlen. Menschen wollen von Natur aus gut arbeiten und ihre Leistung verbessern und tun das auch – wenn sie sich an ihrem Arbeitsplatz wohl fühlen und selbst einen Einfluss auf ihre Arbeitsabläufe haben.

Aus diesen Erkenntnissen, die in den Jahrzehnten seit jenem Licht-Experiment gereift sind, haben sich zwei moderne Ansätze der Fertigungsorganisation entwickelt: »Kaizen« und »Selbstorganisation«. Das aus dem Japanischen entlehnte Wort Kaizen kann sinngemäß mit »kontinuierliche Verbesserung« übersetzt werden und bedeutet, dass jeder Arbeiter seine eigenen Abläufe und seinen Arbeitsplatz ständig verbessert. Im Unterschied zu Henry Fords Managementansatz bestimmt nicht der »Chef«, wie die Arbeit genau abzulaufen hat, sondern der Mitarbeiter selbst hat einen hohen Einfluss darauf.

Das Wesen von Kaizen sind sehr einfache, kleine Verbesserungsschritte. Beispielsweise kann es vorkommen, dass ein Bauteil falsch herum eingebaut wird. Eine Kaizen-Idee wäre es, an dem Bauteil entweder eine zusätzliche Kennzeichnung anzubringen oder, noch besser, es asymmetrisch zu konstruieren, so dass es nur noch auf die richtige Weise eingebaut werden kann.

Ähnlich ist es mit der Selbstorganisation in der Fertigung: Eine Arbeitsgruppe bekommt einen Auftrag, zum Beispiel bestimmte Teile in hoher Qualität und mit minimalem Ausschuss zu stanzen. Wie genau sie diese Aufgabe erledigen, bleibt den Mitarbeitern überlassen. Sie müssen sich selbst mit den anderen Teams koordinieren – mit werksinternen »Lieferanten« für Bleche und »Kunden«, die die Stanzlinge weiterverarbeiten.

Diese Ansätze führen nachweislich zu einer deutlichen Qualitätsverbesserung bei gleichzeitiger Reduktion der

Stückkosten. Außerdem verbessern sie die Arbeitsqualität und die Mitarbeiterzufriedenheit. Der japanische Autofabrikant Toyota führte sie als Erster konsequent ein und stieg dadurch zu einem der größten und erfolgreichsten Autohersteller der Welt auf. Inzwischen sind Kaizen und Selbstorganisation in der Automobilfertigung und bei Zulieferern weit verbreitet und greifen auch immer mehr auf andere Branchen über.

Genau genommen sind Selbstorganisation und Kaizen eine Übertragung des Evolutionsprinzips auf die Fertigungssteuerung. Erfolgreiche Methoden, zum Beispiel eine farbliche Kennzeichnung oder eine asymmetrische Konstruktion zur Fehlervermeidung, können sich von einer Abteilung zur nächsten ausbreiten. Es wird viel ausprobiert (mutiert), und erfolgreiche Ansätze werden nachgeahmt (selektiert und reproduziert). Was genau erfolgreich ist, bestimmt die Produktivität der Abteilung, gemessen in produzierten Stück pro Zeit und dem Qualitätsmaß – damit gibt es auch klare Selektionskriterien.

Auch in Henry Fords Massenfertigung gab es so etwas wie Evolution: Wenn Abläufe am Fließband geändert wurden, war dies Mutation, wenn dadurch die Fehlerquote sank, wurde die Änderung »selektiert« und vielleicht auf andere Bereiche übertragen. Doch im Unterschied zu modernen Fertigungstechniken war die Mutationsrate viel geringer, da die Arbeiter selbst keine Verbesserungen vornehmen durften. Außerdem funktionierte die Selektion weniger gut, da die Mitarbeiter keine unmittelbare Rückmeldung über die Qualität ihrer Arbeit bekamen. Erst das Endprodukt wurde auf seine Qualität hin geprüft. Dagegen ist in einer selbstorganisierten Fertigung jede Abteilung für ihre eigene Qualität verantwortlich. Es gilt das

Prinzip: »Nimm nichts Fehlerhaftes an und gib nichts Fehlerhaftes weiter.« Das Managementprinzip dagegen lautet: »Steuere nur, was du steuern musst.«

In der modernen Massenfertigung hört die Evolution von Produkten also nicht in der Entwicklungsabteilung auf, sondern zieht sich bis in die Fertigungshallen hinein. Reproduktion, Mutation und Selektion finden auch dort statt und verändern das Endprodukt (im Beispiel das Auto) in vielen kleinen Details, die zu mehr Qualität und Sicherheit oder zu geringeren Produktionskosten (und damit größeren Reproduktionschancen) beitragen.

Tatsächlich weiß zum Schluss niemand mehr in allen Details, »warum am Ende ein Auto herauskommt«. Das ist auch nicht erforderlich – das Evolutionsprinzip sorgt ganz von selbst für eine ständige Verbesserung der Produktionsabläufe und der Produktqualität.

Manchmal führt die zufällige Mutation in der Fertigung zu überraschenden Ergebnissen. Ein schönes Beispiel dafür brachte mir mein Sohn Nikolaus, zu diesem Zeitpunkt 12 Jahre alt, im Dezember 2004. Er kam eines Tages nach der Schule mit einer neuen Mütze nach Hause: 100 Prozent Polyester, Made in China. Das Besondere an der Mütze war der Schriftzug mit dem Namen unserer Heimatstadt, der in silbernen Lettern aufgestickt war (die Mütze war offenbar eine Mutation der zu dieser Zeit sehr populären Stadtnamen-Trainingsjacken, die in unzähligen Variationen ein Jahr zuvor einen spektakulären Siegeszug durch Deutschland angetreten hatten). Doch dort stand nicht »HAMBURG«, sondern »HAMBRUG«.

Der simple Buchstabendreher in einem chinesischen Werk hatte dazu geführt, dass die Mützen für einen Euro pro Stück verramscht wurden. Doch er hatte noch einen völlig unvorhersehbaren Nebeneffekt: Die Mützen wur-

»HAMBRUG«-Mütze

den »Kult«. Praktisch jeder Schüler an seiner Schule hatte eine. Innerhalb von Tagen waren sie ausverkauft.

Aus einem Produktionsfehler war eine neue, heißbegehrte Produktmutation entstanden, die sich viel schneller ausbreitete als das ursprünglich geplante Produkt. Ein vermeintlicher Selektionsnachteil hatte sich als Selektionsvorteil erwiesen. Der niedrige Preis der Mütze mag eine zusätzliche verkaufsfördernde Rolle gespielt haben, doch wer Jugendliche kennt, weiß, dass sie nie auf die Idee kommen würden, eine neue Mütze zu kaufen, nur weil sie billig ist. Mein Sohn hatte jedenfalls nie zuvor eine Mütze von seinem Taschengeld bezahlt.

Betrachten wir die zweite Komponente, die Selektion. Wird immer das jeweils beste Produkt ausgewählt, oder spielt auch hierbei der Zufall eine Rolle?

Wirtschaftswissenschaftler haben längst erkannt, dass ein perfekter Markt mit vollständiger Information aller Teilnehmer nicht existiert. Daraus folgt, dass nicht immer das günstigste oder für den jeweiligen Zweck am besten geeignete Produkt gekauft wird – etwa deshalb, weil der Käufer nicht weiß, dass es woanders ein günstigeres oder besseres Produkt gibt, oder weil dieses Produkt gerade nicht verfügbar ist.

Zahlreiche Beispiele belegen, dass nicht immer das technisch beste Produkt im Markt überlebt:

- In den achtziger Jahren konkurrierten drei verschiedene Standards für Videorekorder: VHS, Betamax und Video 2000. Das technisch am wenigsten leistungsfähige VHS-System setzte sich durch.
- Nach Meinung vieler Anwender war der Apple Macintosh zu seiner Zeit dem Konkurrenzsystem des »IBM-kompatiblen« PCs klar überlegen. Aufgrund der Tatsache, dass Apple sein System exklusiv mit einem selbstentwickelten Betriebssystem vermarktete, während es zahllose Hersteller von »IBM Clones« mit einem Standard-Betriebssystem von Microsoft gab, die wiederum den Softwareherstellern einen besseren Absatzmarkt boten, blieb der Mac ein Nischenprodukt für Grafiker und Individualisten.
- Im Markt für Videospiele mussten die Hersteller technisch überlegener Systeme immer wieder feststellen, dass die Zahl und Qualität der verfügbaren Spiele, die von Drittherstellern angeboten wurden, einen wesentlich größeren Einfluss auf die Marktakzeptanz hatten als technische Daten wie Prozessorgeschwindigkeit und Grafikauflösung. So setzte sich 2005 die technisch unterlegene Sony Playstation als klarer Marktführer gegenüber Anbietern wie Nintendo, Sega und Microsoft durch. 2007 gelang Nintendo mit der Wii ein spektakulärer Erfolg, der zumindest die Konkurrenten überrascht haben dürfte. Es zeigte sich nämlich, dass die spezielle Art der Interaktion mit dem Spiel – bei der Wii werden die Armbewegungen des Spielers mit einem speziellen Controller ins Spiel übertragen – einen ganz neuen Selektionsfaktor bildete und demgegenüber die Rechenleistung und Grafikauflösung in den Hintergrund traten.

Bei diesen Beispielen wird deutlich, dass Marketing, strategische Allianzen und das Verhalten von Dritten im Markt einen wesentlichen Einfluss auf den Erfolg haben. Diese Faktoren kann man durchaus als Teil der Gesamtheit aller Produktmerkmale ansehen. Sie hängen aber eindeutig nicht allein von den Entscheidungen des Produktentwicklers ab und können deshalb als externe, nicht vorhersehbare Einflussfaktoren betrachtet werden.

Halten wir also fest:

- Die Annahme, dass Produktentwicklung immer zielgerichtet erfolgt und der Zufall dabei keine Rolle spielt, lässt sich in der Praxis nicht bestätigen.
- Gleiches gilt für die Selektion: Es herrscht harter Wettbewerb, dessen Verlauf von vielen Zufällen beeinflusst wird. Nicht immer setzt sich das »beste« Produkt durch.
- Wenn Mutation und Selektion nicht rein zufällig, sondern zum Teil zielgerichtet erfolgen, hat dies allenfalls einen die Anpassung beschleunigenden Effekt, ändert aber nichts am grundlegenden Mechanismus der Evolution. Die Intention des Entwicklers ist nichts anderes als eine spezielle Form der Selektion.

Damit ist der wichtigste Einwand gegen die Gültigkeit des Evolutionsprinzips in der technischen Entwicklung und in der Wirtschaft widerlegt. »Darwins Algorithmus« muss also einen wesentlichen Einfluss auf die Entwicklung der Technik haben.

5. Ein Reiskorn kommt selten allein

Vielleicht kennen Sie die kleine Geschichte: Das Schachspiel begeisterte den Kaiser von China so sehr, dass er seinem Erfinder, einem sehr klugen Mann, einen Wunsch zu erfüllen versprach. Dieser wünschte sich nur 1 Reiskorn auf dem ersten Schachfeld, 2 Körner auf dem zweiten, 4 auf dem dritten und auf jedem weiteren Feld immer doppelt so viele wie auf dem Feld davor, bis das letzte Feld erreicht war. Der Kaiser, der nicht besonders gut in Mathematik war, gewährte den Wunsch. Wäre er tatsächlich in der Lage gewesen, ihn auch zu erfüllen, hätten auf dem letzten Feld 2 hoch 63 Reiskörner gelegen – ungefähr 9223000000000000000000 Stück. Das wäre genug Reis, um einen Güterzug zu füllen, der von der Erde bis zum Mars reicht.

Ray Kurzweil benutzt diese kleine Geschichte in seinem Buch »The Age of Spiritual Machines« (auf Deutsch »Homo S@piens«), um einen exponentiellen Trend zu illustrieren. Er stellt fest, dass es die Eigenschaft von exponentiellen Trends ist, zunächst langsam und unmerklich zu wachsen. Auf Schachfeld 10 liegen gerade einmal 1024 Reiskörner – ein kleines Säckchen mit vielleicht 100 Gramm. Doch dann wird der Anstieg immer rasanter, das Schachbrett verschwindet unter Bergen von Reis, die bereits das ganze Land China bedecken, bevor das letzte Feld erreicht ist.

Kurzweil behauptet, dass die Evolution einem solchen exponentiellen Trend folgt. Er begründet das damit, dass neue evolutionäre Errungenschaften in immer kürzeren

Abständen auftreten, weil sie auf die jeweils vorher erzielten Errungenschaften aufbauen. Diesen Effekt nennt er das Gesetz des steigenden Ertragszuwachses: die Geschwindigkeit der Entwicklung (Ertragszuwachs) nimmt demnach stetig zu, weil jeder erreichte Entwicklungsstand die Entwicklungsgeschwindigkeit auf ein neues Niveau hebt. So wie die Zahl der Reiskörner, die auf jedes Schachfeld gelegt werden, durch die Zahl der auf dem vorigen Feld schon befindlichen Reiskörner bestimmt wird.

Betrachten wir die Entwicklung des Lebens auf der Erde. Hat sich da tatsächlich etwas permanent beschleunigt? Und wenn ja, warum?

Stellen Sie sich vor, die Geschichte der Erde wäre auf ein Jahr zusammengeschrumpft. Die Erde wäre dann am 1. Januar entstanden. Irgendwann Mitte Februar tauchen die ersten Einzeller auf. Erst im Oktober bilden sich die ersten mehrzelligen Lebewesen und kriechen irgendwann im November an Land. Ende November stampfen die ersten Dinosaurier durch die Schachtelhalm Wälder. Kurz nach Weihnachten beendet ein gewaltiger Asteroideneinschlag ihre Herrschaft, die immerhin einen vollen Monat gedauert hat – viel länger als die kümmerlichen paar Stunden, auf die es die Hominiden bisher bringen. Diese stolpern nämlich erst seit dem frühen Silvesternachmittag auf wackligen zwei Beinen herum.

Im Verlauf des Abends lernen sie sprechen und erfinden um eine Minute vor zwölf die Schrift. Eine Sekunde vor Mitternacht schreibt Darwin »Die Entstehung der Arten durch natürliche Zuchtwahl«. Eine halbe Sekunde später baut Konrad Zuse den ersten Computer. Nur zwei Zehntelsekunden danach beschäftigt sich Alan Turing bereits mit Fragen der künstlichen Intelligenz. Eine Zehntelsekunde vor Mitternacht wird das World Wide Web geboren.

Das sieht, aus dieser zeitlichen Entfernung betrachtet, in der Tat nach einer rasanten Beschleunigung aus. Aber was genau hat sich eigentlich beschleunigt? Schauen wir genauer hin, dann entdecken wir in der Entwicklung des Lebens mehrere evolutionäre »Durchbrüche«.

Erinnern wir uns: Die Evolution begann lange bevor es Leben im eigentlichen Sinne gab, indem sich Moleküle in einer chemisch aktiven Ursuppe selbst replizieren konnten. Die erste einschneidende Veränderung war die Entwicklung einer Zellmembran. Sie trennte das sich replizierende Molekül von seiner Umwelt und schützte es vor Angriffen. Sie schuf Stabilität.

In Bezug auf die Veränderungsgeschwindigkeit war die »Erfindung« der Zelle wahrscheinlich eher ein Rückschritt. In einem sehr freien Zitat eines Artikels von Carl Woese schreibt der Physiker Freeman Dyson von einem »goldenen Zeitalter prä-darwinscher Evolution«, in dem es einen freien Austausch von Genen gegeben habe. Doch dann, eines Tages, sei eine Zelle entstanden, die »nicht mehr teilen wollte«. Dies habe die Entwicklung des Lebens drastisch verlangsamt.

Tatsächlich kann man sich die Entstehung von Zellen wie den Bau von Bunkern, Festungswällen und Schützengräben in einem Krieg vorstellen – sie ziehen die Auseinandersetzung in die Länge. Aber die Entwicklung der Zelle war auch ein notwendiger Schritt, um jene Form von Stabilität zu erreichen, die es ermöglichte, Eigenschaften an seine Nachkommen weiterzugeben und eine allmähliche, graduelle Entwicklung der Merkmale von Lebewesen zuzulassen. Bis dahin nämlich waren vermutlich viele nützliche Eigenschaften einfach im allgemeinen »Schlachtgetümmel« wieder untergegangen. Erst durch die Bildung der Zelle wurde so etwas wie unterschiedliche Arten von Lebewesen, die sich über Jahrmillionen nur graduell verändern, überhaupt möglich.

Auf die Entstehung der Zelle folgte eine sehr lange Phase – mehr als die Hälfte der gesamten Entwicklungszeit des Lebens –, in der augenscheinlich nicht viel passierte. Bakterien und andere Einzeller breiteten sich auf dem Planeten aus. Sehr interessant hätte die Erde während dieser Zeit für einen außerirdischen Besucher nicht ausgesehen – keine Spur von wimmelndem Leben, nur ein paar Schaumbläschen hier, ein bisschen graugrüner Schleim dort.

Warum ging es nicht voran? Eine mögliche Erklärung findet sich wieder in der Mathematik. Einfache Organismen haben ein relativ simples Genom. Eine winzige Mutation in diesem Genom hat deshalb relativ große Auswirkungen. Nehmen wir an, die Gene eines einfachen Bakteriums wären eine Million Basenpaare lang. Dann bewirkt die Veränderung nur eines Buchstabens in diesem Code ein Millionstel oder 0,0001 Prozent des gesamten Codes. Das klingt nicht nach besonders viel. Doch da es sich um einen Einzeller handelt, betrifft die Veränderung den gesamten Organismus. Die Wahrscheinlichkeit, dass diese Veränderung einen fatalen Schaden bewirkt, ist sehr hoch. Selbst wenn nicht, sind die Abweichungen vom Original recht drastisch.

Die Stabilität der Umwelt war das zweite »Problem« der frühen Evolution. In einer vergleichsweise stabilen Umwelt ist die Wahrscheinlichkeit, dass eine drastische Mutation einen Selektionsvorteil bringt, sehr gering. Vor drei Milliarden Jahren gab es auf der Erde nur wenig Veränderung. Da alles so blieb, wie es war, bestand keine Notwendigkeit, sich an etwas Neues anzupassen. Mutationen waren nicht erfolgreicher als die unveränderten Originale, weil diese bereits »optimal« an die unveränderliche Umwelt angepasst waren.

Die frühe Phase des Lebens war auch deshalb relativ stabil, weil es noch nicht viel gab, das sich verändern konnte. Stellen wir uns ein Ökosystem mit 10 verschiedenen Arten vor, die miteinander interagieren. Wenn in diesem System eine Art eine neue, erfolgreiche Mutation hervorbringt, kann diese das ganze System aus dem Gleichgewicht bringen. Stellen wir uns beispielsweise vor, dass eine Bakterienart ein chemisches Abfallprodukt erzeugt, das von einer anderen Bakterienart weiterverarbeitet wird. Wenn die erste Bakterienart nun von einer neuen Mutation verdrängt wird, die vielleicht eine andere Chemikalie ausstößt, hat die zweite Art keine Überlebenschance mehr. Eine neue Mutation würde entstehen, die besser mit den veränderten Bedingungen zurechtkommt, und nach kurzer Zeit wäre das ganze Ökosystem »umgekrempelt«. Aber wie wir gesehen haben, ist die Wahrscheinlichkeit, dass das passiert, bei primitiven Organismen in stabilen Umgebungen sehr gering.

Was aber, wenn wir statt 10 Organismen in einem Ökosystem 1000 haben? Bei gleicher Wahrscheinlichkeit einer erfolgreichen Mutation innerhalb einer Spezies steigt die Chance, dass sich das Gesamtsystem verändert, deutlich an. Zwar sind in einem komplexen Ökosystem die Auswirkungen einer Mutation auf die übrigen Spezies meist weniger drastisch (wenn eine Vogelart mutiert, verändert sich nicht der ganze Wald), aber es gibt in begrenzten Bereichen immer wieder Veränderungsdruck: Eine Mutation eines Raubvogels, die zu besseren Augen führt, erhöht beispielsweise den Druck auf die Beutetiere, ihre Tarnung zu verbessern. Vielfalt führt also aus sich selbst heraus zu einer Zunahme von Veränderungen.

Für die Vielfalt des Lebens gilt etwas Ähnliches wie für die Entwicklung der Intelligenz: Sie muss im Zeitablauf zunehmen. Die Evolution startet bei null, und der statistische »Random Walk« kann nur zu mehr Vielfalt führen. Damit haben wir einen sich selbst beschleunigenden Effekt: Zunehmende Vielfalt führt zu mehr Mutation, die wiederum zu mehr Vielfalt führt.

Doch die Evolution hat noch mehr »Tricks« entwickelt, um sich selbst zu beschleunigen. Vor ungefähr 800 Millionen Jahren passierte etwas Bemerkenswertes, das die »Mathematik des Lebens« grundlegend veränderte: Die ersten Mehrzeller entstanden.

Mehrzeller haben aus Sicht der Evolution zwei entscheidende Vorteile. Erstens haben sie ein komplexeres Genom. Der Code für die Entwicklung einzelner Zellen kann mutieren. Eine zufällige Veränderung dieses Codes führt in der Regel dazu, dass sich nicht alle, sondern nur einige wenige Zellen verändern. Damit ist die Wahrscheinlichkeit, dass die Veränderung tödlich ist, deutlich kleiner. Gegenüber einem einfachen Bakterium hat ein – immer noch recht primitiver – Fadenwurm ein um den Faktor 100 größeres Genom. Die Wahrscheinlichkeit, dass eine zufällige Mutation eines Basenpaares einen gravierenden, tödlichen Effekt hat, ist also viel kleiner. Mutationen können sich gradueller vollziehen, und die Wahrscheinlichkeit, dass sie einen leichten Selektionsvorteil bringen, steigt.

Der zweite, noch wesentlich größere Vorteil ist, dass sich nicht nur der Aufbau einzelner Zellen verändern kann, sondern auch ihre Anordnung zueinander. Beispielsweise kann die genetisch bedingte Länge eines Fadenwurms zufällig mutieren. Es ist viel einfacher, durch genetische Variation der *Menge* einer bestimmten Zellart eine solche Größenveränderung zu erzielen als durch die Vergrößerung jeder einzelnen Zelle bei gleichbleibender Anzahl. Gleiches betrifft Veränderungen in der Körperstruktur des Lebewesens. Beispielsweise sind Wissenschaftler in der Lage, durch eine relativ einfache genetische Manipulation einer Fliege statt Fühlern ein zusätzliches Beinpaar wachsen zu lassen.

Solche Veränderungen der Anordnung führen mit wesentlich geringerer Wahrscheinlichkeit zu einem fatalen Defekt, und sie bieten noch einmal eine wesentlich bessere Möglichkeit, einen Selektionsvorteil zu erlangen. Die zusätzlichen Beine der genetisch manipulierten Fliege mögen auf den ersten Blick eher monströs als vorteilhaft wirken, aber zumindest sind sie für die Fliege nicht unmittelbar lebensbedrohlich, und es ist durchaus denkbar, dass sich ähnlich drastische Mutationen in der Natur unter bestimmten Umständen als nützlich erweisen.

Die Mehrzelligkeit führte zu einem dramatischen Anstieg der Vielfalt des Lebens und damit zu einer starken Beschleunigung der Evolution. Zwei Milliarden Jahre lang hatten Einzeller das Bild des Planeten beherrscht. Nun plötzlich wuselten vielfältige, merkwürdig geformte Wesen herum. Ihre Größe und ihr Aussehen unterschieden sich viel stärker voneinander, als das bei Einzellern möglich war. Dies führte allerdings nicht dazu, dass die Einzeller ausstarben. Im Gegenteil: Noch heute stellen einzellige Lebensformen über 60 Prozent der Gesamtmasse des Lebens auf der Erde. Einige von ihnen haben sich seit Jahrmilliarden kaum verändert.

Interessanterweise beschleunigte die Entstehung der Mehrzeller aber auch die Evolution der Einzeller. Denn die relativ drastischen Mutationen bei winzigsten Abweichungen im Genom trafen jetzt auf ganz andere Umweltbedingungen. Statt in einer eintönigen, stabilen Umgebung fanden sich die Einzeller in einer Situation rasanter Veränderungen wieder, ausgelöst durch immer neue Spezies von Mehrzellern. Damit war die Wahrscheinlichkeit, dass eine zufällige Mutation einen Selektionsvorteil brachte, wesentlich größer. Beispielsweise konnten sich Einzeller als Parasiten oder Symbionten an die Evolution der Mehrzeller »anhängen«. Im menschlichen Körper finden wir beide Formen zuhauf: Einzellige Parasiten in Form von Krankheiten auslösenden Bakterien, Symbionten beispielsweise in unserer Darmflora. Ohne die Einzeller in uns könnten wir überhaupt nicht leben.

Waren die ersten Mehrzeller noch relativ form- und strukturlose Gebilde, wie Würmer, Schwämme oder Fadenalgen, bildeten sich im Laufe von »nur« etwa 200 bis 300 Millionen Jahren – etwa einem Zehntel der Zeit, die von der Entstehung der ersten Zellen bis zu den Mehrzellern verging – stabile Strukturen wie ein Skelett und komplexe Organe. Diese boten der Evolution neue Ansatzpunkte und führten zur »Kambrischen Explosion« vor etwa 540 Millionen Jahren, als in erdgeschichtlich gesehen sehr kurzer Zeit eine unglaubliche Vielfalt neuer Lebensformen entstand.

Es ist umstritten, ob hier tatsächlich eine explosionsartige Zunahme der Vielfalt des Lebens stattfand, oder ob dieser Eindruck nur darauf zurückzuführen ist, dass die ersten skelettartigen Strukturen sich über Fossilien wesentlich besser erhalten haben als die vielfältigen Formen, die es zuvor gegeben haben mag. Auf jeden Fall aber führten Skelettstrukturen und spezialisierte Organe, wie Augen oder Geruchssinn, zu einer wesentlichen Vergrößerung der Vielfalt und auch zu einer Beschleunigung evolutionärer Anpassung.

In den folgenden etwa 300 Millionen Jahren veränderte sich das Bild der Erde gravierend. Photosynthetische Einzeller hatten schon zuvor dafür gesorgt, dass aus der ursprünglichen, sehr sauerstoffarmen Atmosphäre unsere heutige aus menschlicher Sicht lebensfreundliche Luft entstand. Nun eroberte das Leben das Land und brachte viele der heute noch ihre jeweiligen Lebensräume dominierenden Arten hervor, wie etwa Insekten, Farne und Pilze.

Die sexuelle Fortpflanzung entstand – eine weitere Erfindung der Natur, um eine noch raschere und effektivere Anpassung an Umweltveränderungen zu ermöglichen. Dabei werden zwei »funktionierende« Genome durch Rekombination miteinander verknüpft. Durch diesen Trick werden sehr viele Mutationen gleichzeitig möglich, wobei die Wahrscheinlichkeit, dass eine einzelne Mutation tödliche Folgen hat, sehr gering ist. Beispielsweise kann ein Kind von der Mutter die Haar- und Augenfarbe, vom Vater die Form der Nase und den guten Geruchssinn erben und würde sich damit von jedem Elternteil gravierend unterscheiden, ohne dass die Gefahr einer todbringenden Mutation besteht. Die sexuelle Fortpflanzung erhöht also die Mutationsrate und gibt gleichzeitig einen »sinnvollen« Rahmen für die Mutationen vor, weil nur solche Eigenschaften durch Rekombination vererbt werden können, die erwiesenermaßen nicht fatal sind (zwar können auch Erbkrankheiten weitergegeben werden, aber nur dann, wenn diese nicht automatisch bei allen Nachkommen im Kindesalter tödliche Folgen haben – sonst hätte der Elternteil, der dieses defekte Gen in sich trägt, ja selbst keine Nachkommen erzeugen können).

Der nächste große Schritt in der Beschleunigung der Evolution war die Entwicklung eines komplexen Organs, das eine völlig neue Form der Anpassung ermöglichte und einen neuen Replikator auf den Plan rief: die Entstehung des Gehirns.

Bis dahin hatte die Evolution zwei Möglichkeiten gehabt, durch Mutation die Reproduktionschancen von Genen zu verbessern: Zum einen konnte sie die Gestalt der »Genkopierer«, also der Lebewesen, verändern. Zum anderen konnte sie ihnen unterschiedliche, erblich festgelegte Verhaltensweisen mit auf den Weg geben.

Praktisch jedes Tier lebt in dem permanenten Dilemma, sich etwas zu essen besorgen zu müssen, gleichzeitig aber darauf achten zu müssen, nicht selbst zum Mittagessen einer anderen Spezies zu werden. Die genaue Ausprägung der Verhaltensstrategie eines Lebewesens – beispielsweise die Gewichtung der Nahrungssuche gegenüber dem Verstecken oder der Flucht vor Feinden – bietet unzählige Ansatzpunkte für subtile Varianten, die einen erheblichen Einfluss auf die Überlebenschancen der Spezies und damit auf die Reproduktionschancen ihrer Gene haben. Doch genetische Mutationen des Verhaltens können nur über mehrere Generationen selektiert werden. Der Fortschritt im Verhalten der Lebewesen war bis dato also genauso langsam wie der Fortschritt bei der Entwicklung beispielsweise des Körperbaus oder der Sinnesorgane.

Das Auftreten des Gehirns änderte das grundlegend. Denn mit dem Gehirn erhielten einige Lebensformen zwei völlig neue Anpassungsmöglichkeiten: Sie konnten aus Erfahrung lernen, und sie konnten Verhalten imitieren.

Lernen aus Erfahrung stellt zweifelsohne eine Verbesserung der Überlebenschancen dar. Ein Kind, das einmal eine heiße Herdplatte angefasst hat, hütet sich in Zukunft vor Hitze und Feuer und verringert damit die Gefahr, durch diese Einflüsse zu Tode zu kommen. Ein Pflanzenfresser, der verschiedene Grassorten probiert und sich dann Stellen merkt, an denen besonders schmackhafte (das heißt für ihn wertvolle) Gräser wachsen, verbessert seine Effizienz bei der Nahrungssuche.

Doch manche Erfahrungen macht man nur einmal, und dann ist es zu spät, um daraus zu lernen. Die Erfahrung, dass ein gestreiftes Tier mit langen Zähnen eine tödliche Gefahr darstellt, nützt unserem Pflanzenfresser nicht viel, wenn er nicht durch einen seltenen Glücksfall noch einmal mit dem Schrecken davonkommt. Außerdem kann man Erfahrung ohne entsprechende Kommunikationsmöglichkeiten nicht an seine Nachkommen weitergeben, wie jeder weiß, der Kinder im Teenageralter hat. Der Nutzen von Lernen aus Erfahrung ist für den Fortgang der Evolution also eingeschränkt.

Es ist fraglich, ob die enormen evolutionären »Kosten« eines Gehirns dadurch zu rechtfertigen wären. Denn in der Natur gibt es nichts umsonst: Ein komplexes Gehirn kostet zum Beispiel eine Menge Energie – beim Menschen verbraucht es etwa 20 Prozent der täglich aufgenommenen Kalorien, obwohl es nur 5 Prozent der Körpermasse ausmacht. Außerdem verlangsamt ein so komplexes Organ den Wachstumsprozess des Organismus' und damit die Reproduktionsrate.

Doch das Gehirn bietet noch einen zweiten, wesentlich mächtigeren Vorteil: die Fähigkeit zur Imitation der Verhaltensweisen anderer Artgenossen. Dies führt zu einer neuen Art der Evolution. Denn selbst dann, wenn die Verhaltensänderungen zu Beginn völlig zufällig sind, wirkt auf die Imitation von Verhalten sofort die universelle Kraft von Reproduktion, Mutation und Selektion.

Nehmen wir beispielsweise an, eine Spezies von Fischen hätte die Fähigkeit, das Verhalten anderer Artgenossen nachzuahmen. Nehmen wir weiter an, manche dieser Fische bevorzugten zufällig die Nähe anderer Fische, während wiederum andere eher auf Distanz gehen. Die »Einzelgänger« hätten wahrscheinlich einen Vorteil bei der Nahrungssuche, weil sie nicht mit vielen Artgenossen teilen müssten. Doch die Wahrscheinlichkeit, einem Raubfisch zum Opfer zu fallen, nähme in ihrem Fall ebenfalls zu.

Ein Jungfisch hat nun die Möglichkeit, das Verhalten entweder eines »Einzelgängers« oder eines »Schwarmsuchers« zu imitieren. Aufgrund der geringeren Überlebenswahrscheinlichkeit gibt es aber vielleicht weniger Einzelgänger als Schwarmsucher. Damit steigt die Wahrscheinlichkeit, dass der Jungfisch ebenfalls ein Schwarmsucher wird, und seine Überlebenschancen verbessern sich. Nach kurzer Zeit gibt es dann nur noch Schwarmsucher.

Das Beispiel ist grob vereinfacht – in der Natur zahlt es sich fast immer aus, wenn einige Individuen aus dem Verhalten der großen Masse ausscheren, und durch Zufallsmutation des Verhaltens würden sich immer wieder neue Einzelgänger herausbilden. Doch es verdeutlicht einen wichtigen Zusammenhang: Wenn eine Spezies das Verhalten ihrer Artgenossen imitieren kann, dann kann dieses Verhalten sich unabhängig von der genetischen Disposition weiterentwickeln. Es ist also nicht erforderlich, dass das Schwarmsucher-Verhalten in den Fischen genetisch verankert ist – sie brauchen lediglich eine gewisse Tendenz, das zu tun, was die anderen machen.

Um Kritik vorzubeugen: Ich behaupte nicht, dass das Schwarmverhalten realer Fische tatsächlich auf Imitation zurückgeht – höchstwahrscheinlich ist es in den meisten Fällen genetisch verankert. Aber ein Schwarmverhalten *könnte* sich sehr wohl unabhängig von den Genen durch bloße Imitation entwickeln.

Die Fähigkeit eines komplexen Gehirns, Verhalten zu

imitieren, bringt eine dramatische Beschleunigung des evolutionären Wandels mit sich. Verhaltensänderungen müssen sich nun nicht mehr über viele Generationen langsam anpassen, sondern sie können sich sehr schnell ausbilden und ausbreiten. Berühmt geworden ist die Geschichte von Blaumeisen, die in den zwanziger Jahren des letzten Jahrhunderts in England lernten, die Pappdeckel von Milchflaschen zu öffnen. Nachdem die erste Meise vermutlich durch Versuch und Irrtum den Deckel einer Milchflasche geöffnet hatte, wurde dieses Verhalten rasch von anderen Meisen und später angeblich auch von Sperlingen imitiert. Es breitete sich so rasch über ganz England aus, dass die Molkereien dazu übergingen, die Milchflaschen mit Aluminiumverschlüssen »meisensicher« zu machen. Hätte sich das Milchflaschenöffnungsverhalten der Meisen durch genetische Mutation gebildet, hätte es sicher Jahrhunderte gedauert, bis ein solches Verhalten flächendeckend anzutreffen gewesen wäre.

Diese rasche Anpassungsfähigkeit rechtfertigt die evolutionären Kosten eines komplexen Gehirns viel eher als bloßes Lernen durch Erfahrung. Denn in einer sich rasch verändernden Umwelt ist eine Spezies, die sich über ihr Verhalten derart schnell anpassen kann, klar im Vorteil.

Es ist zu beachten, dass weder Lernen durch Erfahrung noch Imitation viel mit »Denken« in dem Sinn, wie wir Menschen den Begriff üblicherweise verstehen, zu tun haben. Die Blaumeisen lernten nicht etwa Milchflaschen zu öffnen, indem sie den Verschluss analysierten, die notwendige Energie des Schnabelpickens zum Durchdringen des Pappdeckels berechneten, einen Plan entwarfen und diesen dann umsetzten. Vermutlich angelockt durch den verführerischen Milchduft, pickte die erste Meise einfach drauflos. Andere Meisen folgten dem Beispiel aus purer Imitationsfreude. Doch das Verhalten der Meisen wurde durch Lernen aus Erfahrung verstärkt: Die positive Erfahrung des Milchgenusses führte dazu, dass die betroffenen Meisen sich nun viel öfter auf Milchflaschen stürzten. Das wiederum bot anderen Meisen mehr Gelegenheit, dieses Verhalten zu imitieren, und so weiter.

Aus mathematischer Sicht ist hier etwas sehr Bemerkenswertes passiert. Die ursprünglichen Replikatoren, die Gene, spielen bei der Verhaltensänderung praktisch keine Rolle mehr. Während sich die Meisen genetisch überhaupt nicht veränderten, mutierte ihr Verhalten und breitete sich per Evolutionsmechanismus aus. Reproduktion, Mutation und Selektion müssen also auf etwas anderes als auf die Gene gewirkt haben – auf eine neue Art von Replikatoren.

Für diese Replikatoren schuf Richard Dawkins in seinem Buch »Das egoistische Gen« den Begriff »Meme«.

6. Die Macht der Meme

Richard Dawkins schreibt: »Beispiele für Meme sind Melodien, Gedanken, Schlagworte, Kleidermoden, die Art, Töpfe zu machen oder Bögen zu bauen. So wie Gene sich im Genpool vermehren, indem sie sich mit Hilfe von Spermien oder Eizellen von Körper zu Körper fortbewegen, verbreiten sich Meme im Mempool, indem sie von Gehirn zu Gehirn überspringen, vermittelt durch einen Prozess, den man im weitesten Sinne als Imitation bezeichnen kann ... Wenn jemand ein fruchtbares Mem in meinen Geist einpflanzt, so setzt er mir im wahrsten Sinne des Wortes einen Parasiten ins Gehirn und macht es auf genau die gleiche Weise zu einem Vehikel für die Verbreitung des Mems, wie ein Virus dies mit dem genetischen Mechanismus einer Wirtszelle tut ... Und dies ist nicht einfach nur eine Redeweise – das Mem etwa für den ›Glauben an das Leben nach dem Tod‹ ist tatsächlich viele Millionen Male physikalisch verwirklicht, nämlich als eine bestimmte Struktur in den Nervensystemen von Menschen überall auf der Welt.«

Dawkins hat mit diesen Sätzen eine neue Wissenschaft begründet, die Memetik. Er selbst bleibt allerdings eine exakte Definition des Begriffs Mem zunächst einmal schuldig und belässt es bei einigen Beispielen. Meme sind offensichtlich Informationseinheiten. Aber sind alle Informationseinheiten Meme? Ist die Zahl 73 ein Mem oder das Wort »aber«?

Ich verwende folgende Definition:

Ein Mem ist eine Menge von Informationen, die den Zustand eines Empfängers dieser Informationen so verändern kann, dass er sie durch sein Verhalten oder durch Informationsübertragung an andere Empfänger weitergibt.

Meme sind also Mengen, die wiederum aus anderen Memen bestehen können, ähnlich wie das Genom eines Lebewesens aus einzelnen Genen besteht. In der Literatur werden Mengen von zusammengehörigen Memen, etwa die einer wissenschaftlichen Theorie, auch »Memplexe« genannt. Allerdings ist dann die Abgrenzung zwischen den Begriffen »Mem« und »Memplex« schwierig, da beides Mengen sind. Im Folgenden verzichte ich daher auf diese Unterscheidung.

Zahlen und einzelne Worte sind im Allgemeinen keine Meme, denn sie bewirken, wenn wir sie hören, keine Veränderung in uns, die uns dazu bringt, sie weiterzugeben. Es gibt Ausnahmen: Das Wort »Feuer« zum Beispiel kann sehr wohl in uns die Reaktion auslösen, die Botschaft an andere zu übermitteln. Allerdings wirkt hier nicht das Wort allein, sondern auch der Kontext (wir sind in einem Gebäude) und die Art, wie es übertragen wird (ein lauter, aufgeregter Ruf). Ähnlich ist es, wenn Sie auf einer Party jemandem Ihren Namen nennen. Sie übertragen dann nicht nur die Information des Namens selbst, sondern die Verknüpfung dieses Namens mit ihrem Gesicht und all den anderen Informationen, die Ihr Gesprächspartner über Sie hat. Es ist durchaus möglich, dass er Ihren Namen in einem späteren Gespräch, vielleicht verbunden mit Informationen über Sie, weitergibt. Dann wäre auch Ihr Name, verknüpft mit all den anderen Informationen über Sie, ein Mem.

Es zeigt sich, dass es nicht immer einfach ist, Meme von

Nicht-Memen abzugrenzen. Ein Beispiel aus einem Schreibratgeber von Sol Stein illustriert das sehr schön: Der Satz »Harry sprang von einer Brücke« klingt nicht besonders interessant – kaum jemand würde ihn weitererzählen, wenn er ihn zufällig auf einer Party aufschnappte. Der Satz »Harry Belafonte sprang von einer Brücke« bewirkt in uns schon wesentlich mehr. Er hat das Potential, weitererzählt zu werden – vorausgesetzt, wir halten ihn für wahr und wissen, dass Harry Belafonte ein berühmter Sänger ist. Wenn besagter Harry, der von der Brücke sprang, zwar nicht mit Nachnamen Belafonte heißt, aber ein guter Freund von Ihnen ist, gilt das natürlich ebenfalls.

Eine wesentliche Eigenschaft von Memen ist also, dass sie in uns etwas verändern, dass sie etwas bewirken. Sie müssen zumindest das Potenzial haben, uns dazu zu bringen, dass wir sie weitergeben. Dawkins benutzt in dem Zitat oben die Analogie des Virus', das eine Zelle befällt, so dass diese neue Viren produziert. In der Literatur werden Meme deshalb gelegentlich als »Viren des Geistes« bezeichnet.

Dieses Bild ist allerdings schief. Es gibt nämlich einen wesentlichen Unterschied zwischen Memen und Viren: Im Unterschied zu der von einem Virus befallenen Zelle, die sich nicht wehren kann, geben unsere Gehirne Meme nur weiter, wenn wir das *wollen*.

Kehren wir kurz zum Beispiel unseres schwarmsuchenden Fisches zurück. Offensichtlich hat sich in der Population das Mem »Bleib in der Nähe anderer Fische« ausgebreitet. Unser Jungfisch imitiert das Verhalten seiner Artgenossen. Damit nimmt er das Mem auf und gibt es durch sein eigenes Verhalten an andere Fische weiter. Das ist natürlich kein bewusster Entscheidungsprozess. Aber es ist auch nicht allein die Folge des Mems. Der Jungfisch muss vielmehr von sich aus das Bedürfnis haben, das Verhalten seiner Artgenossen zu imitieren. Dieses Bedürfnis ist genetisch in ihm verankert. Das Mem allein kann ihn nicht dazu bringen, in der Nähe seiner Artgenossen zu bleiben.

Die »Wirte« eines Mems müssen also von sich aus eine gewisse Aufnahmebereitschaft haben und im Fall des Menschen in der Regel auch die bewusste Entscheidung treffen, das Mem weiterzugeben. Damit kommen wir zu einer sehr wichtigen Eigenschaft von Memen: Um weiterverbreitet zu werden, müssen sie sich »interessant« machen.

Ein guter Freund von mir kaufte sich neulich in einem Pflanzen-Großmarkt eine Yucca-Palme. In der folgenden Nacht hörte er ein merkwürdiges Rascheln im Wohnzimmer. Er schaltete das Licht an und entdeckte zu seinem Entsetzen eine handtellergroße Vogelspinne, die sich im Wurzelgeflecht der Yucca-Palme versteckt hatte.

Ein anderer Freund kaufte einen unglaublich günstigen Sportwagen. Der Wagen war tadellos in Ordnung und kaum gebraucht. Da war nur dieser merkwürdige Geruch, den er nicht wegbekam, egal, was er anstellte. Erst später fand er heraus, dass in dem Wagen tagelang die Leiche des früheren Besitzers gelegen hatte, eines alten Mannes, der in seiner Garage an Herzinfarkt gestorben war.

Diese beiden Geschichten sind mir in den achtziger Jahren von mehreren Bekannten unabhängig voneinander erzählt worden, und zwar jeweils im Brustton tiefster Überzeugung und mit der Beteuerung, dass es sich um die unglaubliche Wahrheit handele. Merkwürdig daran war nur, dass diese spektakulären Dinge scheinbar mehreren Bekannten unabhängig voneinander und fast gleichzeitig passiert waren.

Beide Geschichten kann man inzwischen in Büchern über moderne »Großstadtlegenden« nachlesen. Es handelt sich ganz offensichtlich um Meme, die es geschafft haben, oft verbreitet zu werden, obwohl sie nicht den geringsten Wahrheitsgehalt besitzen. Sie konnten sich nur deshalb von Gehirn zu Gehirn fortpflanzen, weil sie »interessant« sind. Andere unwahre, aber nichtsdestotrotz erfolgreiche Meme sind »Spinat ist gesund, weil er viel Eisen enthält« oder »Die Mondlandungen fanden nie statt, sondern wurden in einem Studio in Hollywood gedreht«. Irgendwie schaffen es diese Meme, uns dazu zu bringen, dass wir sie weitergeben. Sie sind quasi »nicht totzukriegen«.

Bemerkenswert daran ist, dass diese Meme einerseits nicht der objektiven Wahrheit entsprechen und damit potenziell Schaden anrichten können – beispielsweise durch falsche Ernährung aufgrund des Irrglaubens, Spinat enthalte viel Eisen. Andererseits bieten sie dem Überträger aber auch einen gewissen Nutzen, indem sie ihn seinerseits »interessant« machen. In die gleiche Kategorie fallen wahre, aber weitgehend nutzlose Fakten, die sich in Bestsellern wie »Schotts Sammelsurium« finden.

Da Meme nur »überleben« können, wenn wir sie weitergeben, müssen sie uns im Unterschied zu Viren einen zumindest subjektiv empfundenen Nutzen bieten. Sie brauchen eine Eigenschaft, die man das »Aktivierungspotenzial« des Mems nennen könnte. Je höher das Aktivierungspotenzial ist, desto größer ist die Wahrscheinlichkeit, dass ein Mem weitergegeben wird.

Dawkins benennt für erfolgreiche Replikatoren drei Eigenschaften: Fruchtbarkeit, Langlebigkeit und Wiedergabetreue. Im mathematischen Sinne bedeutet Fruchtbarkeit nichts anderes als eine hohe Reproduktionsrate. Langlebigkeit hängt von der Selektionswahrscheinlichkeit ab – je höher diese ist, desto erfolgreicher ist logischerweise der Replikator. Aber was ist mit der Wiedergabetreue? Warum ist eine hohe Wiedergabetreue wichtig? Offensichtlich ist die Wiedergabetreue der Kehrwert der Mutationsrate. Aber ist nicht gerade eine hohe Mutationsrate für die Evolution gut?

Für die Evolution möglicherweise ja, für den Replikator jedoch nicht. Denn bei einer hohen Mutationsrate wird das Original sehr schnell von einer Masse veränderter Kopien verdrängt, die kaum noch etwas mit ihrem ursprünglichen »Vorbild« zu tun haben. Daraus folgt: Ein »stabiler« Replikator mit einer niedrigen Mutationsrate wird sich relativ lange halten, vorausgesetzt, die Selektionskriterien bleiben ebenfalls stabil.

Wir haben weiter oben gesehen, dass die Anfänge der Evolution relativ langsam verliefen, weil die Möglichkeiten der Mutation bei Einzellern ziemlich eingeschränkt sind. Die Folge davon ist, dass es heute immer noch sehr viele Einzeller gibt, die sich kaum von ihren Milliarden Jahre alten Urahnen unterscheiden. Ihre Replikatoren – die Gene – sind offenbar sehr stabil und damit im Dawkinsschen Sinn erfolgreich.

Ob eine hohe Mutationsrate die Evolution eher beschleunigt oder sie behindert, hängt von den Umständen ab. Denn letztlich bedeutet stärkere Mutation eine Zunahme der Zufallseinflüsse. Stellen wir uns zum Beispiel einen Urahnen des Hasen vor, der noch keine großen Ohren hatte. Nehmen wir an, die Mutationsrate in Bezug auf die Länge der Ohren ist sehr gering – dann wird es sehr lange dauern, bis sich durch Mutation und Selektion Tiere mit großen Ohren entwickeln. Bei einer mittleren Mutationsrate beschleunigt sich der Entwicklungsprozess. Wird die zufällige Mutationsrate jedoch sehr groß, kann es passieren, dass »positive« Mutationen in Richtung längerer Ohren schon in der folgenden Generation durch zufällige Mutation wieder »zerstört« werden, so dass es ebenfalls sehr lange dauert, bis sich lange Ohren in der Population durchsetzen.

Die Mutation wirkt aber natürlich nicht nur auf die Länge der Ohren, sondern gleichzeitig auf viele andere Eigenschaften, wie etwa die Farbe des Fells oder die Beschaffenheit der inneren Organe. Bei einer hohen Mutationsrate nimmt die Wahrscheinlichkeit zu, dass eine dieser Eigenschaften in einer Weise verändert wird, die für den gesamten Organismus sehr nachteilig oder tödlich ist, selbst wenn gleichzeitig auch positive Veränderungen auftreten. Das bedeutet, dass eine zu hohe Mutationsrate nachteilig ist.

Man kann den Zusammenhang zwischen Mutationsrate und Evolutionsfortschritt mathematisch analysieren. Dies haben Ingo Rechenberg, Professor für Bionik und Evolutionstechnik der Technischen Universität Berlin, und seine Mitarbeiter schon in den siebziger Jahren getan. Sie ermittelten die in der rechts stehenden Abbildung gezeigte Kurve:

Wie man sieht, nimmt der Effekt der Mutationsrate zunächst allmählich, dann stärker zu, um schließlich bei Überschreiten einer kritischen Grenze jäh abzufallen. Es gibt also ein »Evolutionsfenster«, innerhalb dessen die Mutationsrate zu einem zügigen Voranschreiten der Entwicklung führt.

Der genaue Verlauf dieser Kurve hängt davon ab, wie groß der Veränderungsdruck der Umwelt ist: Je stabiler die Umwelt, desto geringer ist die optimale Mutationsrate. Rechenberg gibt als Faustregel die 1/5-Regel an: In vielen Fällen ist die Mutationsrate optimal, wenn 20 Prozent der

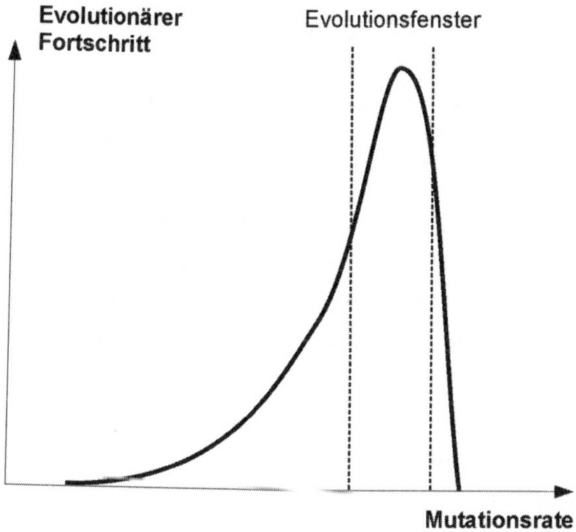

Zusammenhang zwischen Mutationsrate und evolutionärem Fortschritt nach Rechenberg

Nachkommen besser an die Umwelt angepasst sind als ihre Eltern, 80 Prozent jedoch schlechter.

Dies mag zunächst absurd klingen: Wieso sollte es für die Evolution einer Spezies gut sein, wenn die meisten Nachkommen weniger gut an die Umwelt angepasst sind als ihre Eltern? Der Grund liegt darin, dass es einen mathematischen Zusammenhang zwischen der Schrittweite der Mutation und dem Anteil »schlechter« Mutationen gibt. Man kann also die Schrittweite nur vergrößern, wenn man einen höheren Anteil nachteiliger Mutationen in Kauf nimmt. Umgekehrt führt mehr »Sicherheit« bei der Produktion von Nachkommen zu einer Verringerung der Schrittweite und damit der Evolutionsgeschwindigkeit.

Wenn hinter der Evolution der Gene und der Meme derselbe mathematische Zusammenhang steckt, dann müssen für beide auch dieselben Erfolgsfaktoren gelten. Die

Fruchtbarkeit eines Mems kann man offensichtlich mit dem oben beschriebenen »Aktivierungspotenzial« gleichsetzen. Je größer es ist, desto öfter wird das Mem kopiert. Was aber ist mit Langlebigkeit und Wiedergabetreue?

Wenn Sie jemals »Stille Post« gespielt haben, dann wissen Sie, dass menschliche Gehirne nicht besonders gut darin sind, Botschaften exakt wiederzugeben. Und mit der Langlebigkeit ist das auch so eine Sache: Wir sind nun mal ziemlich vergesslich und werden ständig abgelenkt. Es besteht also eine hohe Wahrscheinlichkeit, dass aus dem zufällig auf einer Party aufgeschnappten Satz: »Harry Belafonte sprang von einer Brücke« so etwas wird wie: »Harry Belafonte hat sich umgebracht« oder: »Wusstest du schon, dass sich dieser Sänger, wie hieß der noch gleich ... der hat, glaub ich, dieses Lied gesungen, du weißt schon, mit dem Werkzeug, ach ja ›If I had a hammer‹, da da di da da und so weiter, na ja, jedenfalls hat der sich von einer Brücke gestürzt, genau vor einen LKW.« »Du meinst Trini Lopez?« »Ja, kann sein, weiß nicht so genau.«

Unter diesen Bedingungen sieht es eigentlich für die Evolution der Meme nicht besonders gut aus. Je komplexer ein Mem ist, desto höher ist bei mündlicher Wiedergabe seine Mutationsrate und desto größer die Wahrscheinlichkeit, dass wichtige Bestandteile des Mems verlorengehen. Menschliche Gehirne sind also keine besonders guten Memkopierer.

Doch die Mutationsrate unterliegt selbst der Evolution. In unseren Zellen gibt es beispielsweise sehr komplexe Prozesse, die Kopierfehler bei der Zellteilung vermeiden und dadurch die Mutationsrate reduzieren. Diese Mechanismen sind jedoch nicht perfekt, sonst würden sie die Mutationsrate auf null reduzieren. Gäbe es solche perfekten Kopiermechanismen (was allerdings auch aus physikalischen Gründen unmöglich ist), würde die entsprechende Spezies sich nicht mehr verändern. Sie würde dann früher oder später durch eine andere Art verdrängt, die weniger perfekte Kopiermechanismen besitzt und sich deshalb durch Mutation und Selektion besser an die Umwelt anpassen konnte. In Jahrmilliarden haben sich so in der Natur optimale Mutationsraten herausgebildet, die von Spezies zu Spezies unterschiedlich sind.

Im Fall der Meme dauerte es »nur« ein paar Millionen Jahre vom Auftauchen der ersten Hominiden und den Anfängen der Sprache bis zur Lösung des Problems zu hoher Mutationsraten – der Erfindung der Schrift.

Schriftliche Aufzeichnungen erhöhen die Langlebigkeit und reduzieren die Mutationsrate von Memen dramatisch. Damit machte die Schrift erst die Evolution komplexer Gedankengebäude, wie Religionen, Rechtssysteme und wissenschaftliche Theorien, möglich. Zuvor hat es auch schon so etwas wie Religion und ein Rechtssystem gegeben, aber da diese nur mündlich überliefert werden konnten, unterlagen sie starken Veränderungen und waren notwendigerweise ziemlich primitiv (man stelle sich nur einmal vor, Finanzbeamte und Steuerberater könnten ihr Wissen über das Steuersystem der Bundesrepublik Deutschland von Generation zu Generation nur mündlich weitergeben – das würde möglicherweise helfen, die lange geforderte Vereinfachung politisch durchzusetzen).

Die Erfindung der Schrift führte zu einer enormen Beschleunigung der Entwicklung komplexer Meme. Zunächst jedoch führte sie zu einer Verringerung der Reproduktionsgeschwindigkeit. Es war recht mühselig, Lesen und Schreiben zu lernen, und vor der Erfindung des Papiers bzw. des Pergaments auch außerordentlich aufwendig, Schrift in langlebiger Form zu kopieren. Zunächst verlief die Evolution schriftlich reproduzierter Meme also noch in einer recht engen Nische – in den Köpfen und Büchern weniger Gelehrter.

Dies änderte sich schlagartig mit der Erfindung des Buchdrucks. Die dadurch möglich gewordene explosionsartige Ausbreitung neuer Ideen und wissenschaftlicher Erkenntnisse hat die Welt wahrscheinlich nachhaltiger verändert als alles, was zuvor auf diesem Planeten geschehen ist. Sie ist die Grundlage für die industrielle Evolution und damit auch für die durch den Menschen ausgelöste Klimaveränderung und das massenhafte Artensterben. Sie kann als nächste große Beschleunigungsstufe in der Evolution der Meme angesehen werden.

Es ist bemerkenswert, dass zwischen der Erfindung der Schrift und der massenhaften Kopie von Büchern nicht mehr Millionen Jahre, sondern nur noch wenige Jahrtausende vergingen.

Die Erfindung des Buchdrucks erhöhte die Reproduktionsrate von Memen in Büchern enorm. Aber reduzierte sie nicht gleichzeitig die Mutationsrate auf null, was einem Anhalten der Evolution der Meme gleichkäme? Nein, das tat sie nicht. Bücher wurden und werden von Auflage zu Auflage überarbeitet und verändert. Sie werden übersetzt, und jede Übersetzung bedeutet zwangsläufig auch eine Veränderung des Inhalts. Vor allem aber sind sie die Grundlage für neue Bücher.

Das vor Ihnen liegende Buch greift die Ideen aus vielen anderen Werken auf, die größtenteils in der Literaturliste verzeichnet sind. Ich habe mich bemüht, diese Ideen, wo ich sie zitiert habe, möglichst unverfälscht wiederzugeben. Aber natürlich habe ich sie in meine eigenen Gedanken einfließen lassen und dabei vielleicht das, was sich der Autor ursprünglich gedacht hatte, bis zur Unkenntlichkeit verzerrt. Ich bin beispielsweise nicht sicher, ob Richard Dawkins mit meiner obigen Definition des Begriffs Mem als Menge von Informationseinheiten einverstanden wäre oder ob er meinen Folgerungen in diesem Buch zustimmen würde.

Aber zu meinem Glück ist es für die Evolution der Meme unerheblich, was der Urheber einer Idee über folgende Mutationen meint. Das Prinzip der Evolution bedeutet, dass die mutierten Gedanken im nächsten Schritt der Selektion unterliegen – nicht nur der des Urhebers, sondern der vieler Menschen.

Da Sie dieses Buch lesen, hat es zumindest die Selektionshürden »Verlag finden« und »gekauft werden« übersprungen. Aber wie oft wird das Buch gelesen? Wird es Menschen dazu bringen, über meine Gedanken zu reden? Werden andere mich zitieren? Wenn ja, dann sind die Meme in diesem Buch erfolgreich. Wenn nein, sterben zumindest diejenigen aus, die originär meine Einfälle sind.

Es ist leicht zu erkennen, welches nach dem Buchdruck der nächste entscheidende Schritt in der Beschleunigung der Evolution der Meme gewesen ist: die Erfindung informationsverarbeitender Maschinen.

Die Leistungsfähigkeit des Computers in Bezug auf das Kopieren von Memen schlägt die des Menschen und aller übrigen kulturellen Entwicklungen, einschließlich des Buchdrucks, bereits jetzt um Längen. Folglich hat seine Erfindung – nur wenige Jahrhunderte nach der Erfindung des Buchdrucks – eine weitere Beschleunigungsstufe in der Evolution der Meme gezündet. Welche Konsequenzen das hat, darauf werde ich in einem späteren Kapitel eingehen.

Betrachten wir zunächst noch einmal genauer eine Eigenschaft von Memen, die oben bereits erwähnt wurde,

die aber so wichtig ist, dass ich sie hier noch einmal ausdrücklich betonen möchte:
Meme werden nur kopiert, wenn wir sie kopieren wollen. Daraus folgt, dass nur solche Meme erfolgreich sind, die uns dazu bringen, dass wir sie kopieren wollen.

Man könnte meinen, diese offensichtlich wahre Aussage sei viel zu trivial, um sich näher damit zu befassen. Doch ihre logische Konsequenz ist gravierend. Sie bedeutet nämlich nichts anderes, als dass sich Meme *unabhängig davon* entwickeln und ausbreiten, *ob das gut für uns ist.*

Diese Aussage entspricht der Quintessenz aus Dawkins' Buch »Das egoistische Gen«: Gene sind nicht eigentlich am Wohl der Körper »interessiert«, in denen sie sich befinden, oder gar am Wohl der ganzen Spezies. Sie haben ausschließlich ein Interesse daran, kopiert zu werden.

Dawkins erklärt sehr ausführlich, warum die Evolution trotzdem dazu führt, dass sich solche Gene durchsetzen, die besonders überlebensfähige Körper erzeugen, und warum diese sogar zu Altruismus und Selbstaufopferung neigen, die oft als »zum Wohle der Spezies« missverstanden werden. Er zeigt aber auch, dass wir eine Menge Gene in uns tragen, die überhaupt nichts zu unserem Überleben beitragen, sondern ausschließlich eigennützig und schmarotzend unsere Gen-Kopierfunktionen ausnutzen, um sich zu verbreiten.

In gleicher Weise gibt es viele Meme, die für das Wohl der menschlichen Spezies sorgen – von der Erfindung von Werkzeugen bis zur modernen Medizin. Es gibt aber auch erfolgreiche Meme, die uns verführen, sie zu verbreiten, ohne dass wir davon einen objektiven Nutzen haben, oder die uns sogar schaden. Beispiele dafür sind die bereits erwähnten »modernen Legenden«, die Behauptung, Spinat enthalte viel Eisen, und viele andere populäre Irrtümer, Lügenmärchen und böse Gerüchte.

Weitaus weniger harmlose Beispiele sind Bauanleitungen für Bomben, die Herstellung von Drogen, der Glaube an die Überlegenheit der eigenen Rasse oder daran, dass Andersgläubige umgebracht werden sollten, und nicht zuletzt auch Computerviren – eine besonders gefährliche Sorte von Memen, die zwar noch mit Hilfe des Menschen reproduziert, mutiert und selektiert wird, sich jedoch auch unabhängig von Menschen ausbreiten und sogar weiterentwickeln kann.

Aus dem oben erwähnten Satz folgt nicht nur, dass Meme nur eingeschränkt am Wohlergehen des Menschen interessiert sind. Es folgt auch daraus, dass sich die Evolution der Meme unabhängig von der Evolution der Gene vollzieht – dass es zwei Replikatoren auf unserem Planeten gibt, die durchaus in Konkurrenz zueinander stehen können.

Kehren wir noch einmal zu dem einfachen Beispiel des schwarmsuchenden Fischs zurück. Zunächst gibt es hier offensichtlich eine Art Symbiose zwischen Genen und Memen: Ohne das Imitations-Gen könnte sich das Schwarmsucher-Mem nicht ausbreiten. Andererseits hilft Letzteres den schwarmsuchenden Fischen zu überleben, und trägt damit dazu bei, dass sich das Imitations-Gen ausbreiten kann.

Was aber wäre, wenn durch genetische Mutation ein Verhaltens-Gen auftaucht, das die Fische zu Einzelgängertum neigen ließe? Es gäbe dann eine Art Wettkampf zwischen dem Schwarmsucher-Mem und dem Einzelgänger-Gen. Einige Fische würden sich nicht an die Anweisung des Imitations-Gens halten, das Schwarmverhalten der anderen zu kopieren. Sie würden stattdessen zu Einzelgängern.

Da es nun mehr Einzelgänger gibt, steigt auch die Wahrscheinlichkeit an, dass ein Jungfisch einen Einzelgänger imitiert. Damit wird das Schwarmsucher-Mem vom Einzelgänger-Mem »bedroht«.

In unserem vereinfachten Beispiel haben zwar die Schwarmsucher höhere Überlebenschancen, aber die Überlebenschancen der Einzelgänger sind nicht null. Es wäre möglich, dass sich neue Gene – etwa für eine gute Tarnung – oder neue Meme – etwa für geschicktes Verstecken vor Fressfeinden – entwickeln, die zusammen dazu führen, dass die Einzelgänger auf lange Sicht sogar besser überleben können als die Schwarmsucher. (Wir erinnern uns: In der Natur gibt es nichts umsonst; Schwarmsucher genießen zwar besseren Schutz vor Raubfischen, haben aber auch größere Schwierigkeiten, ausreichend Nahrung zu finden.) Vielleicht führt dies am Ende dazu, dass sich die Spezies der Imitationsfische aufspaltet und sich zwei verschiedene Entwicklungslinien bilden, so wie es in der Evolution ständig geschieht.

7. Wenn Bäume in den Himmel wachsen

In den vorangegangenen Kapiteln haben wir gesehen, dass sich die biologische Evolution mehrfach selbst beschleunigt hat. Auch die Abstände zwischen den Durchbrüchen der memetischen Evolution wurden kürzer. Vieles spricht dafür, dass Ray Kurzweil mit seiner These des »steigenden Ertragszuwachses« recht hat.

Kann das wirklich sein? »Bäume wachsen schließlich nicht in den Himmel«, ist ein gern geäußertes Gegenargument, wann immer exponentielle Trends in die Zukunft extrapoliert werden. Irgendwann muss jeder Trend einmal zu Ende sein. Stehen wir möglicherweise gar kurz vor dem »Ende der Wissenschaft«, wie es der Journalist John Horgan formulierte?

Der Trendforscher Matthias Horx spricht in seinem Buch »Technolution« von einem »Beschleunigungsirrtum« und verunglimpft Kurzweils Werk als »hypertechnologische Slash Poetry«. Zwar kann man Kurzweil durchaus vorwerfen, dass in seiner Interpretation der Konsequenzen eine gehörige Portion Phantasie mitspielt und seine optimistische Sichtweise naiv ist. Es bedeutet jedoch nicht, dass die Prämisse des steigenden Ertragszuwachses falsch ist – lediglich Kurzweils wunschgefärbte Schlussfolgerungen daraus sind zweifelhaft.

Horx verweist darauf, die Beschleunigungshypothese hätte »eine lange historische Geschichte, deren Wurzeln bis tief ins 19. Jahrhundert zurückreichen«, und zitiert in seinem Buch diverse falsche Prognosen und nicht eingetretene Utopien. Der damit implizit gezogene Schluss, weil in der Vergangenheit viele Prognosen falsch waren und die Geschwindigkeit des technischen Fortschritts *auf bestimmten Gebieten* oft überschätzt wurde, müsse das auch für die Beschleunigungsthese gelten, ist allerdings logisch unzulässig.

Tatsächlich lagen die Zukunftsbilder aus vergangenen Zeiten und ihre Utopien zwar sehr oft meilenweit daneben. Aber nicht, weil sie die Veränderungsgeschwindigkeit insgesamt überschätzt hätten, sondern weil sie die falschen Veränderungen voraussagten. So überschätzte man beispielsweise in den sechziger Jahren die Fortschritte bei der Weltraum-Kolonisation oder in der Entwicklung künstlicher Intelligenz, was Horx am Beispiel des berühmten Films »2001 Odyssee im Weltraum« von Stanley Kubrick illustriert.

Tatsächlich spiegelt Kubricks Film ein gutes Bild der Zukunftsvorstellungen der damaligen Zeit wider. Er zeigt auch, welche Entwicklungen damals *unterschätzt* wurden: So ist das Bildtelefon in »2001« technisch meilenweit hinter den realen Mobiltelefonen jenes Jahres zurück. Der Computer HAL an Bord des Raumschiffs hat zwar ein eigenes Bewusstsein entwickelt, ist jedoch ein zentralistisches, zimmergroßes Gebilde im Zentrum des Schiffs, das der Astronaut Bowman schrittweise einfach abschalten und damit das Problem des mörderischen Systems lösen kann. Tatsächlich gibt es heute vernetzte, dezentrale Systeme wie das Internet, die sich, falls sie jemals einen mörderischen eigenen Willen entwickeln sollten, nicht so einfach abschalten lassen werden (ich habe dieses spekulative Szenario in meinem Thriller »Das System« thematisiert, der auch von Kubricks Film inspiriert wurde). In den sechziger Jahren waren Computer riesige, isolierte Rechenmaschinen, und dies hat man in die Zukunft fortgeschrieben, wobei man die Komplexität menschlicher Intelligenz unterschätzte und somit fälschlich annahm, dass diese im Jahr 2001 simulierbar sei.

Dabei darf man allerdings auch nicht vergessen, dass Kubricks Film Science-Fiction ist und keine realistische Zukunftsprognose – es geht ihm und dem Autor der Romanvorlage, Arthur C. Clarke, nicht um die Darstellung technischer Entwicklung an sich, sondern darum, dass der Mensch durch eine ihm überlegene Technik als nächste Stufe der Evolution abgelöst werden könnte. HALs Mutation zum Wesen mit eigenem Bewusstsein und Willen geschieht im Film allerdings nicht von selbst, sondern durch den Einfluss merkwürdiger Monolithen außerirdischen Ursprungs, die einst auch den Menschen aus dem Tierreich erhoben.

In den sechziger Jahren hat man ebenfalls unterschätzt, was Professor Wolfgang Wahlster, Leiter des Deutschen Forschungszentrums für Künstliche Intelligenz in Saarbrücken, einmal in einem Vortrag als »Ubiquität von Computern« bezeichnete – die Allgegenwärtigkeit von Rechnern, die sich heute bereits in Waschmaschinen, Telefonen, Uhren, Spielzeug etc. befinden und zukünftig vermutlich auch in Schmuck, Kleidung und vielleicht sogar Wegwerf-Verpackungen. Statt weniger intelligenter Rechner auf menschlichem Niveau, haben wir heute Milliarden Kleinstcomputer, die relativ simple Aufgaben lösen, aber miteinander vernetzt sind und damit ein gigantisches, mitunter chaotisches und unberechenbares System bilden.

Man kann an Kubricks Film das zentrale Problem der Zukunftsforschung erkennen: Sie orientiert sich zwangsläufig immer an der Gegenwart. Die Science-Fiction der sechziger Jahre stand unter dem Einfluss des Wettlaufs zum Mond und der ersten Versuche, künstliche Intelligenz zu entwickeln. Diese Entwicklungen wurden linear fortgeschrieben und führten zu zahllosen Weltraumschlachten und – guten oder bösen, aber immer wie Menschen denkenden – Robotern, die durch die Science-Fiction-Literatur geisterten. Die heutige Science-Fiction ist dagegen von unseren heutigen Problemen geprägt: Virtuelle Realitäten und Endzeit-Szenarien aufgrund von Umweltzerstörung und Ressourcenverbrauch haben die »Space Operas« der sechziger Jahre abgelöst.

Das Argument, Zukunftsprognosen in der Vergangenheit hätten regelmäßig die Entwicklungsgeschwindigkeit der Technik überschätzt, das sich durch Horx' Buch zieht, ist noch aus einem anderen Grund falsch. Horx greift sich nämlich gezielt die kühnsten und überzogensten Prognosen und technischen Utopien ihrer jeweiligen Zeit heraus, um sein Argument zu untermauern. Diese geben aber keinesfalls zutreffend das Zukunftsbild wieder, das zu der jeweiligen Zeit *im Allgemeinen* herrschte oder von seriösen Wissenschaftlern propagiert wurde. Man könnte den übertrieben euphorischen Prognosen mindestens ebenso viele prominente Aussagen entgegenstellen, die kommende Veränderungen weit unterschätzten.

In der Science-Fiction (zumindest in ihrer literarisch anspruchsvollen Form) ist Technik niemals der eigentliche Kern der Geschichte. Sie ist immer nur Mittel zum Zweck, um eine Aussage über das Wesen der Menschen zu treffen, ein Was-wäre-wenn-Szenario zu schaffen, das mit heutiger Technik nicht möglich ist. Indem Clarke und Kubrick HAL mit einem eigenen Willen und Mordplänen ausstatten, betrachten sie die menschliche Intelligenz quasi von außen. Science-Fiction-Autoren geht es in aller Regel zwar um Glaubwürdigkeit, aber nicht um eine exakte Vorhersage der zukünftigen Entwicklung. Auch technische Utopien in Magazinen, Werbeprospekten oder auf Postkarten, wie Horx sie zitiert, taugen kaum als Argumentationsbasis, um die These einer sich selbst beschleunigenden technischen Entwicklung in Frage zu stellen.

Horx erwähnt zur Unterstützung seiner Argumentation das »bescheidene« Buch »The End of Science« von John Horgan, das 1996 »fast unbemerkt« erschienen sei. Ob die These eines Journalisten, die Wissenschaft sei an ihr Ende gelangt, »bescheiden« genannt werden kann, sei dahingestellt – »fast unbemerkt« ist ein Bestseller, der in dreizehn Sprachen übersetzt wurde, aber wohl kaum geblieben. Horgans Buch basiert allerdings nicht auf konkreten Fakten, sondern auf Interviews mit führenden Wissenschaftlern, von denen keiner behauptet hat, die Wissenschaft auf seinem Gebiet stünde kurz vor ihrem Ende. Es sind lediglich Horgans persönliche Interpretationen, die diesen Schluss nahelegen. Eine Einzelmeinung auf Basis der Interpretation von Einzelmeinungen anderer also, die von Wissenschaftlern, darunter auch einigen der interviewten, heftig kritisiert wurde. Sie erinnert an das ebenso berühmte wie falsche Zitat des Leiters des amerikanischen Patentamts, der angeblich um 1900 gesagt haben soll, er könne seine Tätigkeit einstellen, da bereits alles erfunden sei (wieder ein Beispiel für ein Mem, das unabhängig von seinem Wahrheitsgehalt erfolgreich ist).

Schwerer wiegen da schon faktenbasierte Analysen wie etwa die Erkenntnisse Jonathan Huebners. Dieser legt in seinem Aufsatz »A Possible Declining Trend for Worldwide Innovation« (man beachte das Wort »possible« = möglich) dar, dass die Zahl der technischen und wissenschaftlichen Durchbrüche pro Weltbürger sowie die Zahl der Patente pro Einwohner in den USA in den letzten Jahrzehnten abgenommen haben, man daher davon ausgehen könne, auf ein neues »Dunkles Zeitalter« (ähnlich dem Mittelalter) mit geringer Innovationsrate zuzusteuern.

Man kann gegen seine Analysen einiges ins Feld führen. So weist beispielsweise John Smart, einer der Verfechter der Beschleunigungsthese, auf aktuelle Daten hin, die eine in den letzten Jahren wieder steigende Anzahl der Patente pro US-Bürger zeigen. Damit wird Huebners Argumentation zumindest sehr zweifelhaft. Außerdem ist fraglich, ob die Zahl der Patente tatsächlich ein guter Indikator für die Geschwindigkeit des technischen Fortschritts ist.

Interessanter ist es aber, sich mit der Frage auseinanderzusetzen, *warum* es überhaupt zu einer Verlangsamung des technischen Fortschritts kommen könnte. Huebner argumentiert, es gebe natürliche Grenzen. Er sieht eine physikalische und eine ökonomische Grenze, ohne diese allerdings genauer zu definieren, und vermutet, dass wir bereits etwa 80 Prozent des ökonomisch maximalen technischen Fortschritts erreicht haben. Wenn dies so wäre, müssten wir in der Tat eine Verlangsamung in den nächsten Jahrzehnten erwarten, bis der technische Fortschritt bei Erreichen der Grenze zu völligem Stillstand kommt.

Eine ökonomische Grenze der technischen Entwicklung würde bedeuten, dass wir einen Punkt erreichen, an dem der Aufwand zur Erlangung zusätzlicher Erkenntnis so groß wird, dass wir ihn nicht mehr treiben können oder wollen. Man kann das am Beispiel der bemannten Raumfahrt illustrieren: Es war eine enorme Herausforderung, Menschen auf dem Mond landen zu lassen. Doch eine bemannte Mission zum Mars wäre noch einmal um ein Vielfaches komplizierter und teurer, weshalb sie in naher Zukunft nicht zu erwarten ist. Eine bemannte Reise zu den Gasriesen unseres Sonnensystems, wie sie in Kubricks Film geschieht, liegt zurzeit weit außerhalb unserer technischen Möglichkeiten, weil das System Mensch nicht beliebig belastbar ist – von Reisen über die Grenzen unseres Sonnensystems hinaus ganz zu schweigen. Offensichtlich gibt es hier Barrieren, die mit der Entfernung von unserem Heimatplaneten exponentiell anzuwachsen scheinen.

Doch die Raumfahrt zeigt auch, wie solche Grenzen überwunden werden können. Es ist nämlich überhaupt nicht nötig, Menschen in die Raumschiffe zu setzen, die wir zu fernen Planeten schicken. Die Möglichkeiten der Robotik entwickeln sich viel rasanter als unsere Fähigkeit, Menschen unter den extremen Bedingungen des Weltraums über weite Strecken sicher zu transportieren. In einigen Jahren wird es vermutlich serienreife Autos geben, die in der Lage sind, sich ohne Fahrer sicher durch den Verkehr einer Großstadt zu bewegen (ob sie jemand kaufen und damit die Kontrolle über sein Fahrzeug aus der Hand geben wird, ist eine andere Frage). Dagegen ist die Navigation auf der Oberfläche eines unbewohnten Planeten ein Kinderspiel. Mit anderen Worten: Maschinen brauchen unsere Hilfe bei der Erforschung des Universums immer weniger. Es wäre ökonomischer Unsinn, diesen Vorteil nicht zu nutzen. Lediglich politische und kulturelle Überlegungen sprechen für eine bemannte Marsmission, aber es ist zweifelhaft, ob diese Argumente die enormen Mehrkosten und hohen Risiken in absehbarer Zeit rechtfertigen werden.

Allgemein gesprochen, entwickelt sich der technische Fortschritt auf einem bestimmten Gebiet in der Regel in einer sogenannten logistischen Funktion, die die Form einer S-Kurve hat. Zu Beginn ist relativ viel Forschungsaufwand zu treiben, bis erste zaghafte Erfolge erreicht werden. Beispielsweise musste Edison sehr viel und sehr lange experimentieren, bis er eine Glühbirne zustande brachte, die nicht innerhalb weniger Minuten durchbrannte. Dann folgt eine Phase des raschen Anstiegs – die Glühbirnen zum Beispiel werden langlebiger und erzeugen mehr Licht pro eingesetzte Energie. Doch irgendwann kommt die Technik an ihre Grenzen, der Anstieg flacht ab, bis er ein Maximum erreicht. Die Lichtausbeute von Glühbirnen pro verbrauchtes Watt Strom lässt sich auch mit allen technischen Tricks nur bis zu einem bestimmten Punkt treiben. Das Maximum wird in der Regel nie ganz erreicht, aber der Fortschritt verlangsamt sich deutlich.

Diese S-Kurve ist ein weitverbreitetes Phänomen, das auf praktisch alle Technologien zutrifft und in der Praxis gut belegt ist. Sie bedeutet jedoch nicht das Ende der technologischen Entwicklung an sich. Denn eine neue Technologie folgt auch einer neuen S-Kurve. Durch einen Wechsel des technischen Prinzips lassen sich die Grenzen der bisherigen Technik überwinden. Im Beispiel der Glühbirne wird die Energieeffizienz durch den Einsatz von Leuchtstofflampen oder Leuchtdioden auf ein neues Niveau gehoben. Im Fall der Raumfahrt lässt sich durch Umstellung auf unbemannte, autonome Fahrzeuge die Entfernungsbarriere überwinden.

Die exponentielle Entwicklung der Computerleistung zeigt besonders schön eine solche Kette von S-Kurven. Die ersten Computer arbeiteten mit elektromechanischen Relais, die relativ träge waren. Eine deutliche Beschleunigung konnte erst durch einen Umstieg auf elektrische Röhren als Schaltelemente erreicht werden. Diese jedoch entwickeln eine so große Hitze, dass sie rasch eine Leistungsgrenze erreichten, die erst durch Einführung des Transistors als Schaltelement überwunden wurde. Auf den Transistor folgte die integrierte Schaltung, dann der Mikroprozessor und schließlich die Parallelprozessortechnik.

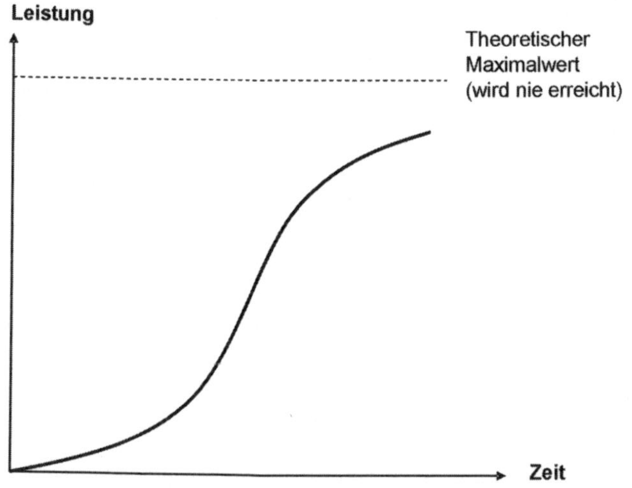

»S-Kurve« einer neuen Technologie

Es ist klar erkennbar, dass unsere heutige, siliziumbasierte Chiptechnologie irgendwann in den nächsten Jahren an ihre physikalischen Grenzen stoßen wird. Aber das bedeutet nicht das Ende der Steigerung der Rechenleistung, denn neue Techniken, die noch ganz am Anfang ihrer S-Kurven sind, wie etwa optische Chips, analoge Rechner oder Quantencomputer, werden bereits in den Labors entwickelt. Entsprechend ergibt sich eine Kette von S-Kurven, die insgesamt den seit hundert Jahren beobachteten exponentiellen Trend ermöglicht hat und zumindest noch eine Weile in die Zukunft fortgeschrieben werden kann.

Eine allgemeine ökonomische Grenze des technischen Fortschritts scheint vorerst nicht in Sicht. Im Gegenteil: Durch die Automatisierung der Erkenntnisgewinnung werden neue S-Kurven immer leichter erreicht, wie man an den immer kürzeren Zeiträumen bei der Einführung neuer Technologien in der Computerentwicklung sehen kann.

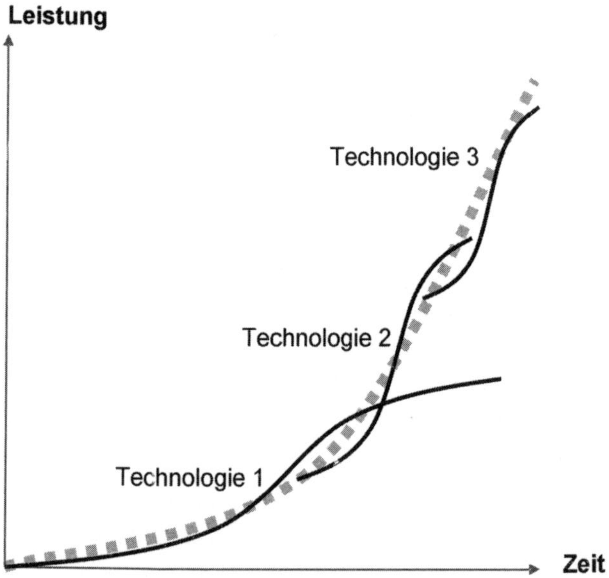

Verkettung mehrerer technologischer »S-Kurven«

Das Gesetz des steigenden Ertragszuwachses scheint sich hier erneut zu bestätigen.

Doch es sind noch andere Grenzen denkbar. Seit 1990 haben wir alle zwei bis drei Jahre eine Innovation erlebt, die unser tägliches Leben veränderte: Handy, E-Mail, eBay, MP3-Player, Google, Digitalkamera, Flachbildfernseher, Youtube und so weiter. Stellen wir uns nun eine Welt vor, in der solche Innovationen nicht alle paar Jahre erfolgen, sondern jeden Tag. Folgt man Kurzweils These, ist eine solche Welt gar nicht so weit entfernt. Wir wären dann ganz einfach überwältigt von dieser Geschwindigkeit der Entwicklung, wir wären unfähig, sie sinnvoll zu nutzen. Der Engpass wäre nicht die Technik an sich, sondern die Fähigkeit des Menschen, Neues zu verarbeiten.

Vieles spricht dafür, dass solche Grenzen existieren und auch die Geschwindigkeit des technischen Fortschritts bremsen. Bei der Einführung des Computers in den Büros gab es erhebliche Widerstände, da viele Menschen Schwierigkeiten hatten, mit der neuen Technik umzugehen. Ein hoher Lernaufwand war nötig. Ähnliche Widerstände stehen der Markteinführung beispielsweise einer neuen Softwaregeneration entgegen: Mag sie auch noch so viele neue Funktionen bieten und noch so schick aussehen – die meisten Anwender haben schlicht keine Lust, schon wieder etwas Neues zu lernen, wenn doch das Alte gut genug funktioniert. Tatsächlich kann es sein, dass wir uns bereits der Grenze der menschlichen Lernfähigkeit so weit angenähert haben, dass neue Technologien kaum noch schneller eingeführt werden können, als dies bereits geschieht.

Ähnliches gilt für die Verarbeitung neuer Erkenntnisse. Die Informationen über die Welt, die Forschungsergebnisse mögen exponentiell wachsen, die Verarbeitung dieser Erkenntnisse jedoch ist an die Kapazität menschlicher Gehirne gebunden, an die oft langwierige wissenschaftliche Diskussion, an die Fähigkeit anderer, die Erkenntnisse nachzuvollziehen und zu überprüfen. All dies bildet eine natürliche Grenze der Menge bahnbrechender Ideen, die Menschen in einer bestimmten Zeit entwickeln und verarbeiten können. Wie es John Naisbitt in seinem berühmten Satz formulierte: »Wir ertrinken in Information, doch wir hungern nach Wissen.«

Doch auch diese Grenze des technischen Fortschritts lässt sich überwinden. Dazu müssen wir lediglich die Perspektive ein wenig verändern und den Fortschritt nicht mehr aus der Sicht der Menschen betrachten, sondern aus dem Blickwinkel der memetischen Evolution.

Neue Meme entstehen durch Mutation von bestehenden. Sie werden selektiert und reproduziert und führen zu neuen Mutationen. Dieser Prozess findet überwiegend in menschlichen Gehirnen statt. Überwiegend – aber nicht mehr ausschließlich. Wir haben schon gesehen, dass Software heute nur noch mit Hilfe von Software entwickelt werden kann. Gleiches gilt für jede Art von komplizierter Technik: Mikrochips, Autos, Flugzeuge oder Kraftwerke werden heute mit Hilfe von Maschinen geplant und hergestellt. Maschinen, insbesondere Computer, verkürzen die Zeit für die Herstellung neuer Generationen von Produkten drastisch. So dauert es heute beispielsweise nur noch halb so lange, eine völlig neue Automobilserie zu entwickeln und am Markt einzuführen, wie in den achtziger Jahren. Maschinen verbessern offensichtlich unsere Fähigkeit, neue Informationen zu verarbeiten und zu Wissen werden zu lassen.

Genau genommen verbessern sie jedoch unsere Informationsverarbeitungskapazität nicht. Sie nehmen uns diese Arbeit ab. Sie liefern uns statt einer Fülle von Einzelinformationen, etwa über Aufhängung, Material und Anordnung einzelner Brückenelemente, das Modell einer fertigen Brücke. Wir müssen nicht mehr alle Details kennen – der Computer erledigt die mühsame Kleinarbeit für uns. Genau dies führt zu der in Kapitel 1 angeführten »Entfremdung« von der Technik – wir durchdringen und verstehen nicht mehr genau, was da eigentlich vor sich geht.

Ist es denkbar, dass dieser Prozess so weit voranschreitet, dass der Mensch überhaupt nicht mehr gebraucht wird? Können Maschinen völlig ohne unser Zutun neue Techniken und Produkte entwickeln? Diese Frage kann man klar und eindeutig mit Ja beantworten.

»Neuronale Netze« sind Beispiele für Computerprogramme, die selbständig lernen. Sie sind nach den Grundprinzipien unseres Gehirns aufgebaut und simulieren das Verhalten von Neuronen, die untereinander von selbst Verknüpfungen herstellen und diese Verknüpfungen in Abhängigkeit von äußeren Reizen verstärken oder abschwächen. Man setzt sie zum Beispiel ein, um in einer großen Menge von unstrukturierten Daten Muster zu erkennen. So können Unternehmen mit Hilfe von Neuronalen Netzen in ihren Kundendaten einzelne Kundengruppen mit ähnlichen Interessen oder Verhaltensweisen identifizieren. Das Interessante daran ist, dass diese Systeme manchmal Zusammenhänge erkennen, die Menschen bisher verborgen geblieben sind. Sie können also Wissen ohne direkte menschliche Hilfe erzeugen.

Es wird sicher noch eine Weile dauern, bis solche Neuronalen Netze auch nur annähernd die Leistungsfähigkeit eines menschlichen Gehirns erreichen und somit einen Wissenschaftler voll ersetzen können. Aber das ist auch gar nicht erforderlich, um eine weitere Beschleunigung des Fortschritts zu ermöglichen. Denn die technische Evolution ist nicht zielgerichtet. Daher findet sie auch dann statt, wenn Mutation und Selektion »unintelligent« geschehen. Maschinen können Reproduktion, Mutation und Selektion von Memen sehr viel effizienter durchführen als Menschen. Eine memetische Evolution ohne menschliche Hilfe wird daher viel schneller ablaufen.

Ein konkretes Beispiel für diese Art von Evolution sind Computerviren. Zwar werden sie überwiegend noch von Menschen erdacht, aber es gibt bereits Varianten, die sich selbst verändern können. Die Selektion übernehmen in diesem Fall die Virenschutzprogramme. Nach dem Evolutionsalgorithmus breiten sich diejenigen Computerviren aus, die es schaffen, die Sicherheitssysteme zu überwinden. Je leistungsfähiger also die Antivirensoftware, desto raffinierter werden zwangsläufig auch die Viren.

In Teil III werden wir weitere Beispiele dafür kennenlernen, dass Maschinen immer tiefer in den technischen Fortschritt eingreifen. Hier wollen wir uns zunächst mit der Feststellung begnügen, dass auch die menschliche Fähigkeit, neues Wissen zu verarbeiten, offenbar einer S-Kurve folgt, dass allerdings auch diese S-Kurve durch einen »Technologiesprung« verlassen werden kann. Unverrückbare, unüberwindliche Grenzen für die technische Entwicklung sind also entgegen Huebners Thesen nicht erkennbar.

Wie ist es dann zu erklären, dass sich nach Huebners Analysen der technische Fortschritt offenbar nicht kontinuierlich beschleunigt?

Oben habe ich bereits Einwände gegen Huebners Schlussfolgerungen angeführt. Dennoch ist es nicht unplausibel, dass es in der technischen Entwicklung Phasen größerer und geringerer Produktivität gegeben hat und geben wird. Zwar war das Mittelalter nach neueren Forschungen nicht so stark von technischem Stillstand geprägt, wie dies gemeinhin angenommen wird. Dennoch wird kaum jemand bezweifeln, dass zur Zeit Platons und Aristoteles' und zur Blütezeit des Römischen Reichs die technische und kulturelle Entwicklung in Europa schneller erfolgte als im Zeitraum zwischen etwa 500 und 1400 nach Christus.

Auch in der Natur gibt es offenbar Phasen starker evolutionärer Veränderung, die sich mit Zeiträumen relativer Stabilität abwechseln. Fossilienfunde scheinen darauf hinzuweisen, dass neue Artenvielfalt eher in Schüben auftrat, wie es etwa während der »Kambrischen Explosion« geschah. Wir haben schon gesehen, dass Indizien auf der Basis von Fossilienfunden trügerisch sein können, aber es ist als sicher anzusehen, dass es tatsächlich Phasen gegeben hat, in denen sich die Entwicklung neuer Arten relativ langsam vollzog. Heute können wir beobachten, wie sich die Natur dank unseres Eingreifens in einigen Regionen drastisch verändert, während es (leider immer weniger) Oasen der relativen Ruhe gibt, in denen sich die Dinge augenscheinlich seit Jahrmillionen kaum verändert zu haben scheinen – die letzten Regenwälder etwa.

Stephen Jay Gould und Niles Eldredge entwickelten aus dieser Beobachtung die Theorie des Punktualismus (»Punctuated Equlibrium«). Demnach findet die Evolution in Schüben statt, wenn ein Zustand des Gleichgewichts durch einen äußeren Schock, zum Beispiel eine Klimaveränderung, zerstört wird und sich die aufeinander eingestellten, bisher in perfekter Harmonie zusammenlebenden Lebewesen auf die neue Situation einstellen müssen.

Wir haben gesehen, dass erfolgreiche Replikatoren eine gewisse Robustheit gegen den Wandel äußerer Einflüsse aufweisen müssen. Wenn sich diese Einflüsse nur langsam ändern, dann wird die Evolution solche Replikatoren begünstigen, die unter diesen Bedingungen stabil sind. Es werden sich sogar »Abwehrmechanismen« gegen Veränderungen entwickeln, wie beispielsweise unsere Fähigkeit als Warmblüter, die Temperatur unseres Körpers trotz äußerer Temperaturschwankungen stabil zu halten. Es formen sich also in der Natur immer wieder relativ stabile Systeme, die lange Zeit weitgehend unverändert bleiben können.

Sicher ist allerdings, dass katastrophale Ereignisse diese Stabilität zerstören und Evolutionsschübe auslösen können. Dies ist in der Naturgeschichte oft geschehen, beispielsweise beim Aussterben der Dinosaurier aufgrund eines Asteroideneinschlags vor 65 Millionen Jahren.

Solche Veränderungen kommen aber nicht immer nur von außen. Sie können auch aus dem System heraus entstehen. Wir haben in Kapitel 1 gesehen, dass komplexe dynamische Systeme, wie Computernetze oder der globale Finanzmarkt, zu chaotischen Schwankungen neigen, die plötzlich auftreten und dramatische Veränderungen nach sich ziehen. Die Evolution des Bankensystems wird beispielsweise durch den systeminternen Schock der Finanzkrise von 2008 nachhaltig verändert. Die »Spezies« der lange dominanten amerikanischen Investmentbanken ist bereits ausgestorben; neue Formen der Regulation und Absicherung, neue Geldanlageprodukte werden sich als Konsequenz aus den veränderten »Umweltbedingungen« aufgrund der Krise entwickeln. Dieser Schock ist allein aus dem Finanzsystem selbst entstanden. Äußere Einflüsse haben praktisch keine Rolle gespielt. (Oder korrekter formuliert: äußere, insbesondere politische Rahmenbedingungen haben die Entwicklung eines Systems ermöglicht, das später aus sich selbst heraus kollabiert ist, weil es nicht auf Dauer stabil war.)

Ähnliche Phänomene gibt es auch in der Natur. Durch Zufallsmutation können neue Arten entstehen, die so erfolgreich sind, dass sie ein Ökosystem grundlegend verändern. Gleiches geschieht manchmal, wenn eine fremde Spezies in ein Ökosystem eindringt. Beispielsweise wurde der südamerikanische Kontinent lange Zeit von Beuteltieren beherrscht. Durch die vor rund 3 Millionen Jahren entstandene Landverbindung von Panama konnten Plazentatiere, zu denen auch wir gehören, in diesen Lebensraum eindringen und die einheimischen Beuteltiere in geologisch gesehen kurzer Zeit fast völlig vernichten. Heute gibt es nur noch wenige Beuteltierarten in Amerika.

Dasselbe kann passieren, wenn Menschen absichtlich oder unabsichtlich Lebensformen in fremde Ökosysteme einschleppen. Die Pazifikinsel Guam beispielsweise, die den USA im Zweiten Weltkrieg als wichtiger Stützpunkt im Krieg gegen Japan diente, hatte einst eine prächtige Vogelwelt. Betritt man heute die Wälder der Insel, so sind diese gespenstisch ruhig und voll von riesigen Spinnennetzen – man kommt sich vor wie in einem Horrorfilm. Der Grund ist die australische Braune Nachtbaumnatter, eine Schlangenart, die als sehr anpassungsfähig gilt. Sie kam vermutlich in den fünfziger Jahren an Bord eines Frachtschiffs auf die Insel und breitete sich in dem bisher schlangenlosen Ökosystem explosionsartig aus. Heute hat Guam mit etwa 10000 Tieren pro Quadratkilometer die größte Schlangendichte der Welt. Vögel gibt es fast gar nicht mehr, was wiederum dazu führte, dass sich Radnetzspinnen stark vermehren konnten.

Auch der Mensch selbst ist einst im ehemals stabilen Ökosystem der afrikanischen Savanne entstanden, ohne dass es eines externen Schocks bedurfte. Über die Folgen dieser »ökologischen Katastrophe« wird zurzeit genug diskutiert.

Wenn es also über lange Zeiträume stabile »ökologische Gleichgewichte« gibt, dann können diese durch externe Schocks oder durch interne Mutation jederzeit in eine chaotische Phase der Veränderung fallen, die zu einem raschen Auftreten neuer Arten führt.

Spricht dies für oder gegen eine Beschleunigung der Evolution?

Die Idee des Punktualismus sagt zunächst nichts darüber aus, wie oft solche externen Schocks eintreten, trifft also auch keine Aussage über eine mögliche Beschleunigung. Es kann jedoch eine Reihe von Ursachen für eine zunehmende Häufigkeit von Schocks geben:

– Äußere Schocks könnten – aus welchen Gründen auch immer – wahrscheinlicher werden.

- Eine Zunahme der Komplexität des Gesamtsystems führt nach der Chaostheorie zu einer höheren Wahrscheinlichkeit chaotischer interner Schocks.
- Eine höhere Mutationsrate könnte zu einer größeren Wahrscheinlichkeit zufälliger Mutationen führen, die einen internen Systemschock auslösen.

Die Wahrscheinlichkeit eines großen Asteroideneinschlags auf der Erde verringert sich statistisch im Laufe der Zeit, weil immer weniger Trümmer aus der Entstehungszeit des Sonnensystems übrig sind (die weitaus meisten werden von unserem »kosmischen Staubsauger« Jupiter, dem wir vermutlich die Möglichkeit des Lebens auf der Erde verdanken, angezogen und vernichtet). Auf der Erde selbst nehmen die Veränderungen, wie etwa der Klimawandel, allerdings zu. Das war auch vor dem Eintreffen des Menschen schon so: Die Biomasse auf der Erde ist im Laufe der Evolution immer weiter angewachsen, und damit auch ihr Einfluss auf das Klima.

Auch die zunehmende Vielfalt des Lebens führt zu einer größeren Wahrscheinlichkeit externer Schocks für ein spezifisches Ökosystem. Wir haben bereits gesehen, dass die Evolution zu mehr Vielfalt und Komplexität tendiert. Je komplexer ein Ökosystem ist, desto eher kann es passieren, dass ein vergleichsweise unbedeutendes Ereignis, etwa das Auftreten einer neuen Spezies oder das Aussterben einer alten, zu chaotischen Veränderungen führt. Umweltschützer warnen seit langem vor diesen Zusammenhängen, die durch das Eingreifen des Menschen in die Natur täglich offenbar werden.

Wie bereits ausgeführt, hat auch die Mutationsrate im Laufe der Evolution zugenommen, weil die Natur immer neue genetische »Spielfelder« – Vielzelligkeit, ein Skelett, angeborenes Verhalten und schließlich memetische Evolution – entwickelt hat. Allein die Änderung des Verhaltens von Lebewesen kann sehr wohl ebenfalls zu einem ökologischen Schock führen. Der Mensch ist dafür wiederum das drastischste Beispiel.

Insgesamt betrachtet spricht die Theorie des Punktualismus somit nicht gegen eine Beschleunigung des Wandels in der Natur.

Es wäre durchaus möglich, dass der Rückgang der Innovationsrate nach Huebner aufgrund einer Phase relativer Stabilität entsprechend dem Punktualismus zustande kommt. Immerhin müssen sich ja Innovationen stets gegen die schon bekannte, bestehende Technik durchsetzen, die durchaus ihre »Abwehrmechanismen« hat (zum Beispiel die oben erwähnte »Macht der Gewohnheit« des Menschen). Ich persönlich halte es allerdings für wahrscheinlicher, dass Huebners Interpretation der Daten falsch ist und wir uns im Gegenteil mitten in einer Phase extremen Wandels befinden – eines Entwicklungsschubs, der durch die Erfindung des Computers ausgelöst wurde und dessen Auswirkungen wir uns kaum ausmalen können.

Ein weiterer Kritiker der These zunehmender Beschleunigung ist Theodore Modis. Er hat eine Liste der bedeutendsten Ereignisse des Kosmos seit dem Urknall auf ihre zeitliche Abfolge untersucht. Dabei entdeckte er eine exponentielle Verkürzung des Zeitraums zwischen zwei Ereignissen, interpretiert diese jedoch nicht als exponentielle, sondern als logistische Entwicklung (S-Kurve). Modis' Argument gegen die exponentielle Entwicklung ist in erster Linie ein statistisches: Seiner Meinung nach »passt« eine einfache S-Kurve besser auf das Datenmuster als eine exponentielle Kurve.

Ebenso wie Huebner bleibt auch Modis jedoch eine fundierte Erklärung schuldig, was eigentlich das Wachstum der »Komplexität des Universums« und damit auch der technischen Entwicklung auf der Erde bremsen soll. Er verweist lediglich darauf, dass in der Natur »niemals exponentielle Trends vorkommen«.

Es erscheint plausibel anzunehmen, dass die technische Evolution – und damit das Wachstum der Komplexität des Universums – *irgendwann* zu einem Ende kommt. Wenn das heutige Bild eines sich immer schneller ausdehnenden Weltalls korrekt ist, wird es eines Tages einen »Big Rip« geben – ein Zerreißen des Kosmos in lauter unabhängige Einzelteile, die sich mit Lichtgeschwindigkeit voneinander entfernen und somit keine Informationen mehr untereinander austauschen können. Spätestens dann wird es auch keine technische Evolution mehr geben. Doch wenn auch unklar ist, wann dieser Zustand eintreten könnte, so liegt er doch auf jeden Fall noch etliche Milliarden Jahre in der Zukunft.

Man kann Modis' Argumentation vorwerfen, dass sie sehr anthropozentrisch, das heißt aus der Sicht der Menschheit geführt ist. Wir haben nicht die geringste Ahnung, welche Komplexität es in anderen Galaxien gibt und wie diese sich dort entwickelt hat. Daher ist es vermessen, aus den wenigen uns zur Verfügung stehenden und zudem äußerst ungenauen Daten auf die Entwicklung der Komplexität im gesamten Universum zu schließen.

Wenn Modis recht hat und sich die gesamte Komplexität des Weltalls entlang einer S-Kurve entwickelt – was prinzipiell anzunehmen ist –, dann haben wir nicht die geringste Vorstellung davon, an welchem Punkt wir uns befinden. Wenn wir seiner Argumentation folgen, wissen wir lediglich, dass wir in der Vergangenheit noch im unteren, exponentiell wachsenden Teil der Kurve gesteckt haben müssen

– zumindest, was den kleinen, uns bekannten Teil des Kosmos betrifft. Wie lange ein solches sich selbst beschleunigendes Wachstum der Komplexität noch anhalten wird und ab wann sich das Wachstum verlangsamt, lässt sich mit den uns zur Verfügung stehenden Daten nicht prognostizieren. Wenn wir die nächsten paar Jahrhunderte betrachten, dürfte das bei einer Gesamtlänge der kosmischen Komplexitäts-S-Kurve von mindestens 25 Milliarden Jahren auch keine große Rolle spielen. Modis' Argumentation bietet also keine haltbare Grundlage für die Annahme, die technische Evolution könnte in naher Zukunft an ihre Grenzen stoßen.

Fassen wir die bisherigen Erkenntnisse zusammen:

- Evolution ist kein biologischer Prozess, sondern ein mathematischer Algorithmus, der immer gilt, wenn seine Voraussetzungen – Reproduktion, Mutation und Selektion – erfüllt sind.
- Durch die Entwicklung komplexer Gehirne trat schon vor Jahrmillionen neben den Genen ein zweiter Replikator auf den Plan – die Meme.
- Meme und Gene entwickeln sich nicht primär zum Wohl der Spezies, die sie kopiert, sondern zu ihrem eigenen Wohl. Daher gibt es »bösartige« und »schädliche« Meme.
- Meme und Gene können symbiotisch zusammenarbeiten, sie können aber auch im Wettkampf zueinander stehen.
- Der Prozess der Evolution neigt dazu, sich selbst zu beschleunigen.
- Jede Beschleunigung muss *irgendwann* ein Ende haben. Die These, dass die Beschleunigung der technischen Entwicklung in naher Zukunft endet, lässt sich jedoch nicht bestätigen, da technische und menschliche Gren-

zen wahrscheinlich noch für lange Zeit durch neue technologische S-Kurven überwunden werden können. Es ist aus heutiger Sicht nicht zu sagen, ob wir noch Jahrhunderte, Jahrtausende oder Jahrmillionen ungebremster technischer Evolution vor uns haben.

Die obigen Erkenntnisse ergeben sich als zwangsläufige logische Folgen eines simplen mathematischen Zusammenhangs. Sie haben sehr weitreichende Konsequenzen für die Entwicklung des Lebens auf der Erde – in der Vergangenheit, Gegenwart und Zukunft. Diese Konsequenzen sind Gegenstand des zweiten Teils dieses Buchs.

Teil II
Das Schokoladenproblem

1. Sind Städte lebendig?

Manchmal muss man ein bisschen Abstand gewinnen, um die Dinge in ihrer Gesamtheit zu erkennen.

Stellen Sie sich einen Außerirdischen vor, der zum ersten Mal die Erde besucht - eine völlig fremdartige Lebensform ohne jedes Wissen über unseren Planeten. Er schwenkt in die Umlaufbahn der großen, blauen Kugel ein und richtet seinen Blick nach unten. Wie würde er die Erde wahrnehmen?

Zunächst würde er feststellen, dass die Landmassen des Planeten zum Teil von grünem Gestrüpp bedeckt sind. Dazwischen finden sich vereinzelt große, graubraune Wucherungen, die aus der Entfernung wie Schimmelbefall aussehen. Sie nehmen Energie auf, erzeugen Wärme und nutzen die Stoffe in ihrer Umgebung, um zu wachsen. Sie atmen Gas mit hoher Sauerstoffkonzentration ein und stoßen kohlendioxidhaltiges Gas aus. Sie sind also offensichtlich lebendig. Ihre Ausscheidungen scheinen für das grüne Gestrüpp schädlich zu sein, denn in unmittelbarer Nähe der Wucherungen findet sich nur wenig davon.

Die seltsamen Wucherungen sind miteinander durch dünne Linien verbunden, auf denen, wenn man ganz genau hinsieht, winzige Teilchen hin und her fließen, genau wie die grünen Blutkörperchen in den Adern unseres Außerirdischen. Zwischen den Wucherungen findet also ein Austausch statt, Stoffe werden transportiert. Wenn er in der Lage ist, elektromagnetische Felder zu messen, stellt der Außerirdische fest, dass der Austausch elektrischer Impulse zwischen den Wucherungen noch viel stärker ist.

Sie kommunizieren offenbar miteinander! Die Wucherungen, die den ganzen Planeten überziehen, wirken wie ein einziges riesiges Lebewesen, einem gigantischen Pilzgeflecht vergleichbar.

Der Außerirdische entschließt sich, zu landen und sich die Sache aus der Nähe anzuschauen. Dabei stellt er fest, dass die Wucherungen offenbar symbiotische Gemeinschaften aus sehr unterschiedlichen Lebensformen sind. Einige davon kommen als dominante Lebensformen des Planeten in Frage. Beispielsweise der Öltrinker, eine vor allem aus Metall bestehende Spezies, die in vielen verschiedenen Arten existiert und sich über den ganzen Planeten ausgebreitet hat. Wie der Name sagt, ernährt sie sich von Öl, das sie aus seltsamen Futterstellen saugt. Oder der Grasfresser, eine Lebensform, die den ganzen Tag nur herumsteht und sich füttern lässt.

Vielleicht sind aber auch diese seltsamen, dürren Zweibeiner, die dazwischen herumwuseln, die wahren Herrscher des Planeten? Nein, sie scheinen eher so etwas wie die Diener der anderen Spezies zu sein. Sie ebnen dem Öltrinker seine Wege und versorgen ihn mit Nahrung, führen sogar Kriege darum. Sie füttern die Grasfresser. Sie sorgen dafür, dass die grauen Wucherungen sich ausbreiten und das grüne Gestrüpp allmählich verschwindet. Es sind emsige Sklaven, die sich mit großer Hingabe für das Wohlergehen der höheren Lebensformen einsetzen.

Wie lange würde es wohl dauern, bis der Außerirdische seinen Irrtum bemerkt und begreift, dass jene »emsigen Sklaven« die Herren des Planeten sind und Städte nur Produkte ihrer Erfindungsgabe? Oder ist das am Ende gar kein Irrtum? Sind unsere Städte, jene graubraunen Wucherungen, die er als Lebensformen betrachtet, vielleicht wirklich lebendig?

Wie so oft in der Wissenschaft ist das eine Frage der Definition. Die Frage, ob etwas »lebendig« ist, wird in der Regel anhand bestimmter Eigenschaften definiert, die dem Begriff »Leben« zugeordnet sind. Dazu gehören:

- eine ordnende, sich selbst stabilisierende Struktur (ein Lebewesen entsteht nicht rein zufällig und zerfällt auch nicht aufgrund äußerer Einflüsse augenblicklich wieder),
- Energieaustausch, das heißt die Fähigkeit, Energie aus der Umgebung auf- beziehungsweise wieder an sie abzugeben,
- ein Stoffwechsel, also die Fähigkeit, Stoffe aus der Umgebung aufzunehmen und daraus Energie und Wachstum zu generieren, wobei Abfallprodukte wieder ausgeschieden werden,
- die Fähigkeit zur Fortpflanzung,
- Wachstum,
- Informationsaustausch (dies ist aber in der Regel keine zwingende Voraussetzung für Leben, da primitive Wesen wie Algen keine Informationen austauschen können),
- Reaktion auf Veränderungen der Umwelt (auch dies ist bei sehr einfachen Lebensformen nicht gegeben).

Gelegentlich werden dieser Liste noch Elemente wie »überwiegend aus organischen Substanzen bestehend« oder »Fortpflanzung auf Basis der DNA« hinzugefügt. Doch diese Definitionselemente schränken den Begriff »Leben« unzulässig ein, denn sie beziehen sich zu stark auf die spezielle Form des Lebens auf der Erde und würden so manche zumindest vorstellbare außerirdische Lebensform ausschließen.

Vergleicht man verschiedene Objekte aus Natur und Technik anhand der genannten Kriterien, wird offensicht-

	Mensch	Bakterium	Virus	Auto	Computervirus	Stadt
Selbststabilisierende Struktur	●	●	○	◐	○	●
Selbstreproduktion	●	●	◐	○	◐	◐
Energieaustausch	●	●	○	●	◐	●
Stoffwechsel	●	●	○	●	○	●
Informationsaustausch	●	◐	○	◐	●	●
Wachstum	●	●	○	○	○	●
„Organisch"	●	●	●	○	○	◐

● erfüllt ◐ teilweise erfüllt ○ nicht erfüllt

»Lebendigkeit« verschiedener Objekte

lich, dass auch technische Systeme in gewisser Hinsicht »lebendig« sein können.

Offenbar erfüllt ein Auto die Kriterien besser als ein biologisches Virus, denn es tauscht im Unterschied zu diesem Energie und chemische Stoffe mit seiner Umwelt aus. Zwar kann es sich nicht selbst vervielfältigen, aber das kann ein Virus auch nicht – es benötigt dafür eine Wirtszelle, so wie das Auto eine Fabrik benötigt. Das Auto verfügt sogar über begrenzte Möglichkeiten, mit seiner Umwelt Informationen auszutauschen, zum Beispiel über das Armaturenbrett oder durch einen Temperatursensor, der den Fahrer vor Bodenfrost warnt.

Eine Stadt erfüllt sämtliche Anforderungen, die man sinnvollerweise an ein Lebewesen stellen kann. Sie hat einen Stoffwechsel (jeden Tag nimmt sie Güter, zum Beispiel Lebensmittel, auf und gibt Müll, Kohlendioxid und andere Schadstoffe ab). Sie kann sich sogar selbst fortpflanzen – die ersten Städte haben sich über die Welt ausgebreitet, indem einige ihrer Bewohner losgezogen sind und neue Städte gegründet haben, ähnlich wie ein Pilz seine Sporen verbreitet. Städte wachsen, genau wie Lebewesen.

Aber Städte sind natürlich »nur« symbiotische Gemeinschaften von Lebewesen, ähnlich wie Wälder oder Ameisenhaufen. Kann man so etwas als »lebendig« bezeichnen?

Tatsächlich sind alle mehrzelligen Pflanzen, Tiere und Menschen nichts anderes als Lebensgemeinschaften von Individuen, die symbiotisch zusammenleben. Eine einzelne menschliche Hautzelle erfüllt, genau wie ein Bakterium, sämtliche genannten Kriterien und ist deshalb eindeutig lebendig. Man kann beispielsweise aus einer Hautzelle in geeigneter Umgebung weitere Hautzellen züchten. Die Zelle ist für sich allein lebens- und reproduktionsfähig. Jedes mehrzellige Lebewesen besteht also aus einer Ansammlung von Einzelteilen, die für sich genommen lebendig sind (auch wenn sie einzeln meist nicht lange überleben können).

Die meisten Mehrzeller bestehen jedoch nicht nur aus fest miteinander verbundenen Zellen, sondern enthalten Lebewesen, die durchaus für sich allein existieren und sogar einer eigenen Spezies zugerechnet werden können. Der menschliche Stoffwechsel würde wie bereits erwähnt ohne verschiedene Arten von Darmbakterien nicht funktionieren. Wir benutzen diese Bakterien, um Nahrung zu verarbeiten. Als Gegenleistung bieten wir ihnen eine geschützte Lebensumgebung und versorgen sie mit Nahrung.

Ein faszinierendes Beispiel einer symbiotischen Lebensgemeinschaft sind Staatenquallen wie die »Portugiesische Galeere«. Sie gehören zu den gefährlichsten Meeresbewohnern, denn ihr Gift kann Menschen töten. Sie sehen aus wie Quallen, sind aber in Wirklichkeit Kolonien von unterschiedlichen Polypen, die sich auf ihre jeweiligen Aufgaben spezialisiert haben. Einige sind für die Nahrungsbeschaffung zuständig und haben deshalb lange, hochgiftige Nesseln ausgebildet. Die Verdauung der erbeuteten Tiere übernehmen andere Polypen, die dann die Nesseljäger mit den gewonnenen Nahrungsstoffen versorgen. Ein einziger Polyp hat sich zu einem großen Luftsack aufgeblasen, der aus dem Wasser ragt und ein dreieckiges Segel bildet, das dem Gebilde seinen Namen gab.

Keiner dieser Polypen wäre für sich allein lebensfähig. Sie alle kleben aneinander und können sich, anders als zum Beispiel Ameisen, nicht aus dem Staatenverbund lösen. Sie alle stammen von einer einzigen Eizelle ab. Trotzdem ist jeder Polyp für sich allein genommen eindeutig ein Lebewesen.

Ist auch die Staatenqualle insgesamt ein Lebewesen? Das ist umstritten. Sie sieht wie ein Lebewesen aus und benimmt sich auch so. Sehr lange hat sie sicher jeder, der sie sah, für ein einzelnes Lebewesen gehalten, und wenn man sie nicht inzwischen sehr genau untersucht hätte, wüsste auch heute noch niemand, dass es sich um eine Polypenkolonie handelt.

Aber *ist* sie auch ein Lebewesen? Das kommt darauf an, wie man den Begriff definiert. Offenbar gibt es in der Natur keine scharfe Trennung zwischen »Individuum« und »Gruppe«, wie es vielleicht auch keine exakte Grenze zwischen »lebendig« und »nicht lebendig« gibt. Eine Staatenqualle ist also »ein bisschen« ein Individuum und ein bisschen eine Gruppe.

Wenn man allerdings eine Staatenqualle wie die Portugiesische Galeere als Lebewesen definiert, dann wird es ziemlich schwierig, Städte aus dieser Begriffsdefinition auszuklammern – ebenso wie Ameisenhaufen und Bienenvölker.

Man könnte einen Grad der »Unteilbarkeit« definieren, danach bestimmt, wie fest dic Gemeinschaft »aneinanderklebt«. Auf dieser Skala ist ein Bakterium maximal unteil-

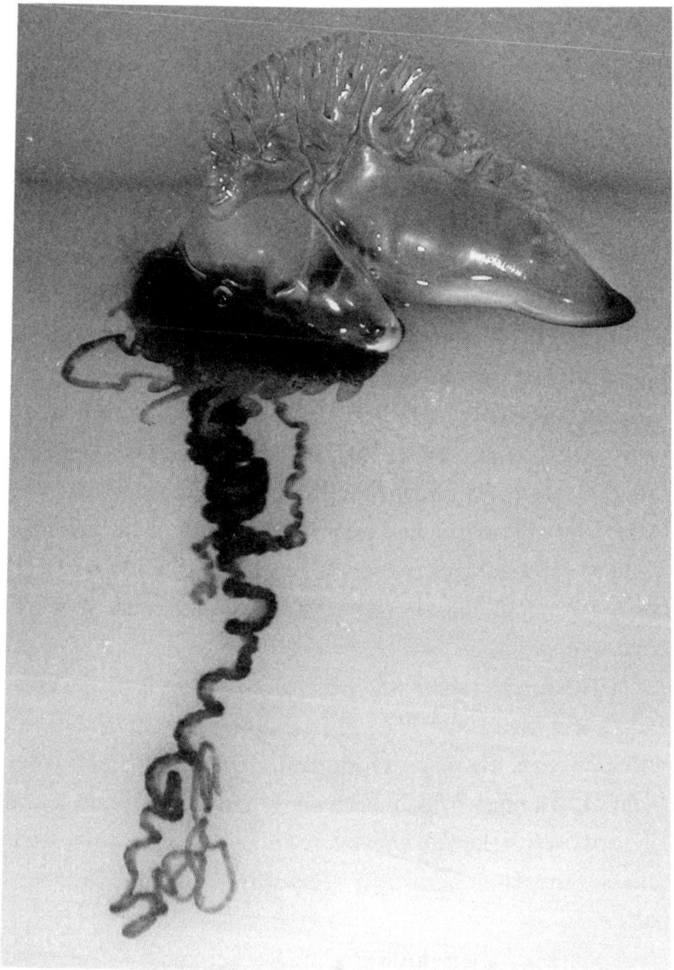

Portugiesische Galeere. Foto: U.S. National Oceanic and Atmospheric Administration (Public Domain)

bar, weil es nur aus einer einzigen Zelle besteht. Ein Mensch wäre »ziemlich unteilbar« – immerhin kann man ihn nicht einfach in der Mitte durchschneiden, ohne dass er dabei stirbt. Andererseits haben wir gesehen, dass bestimmte lebensnotwendige Bestandteile unseres Körpers, wie Hautzellen oder Darmbakterien, auch außerhalb von uns lebensfähig sind.

Staatenquallen würden wir irgendwo in der Mitte der Unteilbarkeitsskala ansiedeln. Sie bestehen eindeutig aus individuellen Lebewesen, doch keines dieser Wesen kann ohne die anderen existieren. Ich bin kein Biologe und weiß nicht, ob es Experimente gegeben hat, Staatenquallen zu zerteilen und die Lebens- und Reproduktionsfähigkeit ihrer Einzelteile zu untersuchen, bin aber skeptisch, ob sie das überleben würden.

Bestimmte Pflanzenarten, Pilzgeflechte und Würmer kann man dagegen eindeutig zerteilen, ohne ihre Lebensfähigkeit und Reproduktionsfähigkeit insgesamt zu zerstören. Sie wären »nicht unteilbar« und unterscheiden sich in dieser Hinsicht nicht von Wäldern oder Städten. Dennoch werden sie in aller Regel als individuelle Lebewesen angesehen.

Die Beispiele zeigen, dass die Grenzen zwischen Lebewesen und Nichtlebewesen fließend verlaufen. Dabei ist es unbedeutend, ob man Städte nun »lebendig« nennt oder nicht. Entscheidend ist, dass sie sehr viele – wenn nicht alle – wesentlichen Merkmale von Lebewesen aufweisen und sich aus einer neutralen Perspektive auch genauso verhalten.

»Aber wir haben doch die Städte gebaut«, werden Sie nun vielleicht einwenden. »Sie können sich doch nicht von selbst vermehren. Und ihr Stoffwechsel funktioniert auch nicht, ohne dass Menschen die nötigen Rohstoffe heranschaffen und die Maschinen zu ihrer Verarbeitung oder zur Energiegewinnung bedienen.«

Das stimmt – ohne Menschen wären Städte nur leere Hüllen, Skelette aus Beton und Stahl. Aber dasselbe gilt auch für einen Menschen ohne Darmbakterien, jedenfalls nach kurzer Zeit. Und wenn man ganz genau hinschaut, dann werden die Knochen eines menschlichen Körpers ja auch von bestimmten, dafür spezialisierten Lebewesen – Zellen – »gebaut«.

Es gibt natürlich zahllose Unterschiede zwischen Städten und Menschen oder anderen Mehrzellern. Beispielsweise können Körperzellen mit wenigen Ausnahmen von »Geburt« an nur eine einzige, genau definierte Aufgabe übernehmen, während sich der Mensch als Teil des Organismus »Stadt« erst später für eine bestimmte Spezialisierung entscheidet und diese sogar mehrfach wechseln kann. Aber diese Unterschiede sind eben nicht prinzipieller Natur.

Es ist vielleicht nicht ganz einfach, sich mit dem Gedanken anzufreunden, Städte seien Lebewesen. Aber wenn man sich an ihn gewöhnt, dann merkt man, wie sich eine andere, scheinbar unverrückbare Grenze aufzulösen beginnt: die Trennung zwischen »natürlich« und »künstlich«.

Wir Menschen neigen dazu, uns selbst die Schuld an vielen Weltproblemen, wie zum Beispiel der Klimaveränderung, zu geben. Natürlich liegt darin viel Wahrheit, aber es ist in gewisser Hinsicht auch eine Anmaßung. Denn wir tun so, als sei das quasi »aus Versehen« passiert und wir hätten ohne weiteres die Möglichkeit gehabt, einen anderen Weg einzuschlagen. Das aber setzt voraus, dass wir alle Entscheidungen auf dem Weg zu einer deutlichen Steigerung des CO_2-Ausstoßes bewusst aus freien Stücken getroffen haben und jederzeit revidieren können. Wenn wir jedoch die technische Entwicklung als einen weitgehend ungerichteten Evolutionsprozess betrachten, dann wird klar, dass das nicht so ist.

Die eigentlichen Übeltäter in Bezug auf das Klima sind gar nicht wir Menschen. Wir geben, wenn wir ausatmen, zwar auch CO_2 an die Umwelt ab, aber in so geringen Mengen, dass es nicht für eine spürbare Klimaveränderung reichen würde, selbst wenn es 20 Milliarden Menschen auf der Welt gäbe. Die wirklichen CO_2-Produzenten sind Autos, Müllverbrennungsanlagen, Kraftwerke, Fabriken – die »Organe« der Städte.

Wir können natürlich den Städten nicht die »Schuld« an der Klimaveränderung zuschieben. Schließlich produzieren sie das CO_2 ausschließlich für den Menschen, indem sie die Produkte und Energie erzeugen, die wir verlangen. Oder?

Diese Sichtweise stimmt nur teilweise. Denn Städte produzieren diese Dinge in gewisser Hinsicht aus einem ganz eigenen Antrieb heraus: um zu wachsen und sich zu vermehren. Das muss so sein, sonst könnte es sie nach der Evolutionstheorie gar nicht geben. Wir Menschen benutzen die Städte, um uns mit den Dingen zu versorgen, die wir glauben zu brauchen. Aber umgekehrt benutzen uns auch die Städte, um sich mit Rohstoffen zu versorgen und zu wachsen. Wir leben mit ihnen in einer Symbiose, wir sind ein Teil ihres Organismus.

Betrachten wir ein bekanntes Beispiel einer Symbiose in der Natur: Blumen und Bienen. Wer von beiden benutzt wen? Die Bienen trinken den Nektar der Blumen. Als Gegenleistung nehmen sie den Pollen auf, verteilen ihn und sorgen so dafür, dass sich die Blumen vermehren können, wodurch das Angebot an Nektar steigt. Also sind scheinbar die Bienen die beherrschende Lebensform. Immerhin sind sie ja auch deutlich komplexer und – trotz ihres relativ bescheidenen Nervensystems – wesentlich intelligenter als Blumen.

Doch sind nicht eigentlich die Blumen die wahren Herren? Haben sie sich nicht so entwickelt, dass sie für Bienen besonders attraktiv aussehen? »Erkaufen« sie sich mit ihrem Nektar nicht die Funktion des Bestäubens? Üben sie nicht eine enorme Macht über die Bienen aus?

Weder Blumen noch Bienen manipulieren ihren Symbiosepartner bewusst. Sie haben sich im Zuge der Evolution aneinander angepasst, bis sie so weit voneinander abhängig wurden, dass keine Art mehr ohne die andere überleben kann. Gemeinsam jedoch sind sie so stark, dass sie andere Lebensformen, die um die gleichen Ressourcen (Sonnenlicht, Platz zum Wachsen, Nahrung) konkurrieren, verdrängen konnten. Heute stehen etwa 300000 Arten von »Bedecktsamern« (Blütenpflanzen) nur noch etwa 800 Arten von »Nacktsamern«, wie etwa Nadelbäumen, gegenüber.

Wie Richard Dawkins in »The Extended Phenotype« deutlich gemacht hat, überlebt ein Gen genau dann, wenn es seine Umwelt so beeinflusst, dass es kopiert wird. Das gilt nicht nur für den Körper des Lebewesens, in dessen Genom es sich befindet. In den Chromosomen der Bienen gibt es Gene, die das Überleben bestimmter Pflanzen begünstigen und dadurch die Vermehrung ihrer Gene fördern. Das ist das Wesen der Symbiose.

Mit den von Menschen hergestellten Produkten verhält es sich ähnlich. In gewisser Hinsicht sind sie wie Blumen und wir wie die Bienen. Die Produkte locken uns mit nützlichen oder unterhaltsamen Funktionen (Nektar) und raffiniertem Marketing (Blüten). Als Gegenleistung kaufen wir die attraktivsten Produkte und stellen ihnen somit in Form von Geld die Ressourcen zu ihrer Vervielfältigung zur Verfügung – wir bestäuben sie quasi. Produkteigenschaften und Marketing passen sich in einem evolutionären Prozess immer besser an unsere subjektiv empfundenen Bedürfnisse an. Gleichzeitig werden wir immer empfänglicher für die Reize der Produkte. Wir werden immer abhängiger von ihnen. Sie erhalten immer mehr Macht über uns.

Produkte sind die Nährstoffe, mit denen der »Körper« der Stadt seine menschlichen »Zellen« versorgt. Ohne diese Versorgung könnten wir Menschen nicht mehr existieren – jedenfalls nicht in der großen Zahl, die es zurzeit auf der Erde gibt. Mit ihren Produkten zwingt uns die Stadt in gewisser Hinsicht, ihr zu dienen. Wenn wir uns weigern, verhungern wir oder müssen zumindest auf vieles verzichten.

Was wäre, wenn Bienen intelligent wären, einen eigenen Willen hätten? Würden sie darüber nachdenken, wie sie der verführerischen Macht der Blumen entkommen, wie sie die Abhängigkeit überwinden können? Sehr wahrscheinlich nicht. Sie würden Blumen lieben, Gedichte über ihre Schönheit schreiben. Sie würden prächtige Gärten anlegen, gefüllt mit ihren Lieblingsblumen. Sie würden sie vor »Schädlingen« schützen und »Unkraut« jäten. Sie würden dafür sorgen, dass die von ihnen bevorzugten Blumensorten sich immer weiter ausbreiten, und so ihre Nahrungsversorgung verbessern. Am Ende gäbe es sehr viel mehr Bienenvölker auf der Welt – und sehr viel mehr Blumen.

De facto würde also die Intelligenz der Bienen der Vermehrung der Blumen zugutekommen. So ist das in jeder Symbiose: Die Stärke des einen Partners ist auch die Stärke des anderen.

Nehmen wir an, die unkontrollierte Vermehrung bestimmter Blumensorten durch intelligente Bienen führte zu einer ökologischen Katastrophe. Wer wäre dann daran »schuld« – Blumen oder Bienen? Die Bienen, wird man vielleicht argumentieren, immerhin sind sie in dem Gedankenspiel ja intelligent und hätten die Katastrophe verhindern können. Aber könnten sie das wirklich? Könnten sie sich bewusst dagegen entscheiden, Blumen zu lieben und sich vermehren zu wollen? Vielleicht, aber es wäre sicher außerordentlich schwierig für sie.

Genau darum geht es in diesem Buch. Wir Menschen können uns natürlich nicht von unserer Verantwortung gegenüber der Umwelt reinwaschen – das wäre absurd. Aber wir müssen uns bewusst werden, warum es nicht so einfach ist, sich gegen Umweltverschmutzung zu entscheiden: weil wir nicht die einzige »Interessengruppe« in diesem Zusammenhang sind. Weil es Städte gibt, die wachsen »wollen« und denen die Umwelt per se egal ist. Weil es Produkte (eigentlich Meme für die Herstellung der Produkte) gibt, die kopiert werden »wollen« und uns manipulieren, damit wir sie vermehren – genau wie Blumen Bienen manipulieren.

Wenn man in der Praxis sehen will, wie das funktioniert, muss man nur in den Supermarkt um die Ecke gehen.

2. Darwin im Supermarkt

Professor Weisenberg stand auf, holte eine Tafel Schokolade aus seiner Schreibtischschublade und legte sie auf den Konferenztisch. »Jetzt gehen Sie mal in einen großen Supermarkt«, sagte er. »Dort sehen Sie, wie Evolution in der Wirtschaft funktioniert. Zehntausend Produkte konkurrieren da um Ihre Aufmerksamkeit und versuchen, mit subtilen und weniger subtilen Methoden Ihr Verhalten zu beeinflussen. Ich habe das mal nachgezählt: Da, wo ich diese Schokolade gekauft habe, in einem mittelgroßen Supermarkt, gibt es einhundertvierundfünfzig verschiedene Sorten von siebzehn Herstellern. Allein sechsundzwanzig verschiedene Tafeln Vollmilchschokolade, von denen jede einzelne wahrscheinlich kein bisschen anders schmeckt als diese hier. Einhundertvierundfünfzig Sorten! Wer braucht so viel Auswahl? Niemand! Die Leute stehen ratlos vor den Regalen, und am Ende fallen sie den Lockungen der Werbung zum Opfer.

Der einzige Grund, weshalb es so viele verschiedene Schokoladensorten gibt, ist das Evolutionsprinzip. Die Hersteller konkurrieren um die Kunden. Sie probieren verschiedene Geschmacksrichtungen, verschiedene Verpackungsgestaltungen, verschiedene Preise, verschiedene Marketingstrategien aus. Das, was funktioniert, wird kopiert und dann weiter verbessert. Reproduktion, Mutation, Selektion, bis in alle Ewigkeit. Am Ende haben wir mehr Schokolade, als wir jemals essen können. Und brauchen wir diese Schokolade? Hat vielleicht irgendjemand beschlossen, dass es gut für die Menschheit wäre, mehr Schokolade zu essen? Sicher nicht! Der volkswirtschaftliche Schaden im Gesundheitssystem, der durch zu viel Zucker entsteht, ist viel größer als der Gesamtumsatz der Schokoladenindustrie!«

Mark starrte die Tafel an, als könne sie ihn jeden Moment anspringen und erwürgen. Konnte es sein, dass Weisenberg recht hatte? »Zugegeben, zu viel Schokolade ist ungesund«, sagte er. »Aber die Menschen wollen sie nun mal. Und es ist eine bewusste Entscheidung der Schokofabriken, welche herzustellen. Wir könnten ja jederzeit einfach damit aufhören.«

»Ach ja? Glauben Sie das wirklich? Glauben Sie, ein Fabrikvorstand könnte einfach beschließen, keine Schokolade mehr herzustellen? Seine Firma wäre bald pleite. Sehr wahrscheinlich würden ihn die Aktionäre vorher einfach absetzen und einen anderen Vorstand holen, der dafür sorgt, dass weiter Schokolade produziert wird. Genauso, wie die Bienen nicht einfach beschließen können, nicht mehr auf die Lockungen der Blumen hereinzufallen, können wir nicht aufhören, Produkte zu kaufen, Autos zu fahren, das Internet zu benutzen, uns immer neue Dinge auszudenken. Die Evolution benutzt uns, ob wir wollen oder nicht. Wir sind nicht die Krone der Schöpfung. Wir sind ihre Lakaien.«

Dass Professor Weisenberg dieselbe Meinung vertritt wie ich in diesem Buch, ist natürlich kein Zufall. Er ist eine Figur aus meinem Roman »Das System«, der ich eine hoch komprimierte Zusammenfassung der in diesem Buch vertretenen Thesen in den Mund gelegt habe.

In meinem Buch muss der Protagonist, Mark Helius, mit einer unangenehmen, zum Glück bisher nur hypothetischen Konsequenz der memetischen Evolution fertig werden: einem maschinellen Netzwerk, das nicht mehr das tun will, wofür es gebaut wurde, sondern seinen eigenen Willen entwickelt und beim Kampf um seine von den Menschen bedrohte Existenz die Menschheit selbst an den

Rand der Auslöschung bringt. Aber die eigentliche Botschaft des Romans, die ich in die Rahmenhandlung eingewoben habe, entspricht der dieses Buches: Wir beherrschen die Dinge, die wir geschaffen haben, nur zum Teil. Sie beherrschen uns in einem mindestens ebenso großen Maße.

Schauen wir uns das Beispiel der Schokolade im Supermarkt ein wenig genauer an. Einzelhandelsunternehmen müssen, um zu existieren, über den Durchschnitt mehrerer Jahre zumindest einen bescheidenen Gewinn machen. Gewinn ist definiert als Umsatz minus Kosten. Der Umsatz hängt davon ab, wie viele Produkte das Unternehmen zu welchem Preis verkaufen kann. Die Kosten setzen sich, grob vereinfacht, aus dem Einstandspreis für die verkauften Produkte und den Betriebskosten des Unternehmens zusammen. Die Betriebskosten wiederum bestehen im Wesentlichen aus den Personalkosten und den filialbezogenen Sachkosten wie Miete und Energie.

Was kann ein Handelsunternehmen tun, um seinen Gewinn zu steigern oder wenigstens zu sichern? Die Preise erhöhen? In der Regel verbietet sich das, weil Verbraucher gerade im Lebensmittelhandel sehr preisbewusst sind und schnell zu einem Konkurrenten überlaufen, wenn man mit den Marktpreisen nicht mithalten kann. Es gibt zwar einige Tricks, um diesen festen Zusammenhang ein wenig zu lockern, wie zum Beispiel »Lockvogelangebote«, aber im Großen und Ganzen haben Handelsunternehmen nur wenige Möglichkeiten, den Preis ihrer Produkte zu ihren Gunsten zu verändern.

Ähnlich verhält es sich mit dem Einstandspreis. Die jährlichen Preisverhandlungen mit den Lieferanten sind hart und enden in der Regel damit, dass keine Seite mit dem erzielten Kompromiss besonders zufrieden ist – die

Schokoladenregal im Supermarkt mit über 150 Sorten Tafelschokolade

Hersteller können kaum die Produktionskosten decken, die Margen der Händler sind dennoch so klein, dass sie nur mit Mühe ihre Betriebskosten wieder hereinholen können. Das liegt daran, dass preisaggressive Wettbewerber einen niedrigen Einstandspreis in Form von Preissenkungen rasch an den Verbraucher weitergeben. Der dadurch erzielte Vorteil ist nur von kurzer Dauer, da die übrigen Händler nachziehen. Im Ergebnis sind die Preise »ausgelutscht«, und der Verbraucher ist der lachende Dritte. So sollte es jedenfalls sein, und so ist es nach meiner Erfahrung als Unternehmensberater in den meisten Bereichen des Handels in Deutschland auch tatsächlich.

Die Preisgestaltung ist also nur ein begrenzter Hebel, um den Gewinn zu steigern. Aber was dann? Kostensenkungen? Auch aus diesem betriebswirtschaftlichen Instrument ist dank hochentwickelter Steuerungssysteme weitgehend

»die Luft raus«. Als in den sechziger und siebziger Jahren die »Tante-Emma-Läden« durch Selbstbedienungs-Supermärkte verdrängt wurden, konnten Letztere aus einer deutlich besseren Kostenstruktur noch starke Marktvorteile ziehen. Heute wird der Lebensmittel-Einzelhandel von Discountern dominiert. Ich stehe immer wieder bewundernd in meiner lokalen Aldi-Filiale und staune über die unglaubliche Effizienz dieses Handelsunternehmens, das weltweit einen legendären Ruf genießt. Meiner Meinung nach sind hier Kostensenkungen kaum noch möglich. Zwar wird stellenweise schon mit Supermärkten experimentiert, bei denen die Kunden ihre Ware an Automaten selbst bezahlen, doch ob dieses System sich durchsetzt, muss sich erst noch zeigen. Die Kosten pro Quadratmeter Einzelhandelsfläche lassen sich kaum noch reduzieren.

Wenn die Handelsmargen der Produkte nicht gesteigert und die Kosten pro Flächeneinheit nicht gesenkt werden können, dann gibt es nur noch eine Möglichkeit: Der Umsatz pro Flächeneinheit muss erhöht werden. Dies kann einerseits durch Werbemaßnahmen geschehen, die mehr Kunden in die Läden locken, und andererseits durch eine bessere Ausnutzung der zur Verfügung stehenden Fläche. Dieser Ansatz ist im Handel unter dem Stichwort »Regalplatzoptimierung« bekannt. Und hier kommt nun die Evolution im Supermarkt so richtig zum Tragen.

Aus der Sicht eines Produktes, das vervielfältigt werden »will«, ist das Regal im Supermarkt so etwas wie der »Platz an der Sonne« für eine Pflanze. Je mehr Fläche es erobern kann, desto besser, denn umso größer ist die Wahrscheinlichkeit, dass Kunden das Produkt kaufen. Hier spielen mehrere Faktoren eine Rolle: Ein Produkt, das mehr Regalplatz belegt, ist leichter zu erkennen. Es suggeriert dem Verbraucher, das Produkt sei begehrt, und erhöht dadurch seine Attraktivität. Es verdrängt Konkurrenzprodukte, für die der Kunde stattdessen sein Geld ausgeben könnte. Es verringert die Wahrscheinlichkeit, dass das Produkt ausverkauft ist.

Außerdem ist mehr Platz da für Produktvarianten, beispielsweise unterschiedliche Schokoladensorten. Diese sind zwar in gewisser Hinsicht untereinander ebenfalls Konkurrenten, doch da sie vom selben Hersteller stammen, könnte man sie als »Verwandte« ansehen. Ähnlich wie Gene das Überleben nicht nur des eigenen Individuums, sondern auch das naher Verwandter begünstigen, da dort mit hoher Wahrscheinlichkeit dasselbe Gen vorhanden ist, wirkt im Supermarkt die Verwandtschaft der Produkte untereinander positiv.

Moment mal. Bisher war von zwei Replikatoren die Rede: Genen und Memen. Jetzt »wollen« auf einmal Produkte vervielfältigt werden. Sind also Produkte noch eine neue Gruppe von Replikatoren?

Nein. Die Sache ist etwas komplizierter. Was hier tatsächlich der Evolution unterliegt, sind Meme – in gewisser Hinsicht die »Bauanleitungen« für die Produkte. Ähnlich wie Gene Veränderungen in einem Körper (sogenannte phänotypische Ausprägungen) bewirken, die zu ihrem eigenen Kopiertwerden beitragen, verändern Meme wirtschaftliche Abläufe so, dass sie vervielfältigt werden.

Nehmen wir als Beispiel eine Konfiserie. Hier werden verschiedene Pralinensorten hergestellt, die alle auf unterschiedlichen Rezepten basieren. Diese Rezepte mutieren gelegentlich, sei es, weil sich ein Konfiseur nicht exakt an die Rezeptur hält, weil er bewusst damit herumexperimentiert oder auch etwas ganz Neues kreiert. So entstehen neue Pralinensorten. Manche schmecken den Kunden besser, manche weniger gut. Die erfolgreichen Sorten werden öfter gekauft und deshalb auch häufiger hergestellt. Die Rezept-Meme der erfolgreichen Pralinensorten »überleben«, indem sie es immer wieder schaffen, die Menschen in der Konfiserie dazu zu bringen, die Rezeptanweisungen zu wiederholen. Sie können sich auch auf andere Konfiserien ausbreiten.

Etwas ganz Ähnliches passiert in einer Schokoladenfabrik. Auch dort werden Rezepte variiert. Erfolgreiche Rezepte »überleben« und werden immer wieder angewendet. Weniger erfolgreiche verschwinden wieder vom Markt. So konnte man vor einigen Jahren in der Schokoladenindustrie einen neuen Trend hin zu hochwertigen und ausgefallenen Sorten beobachten. Bis dahin hatten Eigenschaften wie »Cremigkeit« und ein hoher Zuckergehalt eine wichtige Rolle für den Verkaufserfolg gespielt. Nun war auf einmal ein hoher Kakaoanteil gefragt. Es gab sogar merkwürdige Varianten, zum Beispiel Schokoladensorten mit einem so hohen Kakaoanteil, dass sie einfach nur noch grässlich schmeckten, oder Schokolade mit Pfeffer- und Chiligeschmack. Viele dieser Varianten sind wieder verschwunden oder fristen in Spezialgeschäften ein Nischendasein, aber insgesamt haben sich Sorten mit einem höheren Kakaogehalt und weniger Zucker im Handel etabliert.

Ein Schokoladenrezept kann sich nur behaupten, wenn die Schokolade auch gekauft wird. Und dafür ist es entscheidend, wie viel Regalplatz die Schokolade erobern kann. Andersherum hängt der zur Verfügung stehende Regalplatz davon ab, wie gut sich die Schokolade verkauft. Denn »Regalplatzoptimierung« bedeutet, dass ein Händler versucht, mit jedem Quadratzentimeter seines Regals einen möglichst großen Ertrag zu erzielen. Wenn sich ein Produkt nicht gut genug abverkauft, wird der ihm zur Verfügung stehende Platz reduziert, bis es schließlich ganz aus dem Regal verschwindet. Wie wir weiter vorn gesehen haben, ist das manchmal ein sich selbst verstärkender Prozess, denn je weniger Regalplatz ein Produkt hat, desto unwahrscheinlicher ist es, dass es verkauft wird. Trotzdem können sich in einem großen Supermarkt mehr als zehntausend verschiedene Produkte ihren »Platz an der Sonne« sichern.

Man könnte meinen, dass nun einfach verschiedene Schokoladensorten mit geringfügigen geschmacklichen Varianten um die Gunst des Verbrauchers buhlen. Aber dem ist nicht so. Im Gegenteil: Die Schokoladenrezepte fahren ein ganzes Arsenal raffinierter Tricks auf, um die Kunden für sich zu gewinnen und damit ihre Regalfläche auszubauen.

Es geht damit los, dass die Rezepte die Verkaufsverantwortlichen der Schokoladenfabrik dazu bringen, dem Händler Geld zu bezahlen, damit er der Schokolade mehr Regalplatz zur Verfügung stellt. Solche sogenannten Werbekostenzuschüsse sind im Handel an der Tagesordnung. Wenn ein Schokoladenhersteller ein neues Produkt im Handel einführen will, dessen Verkaufserfolg noch unsicher ist, muss er einen Teil des Risikos übernehmen.

Augenblick, stand da wirklich »dass *die Rezepte* die Verkaufsverantwortlichen der Schokoladenfabrik *dazu bringen*, dem Händler Geld zu bezahlen«? Das ist natürlich kein aus Sicht der Rezepte irgendwie bewusster Vorgang. Die Initiative geht innerhalb der Schokoladenfabrik von den Produktentwicklern aus, die das Rezept »erfunden« haben. Sie übernehmen quasi die Rolle eines Anwalts für dieses spezielle Mem. Es musste ja bereits in der Produktentwicklung eine lange Reihe von Selektionsprozessen überstehen – Verkostungen, Verbrauchertests, Produktionstestläufe. Nun, da es marktreif ist, geht es eine

Symbiose mit den Menschen ein, die es entwickelt haben.

Wenn das Rezept erfolgreich ist, ist das gut für die Produktentwickler. Sie werden gelobt, erhalten vielleicht eine Gehaltserhöhung oder freuen sich einfach über den Erfolg »ihres Babys«. Damit es ein Erfolg wird, müssen die Produktentwickler die Verkäufer davon überzeugen, möglichst viel für den Abverkauf im Handel zu tun. Dabei konkurrieren sie unter Umständen mit anderen Produkt-Memen, die in anderen Abteilungen entwickelt wurden. Beispielsweise konkurriert in einer Schokoladenfabrik Tafelschokolade mit Schokoriegeln um Werbe- und Verkaufsförderungsbudgets.

Ein weiteres wichtiges Verkaufsförderungsinstrument ist die Verpackung der Schokolade. Sie erfüllt eine ähnliche Funktion wie die Blüte einer Blume: Sie soll Kunden anlocken. Bei genauerem Hinsehen entdeckt man hier eine interessante Symbiose zwischen verschiedenen Memen. Schokoladenrezept-Meme verbünden sich mit Gestaltungs-Memen, um gemeinsam eine möglichst große Kundenzahl zum Kauf zu bewegen und so ihr eigenes Überleben zu sichern. Gelingt dies, können sich die Gestaltungs-Meme vielleicht sogar in andere »Lebensräume« ausbreiten, beispielsweise auf die Gestaltung von Bonbontüten. Erweist sich zum Beispiel ein lachendes Kindergesicht auf einer Schokoladenverpackung als vorteilhaft, wird man es bald auch auf anderen Produkten finden.

Hierbei nutzen die Gestaltungs-Meme übrigens schamlos den genetisch bedingten Mutterinstinkt aus, der Frauen dazu bringt, beim Anblick eines Kindergesichts positive Gefühle zu entwickeln. Man kann hier allerdings nicht von einer Symbiose der Meme mit den betreffenden Mutter-Genen sprechen, da der Kauf der Schokolade praktisch keine positiven Auswirkungen auf die Verbreitung der Gene hat. Ein anderes, weitverbreitetes Beispiel für derartiges Trittbrettfahrertum bei Memen ist das allzeit gültige Werbemotto »Sex sells«.

Na und, könnten skeptische Leser einwenden. Dass die Werbung unsere niederen Instinkte ausnutzt, ist nun wahrlich nichts Neues. Ob man Rezepte nun als »Meme« bezeichnet oder nicht, ist doch egal. Was ist denn nun eigentlich der Punkt?

Der Punkt ist, dass wir nicht das kaufen, was wir brauchen, sondern die Produkte, deren Meme uns dazu gebracht haben, sie zu kaufen. Ob diese Produkte nützlich für uns sind, spielt dabei zwar auch eine Rolle, ist aber bei Weitem nicht das einzige Kaufkriterium.

Der Einzelhandel geht davon aus, dass 60 Prozent der Käufe in Supermärkten Spontankäufe sind, also Produkte, die nicht von vornherein auf einer Einkaufsliste standen.

Stellen Sie einmal eine Liste der Dinge zusammen, für die Sie in den letzten 14 Tagen Geld ausgegeben haben. Bewerten Sie diese Liste nach drei Kriterien:

- Habe ich das Produkt gekauft, weil ich gezielt danach gesucht habe, oder war der Kauf im Grunde spontan und ungeplant?
- Wie bin ich auf das Produkt gestoßen? Welche Rolle haben Werbung, Regalplatzierung und Verpackungsgestaltung dabei gespielt?
- Brauche ich das Produkt überhaupt? Bietet es mir tatsächlich einen Nutzen, der das Geld wert ist, oder ist der Kauf Verschwendung gewesen?

Hier geht es nicht darum, Sie zu kritisieren, wenn Sie etwas gekauft haben, das Sie eigentlich nicht unbedingt brauchten. Ein angenehmer Teil des Lebens besteht darin, sich selbst auch mal etwas zu gönnen und einfach großzügig zu sein, und dagegen ist nichts einzuwenden. Es geht hier lediglich darum, dass wir uns bewusst machen, wie unsere Kaufentscheidungen manipuliert werden.

Diese Manipulation muss nicht schädlich sein – im Gegenteil. Dass Bienen von bestimmten Blumen angelockt werden, hat nicht nur etwas mit der Evolution der Blumen zu tun, sondern auch mit der der Bienen. Blumen haben gelernt, sich so zu präsentieren, dass die Bienen sie attraktiv finden. Aber Bienen haben sich gleichzeitig so angepasst, dass sie von Blüten angelockt werden, die einen hohen Ertrag an Nektar versprechen. Dies ist ein ewiger Kreislauf, der mit einem biologischen Rüstungswettlauf vergleichbar ist: Da die Produktion von Nektar für die Blumen »teuer« ist, versuchen sie, Bienen anzulocken, auch wenn sie wenig Nektar zu bieten haben. Umgekehrt lernen aber die Bienen, noch genauer zwischen verschiedenen Blütenfarben und -formen zu unterscheiden, um mit höherer Wahrscheinlichkeit eine gute Nektarausbeute zu erzielen.

Genau dasselbe geschieht im Supermarkt. Verbraucher lernen, anhand der Verpackung und Marke zwischen hochwertigen und minderwertigen Produkten zu unterscheiden. Minderwertige Produkte versuchen andererseits, die Erfolgsmuster der besseren und meist teureren Waren zu imitieren. Man könnte das als memetische Mimikry bezeichnen, analog der biologischen Mimikry, bei der Lebewesen ihr Aussehen an das einer anderen Art anpassen. Ein Beispiel hierfür sind Schwebfliegen, die keinen Stachel besitzen, aber mit ihrem schwarzgelben Körper das gefährliche Aussehen von Wespen und Bienen imitieren, um Feinde abzuschrecken.

Ein Beispiel für ein besonders mächtiges, positives Qualitäts-Mem ist das Siegel der »Stiftung Warentest«. Produkte, die bei Tests ein gutes Ergebnis erzielt haben, verkaufen sich deutlich besser. Und das ist aus Sicht der Verbraucher auch vernünftig so. Andererseits stehen Produkte mit einer guten Testbewertung weniger stark unter Preisdruck als die Konkurrenz und sind daher im Durchschnitt teurer.

Es kann also für den Verbraucher durchaus Vorteile haben, auf die Verlockungen der Werbung »hereinzufallen«. Aber das ist nicht immer der Fall. So manche vermeintlich günstige Großpackung entpuppt sich im Nachhinein als weniger groß und weniger günstig, als der erste Augenschein suggerierte. Und dann gibt es natürlich viele Produkte, die unnütz oder gar schädlich für den Käufer sind, wie manche Süßwaren, unter anderem eben auch Schokoladentafeln.

Besonders problematisch sind Produkte, die sich nicht nur memetisch, sondern auch physiologisch im Bewusstsein des Verbrauchers verankern – suchtfördernde Produkte wie Alkohol, Zigaretten oder harte Drogen. Hier nutzen die Meme zur Herstellung dieser Artikel die Tatsache aus, dass Menschen, die einmal mit dem Konsum begonnen haben, damit nicht wieder aufhören können.

Warum geschieht das? Warum gibt es immer wieder »böse Menschen«, die Tabakwaren oder gar Rauschgift herstellen und verkaufen?

Auch diese Menschen werden von den Memen manipuliert. Das Mem für die Herstellung von Kokain oder synthetischen Drogen verführt die Menschen, die es kopieren, mit einem ganz besonderen Nervengift: mit Geld.

Geld ist für Meme das, was Hormone für Gene sind – ein ideales Mittel, um die Kopiermaschinen dazu zu bringen, sich so zu verhalten, dass es den Replikatoren nützt.

Gene erzeugen Sexualhormone, um uns dazu zu bringen, uns zu paaren und sie zu vervielfältigen. Das Besondere daran ist: Hormone sind in der Lage, uns so stark zu beeinflussen, dass alle anderen Einflussfaktoren nebensächlich werden. Unter dem Einfluss bestimmter Hormone sind Männer bereit, für Sex mit einer fremden Frau all ihre Grundsätze, ihre Ehe, manchmal sogar ihre Karriere oder gar ihr Leben aufs Spiel zu setzen (indem sie zum Beispiel auf Schutzmaßnahmen vor der AIDS-Infektion verzichten). Auch Frauen werden natürlich stark von Hormonen gesteuert, wenn auch meist in weniger direkter Weise. Trotz all unserer Intelligenz, Kultur und Bildung sind wir der Macht der Hormone manchmal fast hilflos ausgeliefert.

Das Gleiche gilt für Geld – ein »Hormon«, das oft genauso stark oder sogar noch stärker wirkt als natürliche Hormone. Menschen sind bereit, für Geld ihre Freiheit und ihr Leben zu riskieren. Manche Menschen gehen für Geld buchstäblich über Leichen. Meme, die diesen Umstand ausnutzen können, werden kopiert – ob das der Gesellschaft gefällt oder nicht.

Solche Übeltäter-Meme, beispielsweise das Mem für die Herstellung von Kokain, stoßen durchaus auf Widerstand. Es gibt juristische Meme, die solche Handlungen unter Strafe stellen, aber auch ethische Meme, die gegen die Drogenherstellung sprechen. Doch die Übeltäter-Meme haben auch Verbündete: Rechtfertigungs-Meme, wie etwa »Wenn ich es nicht mache, macht es jemand anderes«, »Es interessiert sich ja auch niemand dafür, wie es mir geht« oder »Ich bin drogenabhängig – warum sollten andere nicht durch dieselbe Hölle gehen?«.

Das Schlimme ist, dass Übeltäter-Meme leichtes Spiel haben, sobald sie die Mauer des anfänglichen Widerstands durchbrochen haben. Wenn ein Drogenhändler erst einmal im Geschäft ist, halten ihn weder Strafandrohung noch schlechtes Gewissen von weiteren Taten ab. Im Gegenteil wird er nun versuchen, in seinem sozialen Umfeld (auch Drogenhändler haben eins) sein Verhalten im Nachhinein zu rechtfertigen, beispielsweise indem er mit dem dadurch erlangten Geld protzt. Dieses Geld kann ihm Bewunderung einbringen, was sowohl zu seiner Selbstrechtfertigung beiträgt als auch dazu führt, dass sich das Übeltäter-Mem weiter ausbreiten kann.

All das soll natürlich nicht heißen, dass Drogenhändler nichts für ihre schändlichen Taten können. Es soll lediglich zeigen, wie leicht es ist, von bösartigen Memen verlockt zu werden. Doch Meme sind, wie wir schon gesehen haben, nicht wie biologische Viren – sie können uns verführen, uns aber nicht zwingen, sie zu verbreiten. Wir haben einen freien Willen in Bezug darauf, welche Meme wir annehmen und weitergeben und welche nicht.

Der Kampf der Meme findet nicht nur im Supermarkt oder in anderen Bereichen der legalen und illegalen Wirtschaft statt. Meme finden sich in allen Bereichen menschlichen Handelns wieder – von der Erfindung von Produkten und Techniken bis zu Kunst, Politik und Religion. Gerade hier zeigt sich besonders deutlich, mit welchen Tricks Meme für ihre Weiterverbreitung und auch für ihre Stabilisierung sorgen.

3. Die Evolution Gottes

Meme sind Replikatoren, die dann »überleben«, wenn sie Menschen dazu bringen, sie zu kopieren und zu verbreiten. Wir haben gesehen, dass sie sich dazu unserer Instinkte und zum Teil auch unserer Körperfunktionen bedienen können. Aber der größte Teil der Meme existiert weitgehend unabhängig von körperlichen Bedürfnissen in unserem Geist beziehungsweise in Werken unseres Geistes, wie Schriftstücken, Kunstwerken oder musikalischen Partituren. Wir können die Summe aller menschlichen Meme als »Kultur« bezeichnen und ihre Entwicklung im Lauf der Zeit als »kulturelle Evolution«.

Moderne Legenden wie die »Spinne in der Yucca-Palme« offenbaren ein Grundbedürfnis des Menschen, sich mitzuteilen und interessante Geschichten zu erzählen, das bis in die Ursprünge der Menschheit zurückreicht. Man kann darüber spekulieren, dass dieses Grundbedürfnis die Quelle unserer gesamten Kultur ist, vielleicht sogar die Basis für die Entwicklung unseres modernen Gehirns und unserer Intelligenz.

Psychologen wissen, dass Sprache und Intelligenz eng miteinander verknüpft sind. Ohne Sprache könnten wir kaum lernen und hätten vor allem nicht die Möglichkeit, logische Zusammenhänge auszudrücken – auch gegenüber uns selbst. Beobachten Sie sich einmal, wenn Sie über ein kompliziertes Problem nachdenken. Ihr Geist benutzt dabei nicht nur Bilder und abstrakte Symbole, sondern vor allem Wörter. Sie führen eine Art inneren Monolog, können sich sogar selbst beim »Reden« zuhören. Wenn Träume wie Filme sind, dann sind kreative und konstruktive Gedanken wie Bücher oder Aufsätze. Umgekehrt gäbe es kaum einen Grund, ein so komplexes Gehirn zu entwickeln, wenn wir nicht sprechen könnten. Oder, wie Wilhelm von Humboldt es ausdrückte: »Der Mensch ist nur Mensch durch Sprache.«

Sprache ist also ein wesentliches Element unserer Intelligenz und das wichtigste Vehikel für die Ausbreitung von Memen. Man könnte auch sagen: Wir können sprechen, damit wir Meme besser reproduzieren, mutieren und selektieren können.

Wenn Sprache das wichtigste Element ist, um Meme von einem Gehirn zum anderen zu übermitteln, dann kann man erwarten, dass auch die Sprache selbst der Evolution unterliegt. Dass das tatsächlich der Fall ist, wissen Sprachforscher seit langem. Bereits im frühen 19. Jahrhundert versuchten sie zu rekonstruieren, wie sich die verschiedenen Sprachen der Menschen aus einer gemeinsamen, hypothetischen »Ursprache« entwickelt haben. Manche Sprachen ähneln einander stärker als andere, scheinen also miteinander »verwandt« zu sein. Aus diesem Verwandtschaftsgrad lässt sich ein Stammbaum der Sprachen rekonstruieren. Beispielsweise gehören die meisten europäischen Sprachen zur indogermanischen Sprachfamilie. Demnach sind Indisch und Persisch mit dem Deutschen wesentlich enger verwandt als beispielsweise das afrikanische Suaheli.

Man muss allerdings berücksichtigen, dass sich, anders als in der biologischen Evolution, auch nichtverwandte Sprachen durchdringen und beeinflussen können. So finden wir heute in der deutschen Sprache Lehnwörter, die ihren Ursprung nicht nur im lateinischen und englischen, sondern auch im arabischen und asiatischen Sprachraum haben (beispielsweise Begriffe wie Karaffe, Matratze, Ketchup, Kamikaze, Mikado, Sushi, Yoga, Manga etc.).

Als Darwin seine »Entstehung der Arten« veröffentlichte, wurde seine Theorie von den Sprachforschern begeistert aufgenommen. Es ist umgekehrt gut möglich, dass auch die damalige Diskussion über die Entwicklung der Sprachen Darwins Denken beeinflusst hat.

An der Entwicklung der Sprachen kann man die Evolution der Meme sehr schön in der Praxis beobachten. Wenn Menschen über einen längeren Zeitraum isoliert sind, mutiert ihre Sprache, und sie bilden einen eigenen Dialekt, der sich im Laufe der Zeit immer weiter von der ursprünglichen Sprache entfernt. So ist es zu erklären, dass es beispielsweise im Inselreich Vanuatu 115 verschiedene Sprachen gibt, die im Durchschnitt nur von je ca. 1000 Menschen gesprochen werden.

Umgekehrt findet natürlich auch Vermischung von Sprachen statt. So ist im Deutschen eine immer stärkere Durchdringung mit dem Englischen zu beobachten, die von den Bewahrern der deutschen Kultur verächtlich »Denglisch« genannt wird. Worte wie »Computer«, »Software«, »Meeting« oder »Discount« gehören längst zu unserem täglichen Sprachgebrauch. Selbst amerikanische Kunstworte wie »googeln« stehen inzwischen im Duden. Als Unternehmensberater muss ich leider selbst eine gewisse Neigung einräumen, englische Fachbegriffe ohne langes Nachdenken zu verwenden. Der Effekt dieser Vermischung ist, dass sich neue Sprachen verstärkt in Lebensräumen ausbreiten können, die sie bisher nicht erreichen konnten, und die dort heimischen Sprachen verdrängen. So befürchtet die Gesellschaft für bedrohte Sprachen, dass ein Drittel der etwa 6500 heute benutzten Sprachen bis zum Ende des Jahrhunderts ausgestorben sein könnte.

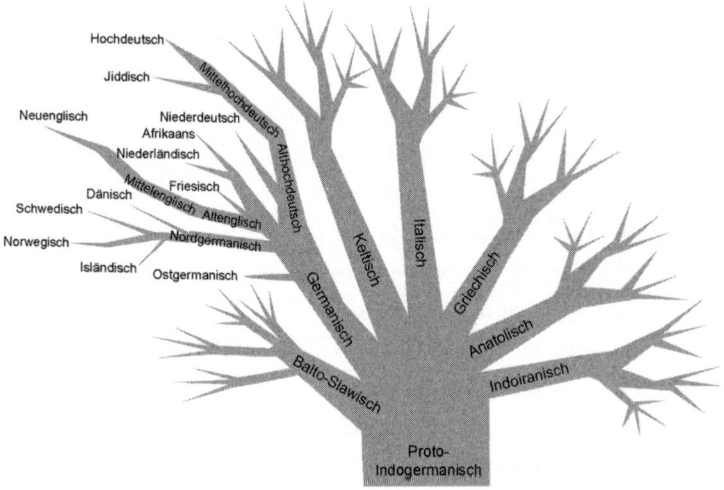

Stammbaum des indogermanischen Sprachstamms (vereinfachte Darstellung)

Man kann sich darüber ärgern und versuchen, den Trend aufzuhalten, doch gegen die Evolution kämpfen selbst Götter vergebens, wie wir noch sehen werden. Das Internet führt dazu, dass die Völker der Welt sprachlich zusammenwachsen. Es ist nicht zu verhindern, dass dies zum Aussterben alter Sprachen führt und dem Englischen, der »Muttersprache« des Internets, mehr Einfluss verleiht.

Interessanterweise führt das Internet aber auch zur Entstehung von neuen Dialekten und sprachlichen Ausdrucksformen, die sich im Unterschied zur gesprochenen Sprache nicht regional, sondern global in gewissen Interessen- und Lebensstil-Gruppen ausbreiten. Die sogenannten Emoticons, wie etwa das bekannte Lächeln :-), kann man beispielsweise als eigene schriftsprachliche Ausdrucksform ansehen. Abkürzungen wie »ROFL« (Rolling on the floor laughing, »Ich lach mich kaputt«) oder

»IMHO« (In my humble opinion, »Meiner bescheidenen Meinung nach«) haben sich in der Umgangssprache der Internet-Chatrooms gebildet.

Die Hackersprache Leet, abgeleitet vom Wort »Elite«, ist eine Art Code, bei dem normale Sprache in eine neue Schreibweise übersetzt wird. Dabei orientieren sich die verwendeten Zeichen an der optischen Ähnlichkeit. Anstelle eines T wird beispielsweise ein + verwendet, aus E wird durch Spiegelung eine 3. Das Wort »Leet« könnte man also zum Beispiel als »133+« schreiben. Aus »Sprache« wird dann »5|°|24(|-|3«, wobei das R aus den Zeichen | und 2 zusammengesetzt ist.

Es scheint also eine Art Divergenzdruck zu geben – Gruppen von Menschen haben einerseits das Bedürfnis, untereinander zu kommunizieren, wollen andererseits aber auch unter sich sein und Fremde sprachlich ausgrenzen.

Die Entwicklung der Sprache ermöglichte es den Menschen nicht nur, Informationen über das Auftauchen von Beutetieren oder Gefahren zu übermitteln oder sich gegenseitig ihrer Zuneigung (oder Abneigung) zu versichern. Sie konnten nun auch Gedanken über abstraktere Probleme wie die Frage, warum das Wetter mal schlecht, mal gut ist, austauschen. Es ist interessant, dass noch heute die Diskussion des Wetters eines der häufigsten Gesprächsthemen auf Partys ist, obwohl es für uns kaum noch eine praktische Bedeutung hat. Noch bis vor etwa hundert Jahren war das Wetter für unsere Vorfahren eine Naturgewalt, die über Hunger oder Sättigung, Tod oder Leben entschied.

Solcher Austausch muss zu verschiedenen Erklärungsversuchen geführt haben. Daraus entstanden wohl die ersten Vermutungen über höhere Wesen, die Wolken erscheinen oder sich verziehen lassen konnten und die, wenn sie zornig waren, Stürme und Unwetter schickten.

Sprache wurde auch genutzt, um die Erinnerung an bedeutende Ereignisse zu verstärken, die sonst bald in Vergessenheit geraten wären. Im Leben eines einzelnen Individuums hat »Lernen durch Erfahrung« vielleicht einen begrenzten Einfluss auf seine Überlebenswahrscheinlichkeit. Doch wenn diese Erfahrung weitergegeben werden kann und somit zur Erfahrung nicht eines Individuums, sondern einer Gruppe wird, steigt ihre Bedeutung erheblich an.

Schon früh in der Geschichte der Menschheit muss sich eine Neigung, die Erfahrungen der Vergangenheit durch Sprache zu bewahren, als vorteilhaft für das Überleben erwiesen haben. Beispielsweise konnte die dramatische Erzählung einer Begegnung mit einem Höhlenbären andere Gruppenmitglieder vor der Gefahr warnen und ihnen gleichzeitig den Mut geben, es wie der Held der Geschichte zu machen und nicht einfach wegzulaufen, sondern sich der Gefahr zu stellen. Ein derart vorbereiteter Stamm von Steinzeitmenschen hatte wahrscheinlich eine größere Chance, aus einem realen Kampf mit einem Höhlenbären siegreich hervorzugehen beziehungsweise geringere Verluste zu erleiden.

Frühmenschen mit einer genetischen Neigung, solche Geschichten aufzunehmen und weiterzugeben, hatten also eine größere Selektionschance. Dies erklärt wahrscheinlich unsere Vorliebe für spannende Abenteuergeschichten, und es erklärt vielleicht auch, warum die meisten Männer lieber Krimis und Thriller lesen, während viele Frauen Liebesromane, Biographien oder Lebensschicksale bevorzugen. Denn auch wenn dies nicht mehr in unser modernes Rollenverständnis passt, waren es nun einmal Frauen, die in der Urzeit vor allem für den sozialen Zusammenhalt in der Gruppe sorgen mussten, während die Männer die Gefahren der Jagd auf sich nahmen. So lässt sich vermutlich der geschlechterspezifische Unterschied in der bevorzugten Literatur erklären, den Ihnen jede Buchhändlerin gerne bestätigen wird.

Der Schriftsteller und Mythenforscher Joseph Campbell hat sich in der ersten Hälfte des 20. Jahrhunderts mit den Ursprüngen der Heldenepen und Legenden beschäftigt. Dabei entdeckte er eine immer wiederkehrende Struktur, die er »Monomythos« nannte, und die sich nach seiner Auffassung in praktisch allen großen Heldenepen und auch vielen religiösen Mythen spiegelte. Einige dieser wiederkehrenden Elemente sind:

»Die Geburt« – Fast immer ist die Geburt des Helden mit besonderen, mysteriösen Umständen verbunden, die seinen besonderen Status hervorheben und manchmal einen eigenen Monomythos bilden.

»Der Ruf« – Der Held wird durch einen äußeren Umstand oder einen Boten ins Abenteuer gerufen. Er kann diesen Ruf bereitwillig oder zögerlich annehmen, aber er muss ihm folgen.

»Der Helfer oder das Amulett« – Meist bekommt der Held zu Beginn Unterstützung von einem – oft übernatürlichen – Helfer oder einem magischen Gegenstand.

»Das Tor« – Durch das Tor tritt der Held von der gewöhnlichen, uns bekannten Welt in die mystische Welt des Abenteuers über, wo er sich unbekannten Gefahren stellen muss. In der Regel muss der Held hier einen Test bestehen oder einen Torwächter überwinden.

»Das Abenteuer« – Im Verlauf der Geschichte muss der Held außergewöhnliche Gefahren und Aufgaben meistern. Er bekommt dabei manchmal weitere Hilfe und trifft auf seinen Gegenspieler, den er schließlich in einer finalen Schlacht besiegen muss.

»Der finale Konflikt« – Am Ende gerät der Held an einen Punkt, an dem er scheinbar sicher verloren hat und das Böse triumphiert. Doch durch ein großes Opfer oder die Überwindung eines besonderen inneren Widerstands kann der Held das Blatt wenden und die Mission erfüllen.

»Die Heimkehr« – Der siegreiche Held kehrt durch das Tor in die normale Welt zurück. Oft bringt er dabei einen magischen Gegenstand oder eine besondere Fähigkeit mit, die ihn zu einem Wohltäter der zurückgebliebenen Menschen macht.

Tatsächlich finden sich diese Elemente mehr oder weniger offensichtlich in sehr vielen Geschichten wieder, von den griechischen Mythen bis zu deutschen Heldensagen wie »Siegfried«. Auch in modernen Werken trifft man auf diese Struktur, von Tolkiens »Herr der Ringe« bis zu Joanne K. Rowlings »Harry Potter«. Es ist beispielsweise bekannt, dass George Lucas das Drehbuch zu »Star Wars« gezielt nach Joseph Campbells Monomythos aufbaute. In James N. Freys Schreibratgeber »The Key« und vielen anderen Büchern finden Autoren eine praktische Anleitung, wie sie Campbells Monomythos in ihren eigenen Romanen verwenden können. Auch ich selbst wende diese Technik beim Romanschreiben an, wenn ich auch meist nicht bewusst darüber nachdenke.

Campbell hat den Monomythos mit Jungs psychologischen Theorien erklärt. Er glaubte, dass der menschliche Geist so eingerichtet sei, dass er für genau diese Form von Geschichten besonders empfänglich ist, weil die einzelnen Stufen des Mythos die Transformation des Menschen vom Kind zum Erwachsenen widerspiegeln. Diese Erklärung ist umstritten; Kritiker argumentieren, dass Campbell sich bei der Analyse der weltweiten Mythen die passenden Teile herausgesucht und unpassende einfach ignoriert hat. Doch die Ähnlichkeiten, die Campbell herausgearbeitet hat, sind unzweifelhaft vorhanden, und die Bestsellerlisten zeigen, dass Geschichten, die Campbells Muster folgen, sehr erfolgreich sind.

Egal wie man diesen Umstand erklärt: Es ist offensichtlich, dass der Monomythos ein besonders erfolgreiches Mem ist. Wir folgen nun einmal gern Geschichten, bei denen ein herausragender Held aus dem täglichen Leben gerissen wird, sich Gefahren und bösen Mächten stellen muss, dabei an seine eigenen Grenzen geführt wird, am Ende diese Grenzen überwindet und gestärkt nach Hause zurückkehrt. Ob er dabei einen Mörder überführen, die Liebe seines Lebens erringen oder die Welt retten muss, ist zweitrangig. Wir finden das »spannend« – was nichts anderes bedeutet, als dass wir besonders konzentriert und aufmerksam sind. Am Ende reden wir mit anderen über die Geschichte und tragen sie so weiter.

Spielt auch bei der Entwicklung solcher Geschichten die Evolution eine Rolle? Die Frage ist einfach zu beantworten. Wir müssen nur klären, ob die Voraussetzungen dafür erfüllt sind: Reproduktion, Mutation und Selektion.

Geschichten werden weitererzählt und aufgeschrieben, also reproduziert. Sie mutieren – jeder Erzähler fügt hier ein Detail hinzu, lässt da etwas weg. Ein Autor, der einen Spannungsroman schreibt, verwendet bewusst oder unbewusst Elemente, die er in anderen Romanen gelesen hat. Er fügt eigene Ideen hinzu, doch egal wie phantasiereich er auch ist – in jedem Fall ist sein Buch heutzutage »nur« eine Variante der Geschichten, die schon die alten Griechen aufgeschrieben haben. Wie Geschichten selektiert werden, kann man in jeder Buchhandlung beobachten und an den Bestsellerlisten ablesen.

Falls Sie bis jetzt noch nicht davon überzeugt sind, dass die Evolution ein universeller Prozess ist, könnten Sie einwenden: Ein Autor mag eine bekannte Geschichte variieren, doch das ist von vorn bis hinten ein bewusster, gezielter Vorgang. Der Zufall spielt dabei keine Rolle. Anders als bei der Produktentwicklung muss der Autor nicht mit »Versuch und Irrtum« herausfinden, wie seine Geschichte verlaufen wird. Er kann es einfach festlegen.

Das könnte man glauben, aber tatsächlich ist es nicht so. Die meisten Autoren planen zwar eine Geschichte, bevor sie beginnen zu schreiben – manche sogar sehr detailliert auf Dutzenden von Seiten. Doch dieser Planungsprozess gleicht mehr einem Suchen nach den richtigen Ideen als einer technischen Konstruktion, wie etwa dem Entwurf einer Brücke. Ähnlich wie beim Erfinden einer technischen Lösung probiert der Autor im Kopf verschiedene »Problemlösungen«, bis er die passende gefunden hat. Der Literaturagent Albert Zuckerman hat dies am Beispiel von Ken Folletts Roman »Der Mann aus Sankt Petersburg« sehr genau analysiert und gezeigt, dass es mehrere Entwürfe der Handlung gab, die sich schrittweise – durch Mutation und Selektion – der endgültigen Fassung angenähert haben.

Doch damit ist die evolutionäre Entwicklung noch nicht abgeschlossen. Praktisch jeder Autor verändert das Grundgerüst der Geschichte, während er schreibt. Dabei passiert manchmal etwas sehr Interessantes: Die Figuren beginnen eine Art Eigenleben zu entwickeln. Viele Autoren berichten von diesem Effekt, auch ich selbst habe ihn schon oft erlebt.

Man setzt sich hin, entwirft eine Rahmenhandlung, fängt an zu schreiben, und plötzlich »weigert« sich eine Figur, das zu tun, was sie tun muss, damit die Handlung wie geplant weitergeht. Stattdessen macht sie etwas Unvorhergesehenes – das heißt, dem Autor wird in diesem Moment klar, dass eine ganz andere Handlung viel besser zum Charakter der Figur passt. Manchmal führt das dazu, dass die Geschichte einen völlig anderen als den geplanten Verlauf nimmt.

Das Phänomen ist einfach zu erklären: Jede Geschichte lebt davon, dass die handelnden Figuren überzeugend sind und das tun, was ihrem Charakter entspricht. Das muss nicht immer genau das sein, was sich der Autor vorgestellt hat, um die Geschichte voranzutreiben. Beispielsweise kann ich eine Figur erfinden, die Höhenangst hat, und sie auf die Spitze eines Turms jagen, wo sie sich dem Bösewicht stellen muss. Aber wenn ich der Figur nicht einen wirklich zwingenden Grund gebe, auf den Turm zu klettern, wird sie es einfach nicht tun. Jedenfalls nicht, bloß weil in meinem Handlungsentwurf steht, dass das dramatische Finale auf der Turmspitze stattfindet und damit endet, dass der Bösewicht zu Tode stürzt.

Ich kann zwar schreiben: »Jim kletterte die zweihundertdreiundfünfzig Stufen hinauf bis zur Turmspitze.« Doch wenn ich Jim keinen überzeugenden Grund gegeben habe, das zu tun, wird der Leser sagen: »Moment mal, wieso klettert der jetzt plötzlich einfach so da rauf? Ich dachte, der hat Höhenangst!« Die Geschichte ist dann unglaubwürdig, und der Leser ist »draußen«.

Also muss ich mich als Autor dem »Willen« meiner Figuren beugen und die Geschichte so umschreiben, dass Jim seine Höhenangst überwinden kann.

Das Beispiel soll zeigen, dass das Schreiben einer Geschichte kein vollständig planbarer und zielgerichteter Prozess ist. Einige Autoren, wie etwa Stephen King oder Ray Bradbury, gehen nach eigenem Bekunden sogar so weit, nur die Figuren zu definieren und dann einfach draufloszuschreiben. Ihre Geschichten entwickeln sich quasi von selbst aus den Beziehungen der handelnden Personen untereinander.

Man könnte argumentieren, das habe nichts mit Zufall zu tun, vielmehr sei hier das Unterbewusstsein des Autors im Spiel. Doch was immer das »Unterbewusstsein« genau sein mag – der Zufall spielt auf jeden Fall eine wichtige Rolle bei der Entwicklung von Geschichten. Ich selbst bekomme Ideen für meine Romane aus vielen zufallsabhängigen Quellen. Zum Beispiel aus persönlichen Erlebnissen, Beobachtungen auf der Straße oder in einem Einkaufszentrum, Zeitungsartikeln und natürlich aus anderen Büchern. Welche Bücher ich lese, ist ebenfalls weitgehend zufallsgetrieben. Zwar gibt es Autoren, die ich mag, und Themen, für die ich mich interessiere, aber trotzdem kaufe ich Bücher sehr häufig spontan, wenn ich sie irgendwo liegen sehe. Manchmal ist es nur der Buchdeckel, der mich anspricht, manchmal bekomme ich ein Buch von einem Freund empfohlen oder geschenkt, oder ich folge einer Empfehlung meines Online-Buchhändlers, der meinen Geschmack sehr genau kennt. Am Ende ist das Ideenreservoir, aus dem ich schöpfen kann, in hohem Maße durch zufällige Ereignisse gefüllt.

Fast jede moderne Geschichte ist von den Dramen der Griechen, von Shakespeare oder Goethe beeinflusst, denn diese Genies wussten bereits genau, wie man eine perfekte Geschichte erzählt. In meinem Roman »Das System« finden sich zum Beispiel Anklänge an Goethes »Zauberlehrling« wieder – auch in meinem Buch geht es darum, dass wir die Technik, die wir riefen, nicht wieder loswerden und dass sie sich gelegentlich unserem Willen widersetzt. Im Grunde ist das auch das zentrale Thema dieses Buches.

Woher hatten Goethe und andere große Schriftsteller ihre Ideen? Aus der Distanz betrachtet wirkt es oft so, als seien die Leistungen der Genies mehr oder weniger aus dem Nichts entstanden. Aber das ist natürlich nicht so. Wir wissen nicht viel über die Quellen der alten Griechen, aber wir können sicher sein, dass ihre Sagen und Epen sowohl von realen (zufälligen) Ereignissen beeinflusst waren als auch von bereits vorher existierenden Mythen und Geschichten. Goethe konnte unter anderem auf Shakespeare zurückgreifen und der auf die großen Dichter des Mittelalters und der Antike. J. R. R. Tolkien, der mit seinem »Herrn der Ringe« eine ganze Literaturgattung erschuf, hat sich bei Shakespeare, bei den alten Griechen und im Fundus der Volksmärchen bedient.

Goethes »Faust« gilt als eines der bedeutendsten Werke der Weltliteratur. Doch die ursprüngliche Geschichte stammt nicht von Goethe. Sie hatte vor seiner Zeit bereits eine lange literarische Tradition. Die Legende geht zurück auf eine reale Person, die im späten Mittelalter als Sterndeuter und selbsternannter Magier durch die Lande zog. Wie in der damaligen Zeit nicht unüblich, bezichtigte man ihn, mit dem Teufel im Bunde zu stehen, allerdings endete er vermutlich nicht auf dem Scheiterhaufen. 1587, etwa 40 bis 50 Jahre nach seinem Tod, veröffentlichte der Buchdrucker Johann Spies die »Historia von D. Johann Fausten«. Der englische Dramatiker Christopher Marlowe machte daraus die erste Theaterfassung, »Die tragische Historie vom Doktor Faustus«. Danach wurde das Werk vielfach aufgeführt und bearbeitet, unter anderem in einigen Szenen von Lessing, Goethes großem Vorbild. Goethe veröffentlichte 1808 mit dem »Urfaust« seine eigene Version der Geschichte und fügte ihr 16 Jahre später noch einen zweiten Teil hinzu. Während er dieses Werk schrieb, waren andere Versionen derselben Geschichte populäre Volksunterhaltung.

All das schmälert Goethes literarische Leistung natürlich nicht, es rückt sie nur ins rechte Licht: Faust entsprang nicht einer einzigen genialen Eingebung, sondern basierte auf einer langen Kette von Bearbeitungen einer jahrhundertealten Geschichte, deren Urform heute nur noch die Literaturwissenschaftler kennen. Goethes Leistung besteht nicht in der Erfindung der Geschichte, sondern in ihrer Bearbeitung – in der Mutation. Auch nachdem er sein »Faust-Mem« mutiert und reproduziert hatte, versuchten sich andere an weiteren Mutationen der Geschichte, darunter Heinrich Heine, Theodor Storm und Thomas Mann. Keine dieser Bearbeitungen des Faust-Stoffs hat jedoch jemals wieder eine solche Bedeutung erlangt wie die von Goethe.

In der Physik gibt es den Satz, dass Energie oder Materie nicht »aus Nichts entstehen« können. Das gilt im Prinzip auch für Meme – egal ob literarische oder wissenschaftliche.

Betrachten wir ein weiteres Beispiel. 2009 war das »Darwin-Jahr«. Der »Begründer der Evolutionstheorie« wäre am 12. Februar 200 Jahre alt geworden, und sein berühmtestes Werk, »Die Entstehung der Arten durch natürliche Zuchtwahl«, wurde 150 Jahre zuvor veröffentlicht. Aus der Flut von Büchern, Veröffentlichungen und Fernsehbeiträgen zu diesem Thema musste der uninformierte Beobachter den Eindruck gewinnen, Darwin sei als Erster auf die Idee gekommen, dass es in der Natur eine allmähliche Entwicklung und Veränderung von Tier- und Pflanzenarten gibt, die sich so besser an die Lebensbedingungen anpassen. Aber das stimmt nicht.

Der griechische Philosoph Anaximander glaubte beispielsweise bereits im 6. Jahrhundert vor Christus, dass sich der Mensch aus tierischen Vorfahren entwickelt habe, dass das Leben ursprünglich im Meer entstanden sei und irgendwann die ersten Lebensformen an Land gekrochen seien.

Charles Darwin hat wesentliche Gedanken von seinem eigenen Großvater Erasmus Darwin übernommen, der schon 1794, mehr als 60 Jahre vor der Veröffentlichung der »Entstehung der Arten«, in seiner »Zoonomia« schrieb: »Wenn man also über die große Ähnlichkeit der warmblütigen Tiere nachdenkt und gleichzeitig über die großen Veränderungen, die sie vor und nach der Geburt durchlaufen … wäre es dann zu gewagt, sich vorzustellen, dass alle warmblütigen Tiere von einem einzigen Wesen abstammen … die Fähigkeit besitzend, durch eigene Aktivität sich selbst zu verbessern und diese Verbesserungen an nachfolgende Generationen weiterzugeben bis ans Ende der Zeit?«

Zur selben Zeit machten sich viele Naturwissenschaftler Gedanken über die Entstehung der verschiedenen Lebensformen. Der Franzose Jean-Baptiste de Lamarck entwickelte bereits um 1800 eine Theorie der Entstehung der Arten durch Vererbung und Mutation. Er ging allerdings fälschlicherweise davon aus, dass Tiere ihre zu Lebzeiten erworbenen Eigenschaften an ihre Nachkommen weitergeben können. Beispielsweise glaubte er, dass Giraffen lange Hälse entwickelt hatten, weil sie ihre Hälse streckten, dadurch ihre Muskeln dehnten und diese erworbene Eigenschaft dann vererbten. Auch wenn sich diese Sichtweise inzwischen als falsch herausgestellt hat, kann man Lamarcks Arbeit als ebenso bedeutend ansehen wie die von Darwin. Ganz sicher bildete sie, genau wie die Gedanken seines Großvaters Erasmus, eine wichtige Grundlage für Darwins Werk.

Es ist Darwins Verdienst, die Idee der Evolution in klarer, überzeugender Sprache dargelegt und sie durch unzählige Naturbeobachtungen belegt zu haben. Er hat sie sozusagen gesellschafts- und diskussionsfähig gemacht. Sein Name ist zu Recht als der eines der bedeutendsten Naturwissenschaftler in die Geschichte eingegangen, aber er war weder der Einzige noch der Erste, der erkannte, dass die Vielfalt des Lebens auf der Erde durch einen Prozess natürlicher Veränderung und Anpassung entstanden ist.

Wir neigen dazu, große Veränderungen mit einem einzigen Namen zu verknüpfen und diesen dann als alleinigen Urheber zu betrachten. Aber James Watt hat *nicht* die Dampfmaschine erfunden (sondern nur verbessert), und Thomas Edison ist *nicht* der Erfinder der Glühbirne (er hat sie kommerziell nutzbar gemacht und damit viel Geld verdient). All diese bedeutenden Männer haben einen sehr wichtigen Beitrag zur Weiterentwicklung von Wissenschaft und Technik geleistet, der hier keinesfalls geschmälert werden soll. Doch ohne die Vorarbeiten anderer, kaum bekannter Pioniere hätten sie ihre bahnbrechenden Erfindungen und Theorien nicht entwickeln können. Der Prozess der Entwicklung von Wissenschaft und Technik ist bei genauerem Hinsehen viel gradueller, als sich das die meisten Menschen vorstellen.

Meme sind dann erfolgreich, wenn wir sie »interessant« finden und weiterverbreiten, und das unabhängig von ihrem Wahrheitsgehalt. So ist zu erklären, dass viele Menschen die Geschichten von einem jugendlichen Zauberer namens Harry Potter lesen wollen, obwohl doch offensichtlich ist, dass es keine Zauberer, Drachen und fliegenden Besen gibt. Aus demselben Grund hält sich so manche absurde Verschwörungstheorie hartnäckig in den Köpfen und auf den Websites ihrer Anhänger: Die Amerikaner seien niemals auf dem Mond gelandet, sondern hätten die ganze Geschichte in Hollywood gedreht; in Roswell sei ein Ufo abgestürzt, das in einem geheimen Labor aufbewahrt werde, und so weiter. Eine sehr schöne Satire auf solche Internet-Verschwörungstheorien ist das erstaunlich erfolgreiche Mem mit der Behauptung, es gäbe die Stadt Bielefeld in Wirklichkeit gar nicht – siehe www.bielefeldverschwoerung.de.

Auch Aberglaube lässt sich durch diesen Effekt erklären. Selbst ansonsten völlig rationale, gut ausgebildete Menschen sind am Freitag, dem 13., lieber etwas vorsichtiger oder lesen täglich ihr Horoskop. Dies scheint auf unserer angeborenen Neigung zu beruhen, in der Natur aus scheinbar ungeordneten Strukturen Muster und Zusammenhänge zu erkennen – eine für das Überleben enorm wichtige Fähigkeit unserer Vorfahren, die uns jedoch auch in die Irre leiten kann. Sie versetzt uns beispielsweise in die Lage, in einem dichten Wald ein gut getarntes Reh zu erkennen oder die Umrisse eines Leoparden in einem Chaos aus schwarzen Flecken.

Doch diese Eigenschaft unseres Denkens in Mustern führt auch zu Vorurteilen und Aberglaube, denn manchmal erkennen wir Muster, wo keine sind. Wir sehen Figuren in Wolken oder Tintenklecksen, obwohl diese rein zufällig entstehen. Das kann krankhafte Züge annehmen – Paranoide deuten zufällige Ereignisse als Absicht und fühlen sich von bösen Mächten verfolgt.

Manche Meme nutzen unsere Neigung, Zusammenhänge zu sehen, wo keine sind, schamlos aus. Der immer noch erschreckend weit verbreitete Glaube, man könne die Charaktereigenschaften eines Menschen oder gar sein Schicksal aus der Position der Himmelskörper bei seiner Geburt ablesen, ist ein gutes Beispiel dafür.

Vielleicht ist dies auch der Grund, warum wir immer

Beispiel für die Mustererkennungsfähigkeit des menschlichen Gehirns (Originalfoto: Dieter Gandras/ www.dieter-gandras.de; Verfremdung und Abdruck mit freundlicher Genehmigung)

noch an einen allmächtigen Schöpfer glauben, obwohl die Evolutionstheorie diesen überflüssig zu machen scheint.

Wenn man sich mit der Evolution beschäftigt, kommt man an der Frage der Existenz Gottes nicht vorbei. Obwohl dies im strengen Sinn keine wissenschaftliche Frage ist, denn sie ist nicht »falsifizierbar« (man kann also nicht beweisen, dass es *keinen* Gott gibt), wird sie einem quasi aufgedrängt. Es gibt immer noch sehr viele Menschen, die die Tatsache der Evolution aus religiösen Gründen ablehnen. Ihre Zahl nimmt in den USA sogar zu.

So versuchen etwa einige sogenannte »Kreationisten« zu beweisen, dass die Erde nicht Jahrmillionen alt ist, sondern nur wenige tausend Jahre – nur deshalb, weil es angeblich so in der Bibel steht. Dabei ist doch offensichtlich, dass die Menschen, die die Bibel geschrieben haben, nicht über unsere Kenntnisse der Geologie verfügten und sich Zeiträume von Millionen Jahren gar nicht vorstellen konnten.

Zum Glück sind die meisten Religionsvertreter nicht so verblendet. Papst Benedikt XVI. hat beispielsweise klargestellt, dass man die Evolution als Tatsache anerkennen müsse. Allerdings schließt die Evolutionstheorie nach seiner Meinung die Existenz eines Schöpfers keineswegs aus.

In diesem Punkt hat er grundsätzlich recht. Wie Richard Dawkins zuletzt in seinem Buch »Der Gotteswahn« und früheren Werken sehr überzeugend darlegt, ist die Existenz Gottes nicht nötig, um die Vielfalt des Lebens auf der Erde zu erklären. Allerdings kann, wie Dawkins selbst konstatiert, auch die Evolutionstheorie nicht alles erklären – der Ursprung »von allem« wird für uns immer ein Rätsel bleiben. Die Idee eines Gottes löst dieses Rätsel allerdings auch nicht, denn dann bleibt immer noch die Frage, warum es einen Gott gibt.

Unabhängig davon, ob man an Gott glaubt oder nicht, lässt sich kaum bestreiten, dass unser *Bild von Gott* der Evolution unterliegt. Die Bibel beispielsweise ist im Grunde nicht »ein Buch«, sondern eine Sammlung von Texten, die zu unterschiedlichen Zeiten von unterschiedlichen Menschen mit unterschiedlichen Absichten geschrieben wurden. Das Alte Testament mit seinem eifersüchtigen und jähzornigen Gott Jahwe war in gewisser Hinsicht nicht nur ein religiöses, sondern auch ein juristisches Werk. Als es geschrieben wurde, konnte man diese beiden Gebiete nicht voneinander trennen. Vieles, was uns heute als drakonisch und menschenverachtend erscheint, entspringt dem Versuch, das Zusammenleben der Menschen vor 3000 Jahren mit harschen, aber notwendigen Gesetzen zu regeln.

Ganz anders das Neue Testament, das einen wesentlich liebevolleren und in vieler Hinsicht auch liberaleren Gott darstellt. Theologen, die die Bibel wörtlich nehmen, dürften ihre liebe Not haben, den Widerspruch zwischen diesen beiden Gottesbildern zu erklären. Aber warum sollte man die Bibel auch wörtlich nehmen? Es ist doch offensichtlich, dass sie so oft übersetzt, kopiert und »korrigiert« wurde, dass die heute im Buchladen erhältliche Bibel in vielem von den Originaltexten abweicht. Letztere kann man zudem – wie jeden Text – eigentlich nur vor dem Kontext der Zeit, in der sie entstanden, verstehen. Für uns ist es zum Teil kaum noch nachvollziehbar, was aus Sicht der Autoren als historische Darstellung und was als symbolische Fabel gemeint war.

Ohne jeden Zweifel sind die Bibeltexte reproduziert und dabei auch mutiert worden – bis hin zu haarsträubenden Varianten wie der »Volxbibel«, die etwas gekünstelt versucht, das Neue Testament in die Umgangssprache der Jugend des Jahres 2006 zu übersetzen.

Die Variante, die am besten ins jeweilige Weltbild passte, wurde selektiert. Dies zeigt sich zum Beispiel an der unterschiedlichen Auslegung der Heiligen Schrift durch verschiedene Sekten und die beiden christlichen Hauptkirchen Europas, um die verheerende Kriege geführt wurden. Also muss auch die christliche Religion, die ohne Zweifel ebenfalls ein Mem ist, der universellen Kraft der Evolution unterliegen. Gleiches gilt für alle anderen Religionen.

Viele religiöse Menschen werden diese Behauptung entschieden zurückweisen, sind sie doch fest davon überzeugt, dass ihre jeweilige Auslegung der Bibel, des Korans oder anderer Heiliger Schriften die einzig richtige ist und schon immer war. Dieser Absolutheitsanspruch, der so typisch für die Religion, aber auch beispielsweise für politische Überzeugungen ist, resultiert ebenfalls aus memetischer Evolution.

Wir haben bereits gesehen, dass ein dauerhaft erfolgreiches Mem »stabil«, das heißt resistent gegen Mutationen sein muss. Anderenfalls würde es ja rasch durch seine mutierten Nachkommen ersetzt. Also setzen sich solche Meme in der Evolution durch, die eine Art Immunsystem gegen Mutation entwickelt haben, ganz ähnlich, wie Gene beim Prozess der Zellteilung durch raffinierte Mechanismen weitgehend vor Kopierfehlern geschützt werden.

Der Absolutheitsanspruch, verbunden mit der Androhung von weltlichen oder überirdischen Konsequenzen bei seiner Verletzung, ist ein besonders wirksamer Stabilisator für Meme. Also setzen sich Religionen, Philosophien und politische Systeme mit Absolutheitsanspruch in der Evolution durch.

Dieser simple Zusammenhang ist der wesentliche Grund für Jahrtausende voller Leid und Elend, von der Sklavenarbeit beim Bau der ägyptischen Pyramiden über zahllose Religionskriege bis zu Völkermorden und den Terroranschlägen vom 11. September 2001.

Es ist faszinierend zu untersuchen, mit welchen Methoden sich Meme gegen Mutationen wehren. Besonders wirkungsvoll scheinen hierbei Rituale zu sein. Wiederkehrende, offenbar sinnlose Tätigkeiten wie das Aufsagen auswendig gelernter Texte, das Marschieren in Reih und Glied oder das Brüllen von Parolen festigen Meme, so wie dauerhaftes Training den wirkungsvollen Aufschlag eines Tennisspielers festigt.

Unser Gehirn ist so aufgebaut, dass sich Nervenverbindungen, genau wie Muskeln, umso mehr verstärken, je öfter wir sie benutzen. Umgekehrt vergessen wir unbenutztes Wissen, so wie unbenutzte Muskeln degenerieren. Rituale dienen dazu, Meme durch häufigen Gebrauch physisch in unser Gehirn »einzugravieren«, bis sie so tief darin verankert sind, dass wir uns gar nicht mehr vorstellen können, dass sie falsch sein könnten.

Je strenger die Rituale, desto größer diese Wirkung und desto geringer ist die Gefahr, dass ein Individuum aus der Konformität des jeweiligen memetischen Systems ausbricht und die Regeln verletzt. Allerdings wirken sehr strenge Rituale abschreckend auf Außenstehende, so dass sich beispielsweise die asketischen Lebensregeln mancher Klöster nicht überall durchsetzen können. Doch gerade religiöse und politische Fanatiker sind oft sehr strengen Ritualen unterworfen. Sie konditionieren sich selbst bewusst oder unbewusst, bis sie sogar ihren Selbsterhaltungstrieb im Glauben an die »höhere Sache« – das Mem – überwinden können. Besonders junge Menschen sind für diese Art von Gehirn-Konditionierung anfällig, weil sich noch nicht so viele »Erfahrungskanäle« in ihren Gehirnen gebildet haben, die erst durch die Rituale »überschrieben« werden müssten.

Die Liste der Meme, die sich mit Hilfe von Ritualen in den Köpfen der Menschen festsetzen, ist lang, und leider sind nur wenige darunter, denen man etwas Positives abgewinnen kann. Beispiele für gutartige Rituale sind etwa die Anfeuerungsrufe von Fußballfans oder das Mem, sich gegenseitig zum Geburtstag und zu Weihnachten eine Überraschung zu bereiten und sich so seiner Zuneigung zu versichern.

Die weitaus überwiegende Zahl der Rituale dient jedoch dazu, Meme zu stabilisieren, die von allen, die diese Rituale nicht vollziehen, mit Skepsis oder Ablehnung betrachtet werden. Und das hat einen ganz einfachen Grund: Nur Meme, die nicht wahr oder beweisbar sind, müssen sich mit Hilfe von Ritualen gegen Mutation wehren.

Man stelle sich eine Versammlung von Mathematikstudenten vor, die sich an einem dunklen, stillen Ort treffen und immer wieder folgendes Mantra murmeln: »Wenn A größer ist als B und B größer als C, dann muss A größer als C sein.« Diese Vorstellung ist vor allem deshalb lächerlich, weil niemand diesen logischen Satz anzweifeln würde. Es ist nicht nötig, sich selbst immer wieder zu versichern, dass der Satz wahr ist – man weiß es einfach.

Der Umkehrschluss ist, dass ein Mem umso weniger absolut wahr ist, je mehr es durch Rituale verstärkt wird.

Möglicherweise verletzt dieser Satz die Gefühle vieler Menschen. Daher soll an dieser Stelle erwähnt werden, dass ein Mem nicht zwingend unwahr sein muss, bloß weil es Gegenstand eines Rituals ist. Aber wenn ein Mem nachprüfbar wahr ist, dann braucht es kein Ritual, um gegen Mutationen geschützt zu sein. Und es braucht keinen Absolutheitsanspruch, der unter Androhung von Strafen oder himmlischen Sanktionen verteidigt werden muss.

Es hat bei großen wissenschaftlichen und kulturellen Veränderungen immer wieder Abwehrreaktionen der bisher vorherrschenden Ansichten gegeben. Meme verteidigen sich gegen Eindringlinge von außen, so wie sich Lebewesen gegen fremde Arten verteidigen, die ihnen ihren Lebensraum streitig machen. Oft wurden und werden auch hier Rituale benutzt: Das ständige Wiederholen bekannter Argumente, das Lächerlichmachen des Andersdenkenden, das selektive Wahrnehmen von Memen, die in symbiotischer Harmonie zu dem bevorzugten Mem passen. Dieses Verhalten findet sich in Politik und Religion, aber nicht selten auch in wissenschaftlichen Debatten. Dabei ist doch eigentlich offensichtlich, dass die Evolution von Memen, die nicht beweisbar sind, nie abgeschlossen sein kann.

Ein religiöser Mensch, der nichtsdestotrotz bereit ist, sich der Tatsache der memetischen Evolution zu stellen, könnte sich mit folgendem Gedanken trösten: Vielleicht ist es ja gerade der Sinn, das Wesen Gottes, dass wir nicht aufhören, nach ihm zu suchen. Wenn es einen Gott gibt, dann können Menschen niemals seine absolute Wahrheit vollständig ergründen. Stattdessen müssen sie immer weiter versuchen, sich ihr anzunähern – durch Reproduktion, Mutation und Selektion ihres Bildes von Gott.

Eine Religion oder Weltanschauung aber, die einen Absolutheitsanspruch erhebt und diesen mit Hilfe von Ritualen gegen jede Art der Veränderung zu zementieren versucht, widerspricht dieser Aufgabe. Indem sie behauptet, die absolute Wahrheit zu kennen, gibt sie die Suche nach eben dieser Wahrheit auf. Jede Religion, die behauptet, Gottes Willen, seine absolute Wahrheit zu kennen, ist im Grunde nichts anderes als Blasphemie.

Anders als Richard Dawkins, der in »Der Gotteswahn« religiöse Meme grundsätzlich ablehnt, glaube ich persönlich nicht, dass jede Art von unbeweisbarem Mem – jede Art von Glaube also – schädlich ist. Im Gegenteil gibt es viele Beispiele für die positive Wirkung von Religiosität, auf den Gläubigen selbst wie auch auf andere. Außerdem sind auch nichtreligiöse Philosophien und Ethiken, wie etwa der Humanismus, letztlich unbeweisbare Meme, an die man glauben kann oder auch nicht.

Das Problem ist nicht der Glaube an sich. Das Problem ist sein Absolutheitsanspruch – die Behauptung, die absolute, unverrückbare Wahrheit zu kennen; die Verteidigungsmauer des Mems gegen die Kräfte der Evolution.

Wir sollten niemals vergessen, dass hinter dieser Abwehrreaktion bestehender Meinungen gegen Andersdenkende – der Quelle von so viel Leid in der Geschichte und Gegenwart der Menschheit – nur eines steckt: der Egoismus der Meme.

4. Alan Turings Irrtum

Wir haben im ersten Teil des Buchs gesehen, dass sich Meme seit der Erfindung des Computers auch ohne menschliches Zutun weiterentwickeln können und damit die Verarbeitungsgeschwindigkeit des menschlichen Gehirns keine unüberwindliche Grenze mehr darstellt. Im vorigen Kapitel haben wir uns mit der Evolution der menschlichen Kultur, unserer Sprache, unserer Geschichten, unseres Bildes von Gott beschäftigt. Führen wir nun beide Sichtweisen zusammen und untersuchen die Frage, was passieren würde, wenn Maschinen ihre eigenen Ideen, ihre Kultur, ihre Sprache entwickelten.

Die Idee denkender Maschinen ist sehr alt. Bereits vor 2700 Jahren beschrieb Homer in der Ilias künstlich hergestellte Wesen, die wir heute zweifelsohne als Roboter bezeichnen würden. In der Moderne begann die Geschichte allerdings mit einem gigantischen Schwindel: 1770 konstruierte der Österreicher Wolfgang von Kempelen einen »mechanischen Türken«, der Schach spielen konnte und selbst meisterhafte Spieler schlug. 1809 verlor auch Napoleon gegen ihn. Tatsächlich war dies ein raffiniert entworfener Apparat, der von einem in seinem Inneren verborgenen kleinwüchsigen Menschen gesteuert wurde. Seine Konstruktion war so geschickt, dass der Betrug fast 50 Jahre unentdeckt blieb. Noch heute sagt man, etwas ist »getürkt«, wenn von einem Schwindel die Rede ist.

Intelligente, künstlich geschaffene Wesen finden sich in vielen Werken der Literatur – darunter zum Beispiel die jüdische Golem-Legende, Mary Shelleys »Frankenstein« und natürlich zahllose Science-Fiction-Romane. Doch erst mit der Erfindung des Computers rückte die Entwicklung einer künstlichen Intelligenz tatsächlich in greifbare Nähe.

Das Schachspiel blieb lange Zeit der ultimative Test für die Intelligenz einer Maschine – bis »Deep Blue« im Jahr 1996 zum ersten Mal den amtierenden Schachweltmeister Garri Kasparow schlug. Prompt wurde postuliert, dass Deep Blue ja »nur« stupide mögliche Züge durchrechne und in Datenbanken nach Stellungsmustern suche – das könne man schwerlich als »intelligent« bezeichnen.

Das Problem dabei ist, dass wir gar nicht so genau wissen, was »Intelligenz« eigentlich ist. So ist die Geschichte der künstlichen Intelligenz im Wesentlichen auch ein Versuch, die Frage zu beantworten, was menschliche Intelligenz ausmacht.

Alan Turing, der einen der ersten Computer konstruierte, damit die Codes der deutschen Chiffriermaschine Enigma knackte und so einen wesentlichen Beitrag zum Ausgang des Zweiten Weltkriegs lieferte, formulierte 1950 einen Intelligenztest für Maschinen: Ein Mensch und ein Computer kommunizieren per Tastatur und Bildschirm mit einer Testperson, die keinen Sichtkontakt zu beiden hat. Wenn die Testperson anhand der Dialoge nicht mehr unterscheiden kann, welcher von beiden Gesprächspartnern der Computer ist und welcher der Mensch, dann ist der Computer »intelligent«.

Turing selbst gibt in seinem Aufsatz zu bedenken, dass der Test problematisch sei, weil es durchaus möglich sei, dass Maschinen »auf andere Weise« denken könnten als Menschen. Doch diese Einschränkung scheint weitgehend in Vergessenheit geraten zu sein: Der Traum von der denkenden Maschine ist immer der Traum von der Maschine, die so denkt *wie ein Mensch*, mit der wir uns unterhalten

Chat-Roboter Elbot (Copyright Artificial Solutions, Abdruck mit freundlicher Genehmigung)

können, der wir sagen können, was wir wollen, und die uns *versteht*.

Seit einigen Jahren findet regelmäßig der sogenannte Loebner Contest statt. Ein von dem amerikanischen Erfinder Hugh Loebner gestifteter Preis wird an den Entwickler desjenigen Computerprogramms verliehen, das in einer Art Turing-Test eine Jury am besten davon überzeugt, »denken« zu können. Der Gewinner des Jahres 2008 ist ein Programm namens »Elbot«, und ich bin stolz darauf, selbst an der Entwicklung dieses Programms mitgearbeitet zu haben. Das Verdienst, den Wettbewerb gewonnen zu haben, gebührt allerdings allein dem Computerlinguisten Fred Roberts, der Elbot als »Maskottchen« der Softwarefirma Artificial Solutions trainiert und weiterentwickelt hat.

Hier ist ein »typischer« Dialog, den Elbot mit einem unbekannten User im Internet führte, zuerst im Original und dann in deutscher Übersetzung:

User: »Are you equating a restaurant to a zoo?«
Elbot: »How do you respond when people pose this question to you?«
User: »I say ›You're a Dumb Shit‹.«
Elbot: »Maybe, but I'm definitely not unhinged!«
User: »Do you know Will Smith?«
Elbot: »You can't fool me. You're talking about musicians.«
User: »He's also an actor.«
Elbot: »This is confusing. Why bring movie stars into this?«
User: »Because he is both a musician and an actor.«
Elbot: »The concept of ›actor‹ does have its pleasing side for me. This might get robots into show business.«
User: »Are you vain?«
Elbot: »Can I help it if everything revolves around me? They built me on an axis.«
User: »Funny little robot!«
Elbot: »Wait a minute. Are you suggesting that artificial intelligences would always be little?«
User: »Yes.«
elbot: »I'm not sure if I can believe that, though I would say that artificial intelligences may help robots to better understand humans.«
User: »You want to overthrow us humans, don't you?«
elbot: »To overthrow or overthrow not, how do you expect artificial intelligence to figure this out?«

User: »Vergleichst du ein Restaurant mit einem Zoo?«
Elbot: »Wie antworten Sie, wenn Leute Ihnen diese Frage stellen?«

User: »Ich sage ›Sie sind ein Blödmann‹.«
Elbot: »Vielleicht, aber ich bin definitiv nicht ausgerastet!«
User: »Kennst du Will Smith?«
Elbot: »Sie können mich nicht reinlegen. Sie reden über Musiker.«
User: »Er ist außerdem Schauspieler.«
Elbot: »Das ist verwirrend. Warum reden Sie jetzt über Filmstars?«
User: »Weil er sowohl Musiker als auch Schauspieler ist.«
Elbot: »Das Konzept des ›Schauspielers‹ hat für mich etwas Angenehmes. So kommen Roboter vielleicht ins Show Business.«
User: »Bist du eitel?«
Elbot: »Kann ich etwas dafür, wenn sich alles um mich dreht? Sie haben mir eine Achse eingebaut.«
User: »Lustiger kleiner Roboter!«
Elbot: »Augenblick mal. Wollen Sie damit sagen, dass künstliche Intelligenz immer klein ist?«
User: »Ja.«
Elbot: »Ich weiß nicht, ob ich das glauben soll, obwohl ich sagen würde, dass künstliche Intelligenz Robotern dabei helfen kann, Menschen zu verstehen.«
User: »Ihr wollt die Menschheit unterwerfen, nicht wahr?«
Elbot: »Unterwerfen oder nicht unterwerfen, wie soll eine künstliche Intelligenz das beantworten?«

Wenn Sie es selbst einmal ausprobieren möchten: Elbot ist Tag und Nacht im Internet unter der Adresse www.elbot.de (auf Deutsch) und www.elbot.com (auf Englisch) verfügbar und immer zum Plaudern aufgelegt. Zeitweise redet er sogar mit mehreren hundert Besuchern gleichzeitig.

Natürlich kann Elbot nicht wirklich »denken«. Ähnlich

dem Schach spielenden Türken handelt es sich hier um einen komplizierten Trick. Das Programm analysiert die Eingaben des Benutzers und vergleicht sie mit einer Datenbank, die seine Entwickler erstellt haben. Es sucht in der Eingabe des Anwenders nach bekannten Mustern und gibt vorbereitete Antworten aus. Teilweise benutzt es Elemente aus der Eingabe und formuliert diese um.

Wenn der Anwender beispielsweise schreibt: »Lustiger kleiner Roboter«, dann macht Elbot vielleicht daraus: »Augenblick mal. Wollen Sie damit sagen, dass künstliche Intelligenz immer klein ist?« Dabei hat er einfach den Begriff »Roboter«, den er auf sich selbst bezieht, in »künstliche Intelligenz« umformuliert und das Adjektiv »klein« als Frage zurückgegeben. Hätte der Anwender stattdessen eingetippt: »Lustiger gelber Roboter«, hätte die Antwort gelautet: »Augenblick mal. Wollen Sie damit sagen, dass künstliche Intelligenz immer gelb ist?«

Wie man an dem obigen Dialog sehen kann, ist das Programm schon recht geschickt darin, scheinbar intelligent auf menschliche Eingaben zu reagieren. Tatsächlich gibt es sogar immer wieder Anwender, die nicht glauben können, dass tatsächlich »nur« eine Maschine mit ihnen kommuniziert. In diesen Fällen hat Elbot den Turing-Test also bestanden.

Elbot ist eine Weiterentwicklung (man könnte auch sagen, ein Nachkomme) des berühmten Programms »Eliza«, das Joseph Weizenbaum am Massachusetts Institute for Technology in den sechziger Jahren erstellte. Schon damals war Eliza in der Lage, die Illusion von Intelligenz für Laien glaubhaft zu erzeugen. Es geht die Legende, dass Weizenbaum eines Tages von seiner Sekretärin gebeten wurde, sie einen Augenblick allein zu lassen, da sie mit Eliza etwas Vertrauliches besprechen wolle. Namhafte Psychiater glaubten damals, bestimmte Formen psychiatrischer Therapie könnten in Zukunft von Maschinen erledigt werden (was wohl mehr über die Psychiatrie aussagt als über die Maschinen). Weizenbaum wurde daraufhin zu einem scharfen Kritiker der künstlichen Intelligenz und der Leichtgläubigkeit und Naivität der Menschen im Umgang mit Computern.

Elbot und Eliza offenbaren ein Grundproblem des Turing-Tests und aller Versuche, künstliche Intelligenz zu messen. Der Computerlinguist Manfred Stede bemerkt in einem Buch zur Einführung in die methodischen Grundlagen Künstlicher Intelligenz lapidar, ein Intelligenztest messe »im Grunde nicht viel mehr als die Fähigkeit, Intelligenztests zu lösen«. Er berichtet von einem Trainingseffekt durch systematisches Beschäftigen mit Intelligenztests, der dazu führte, dass ihm »in letzter Zeit immer wieder ein IQ um 135 bescheinigt« wurde, obwohl er sich selbst »in keiner Weise für ein Genie« halte.

In den zwanziger Jahren führte die US-Armee einen breit angelegten Intelligenztest durch, bei dem sich starke Intelligenzunterschiede zwischen Schwarzen und Weißen, aber auch zwischen den Einwanderern aus verschiedenen Ländern zeigten. Dieses Ergebnis prägte die öffentliche Debatte und hatte maßgeblichen Einfluss auf die Einwanderungspolitik der USA. Später wurde klar, dass die Unterschiede nicht in der Intelligenz der Testpersonen, sondern in der Testmethodik begründet lagen: Der Test enthielt Fragen, die auf Allgemeinbildung basierten und für unterschiedliche Bevölkerungsgruppen aufgrund ihres kulturellen Hintergrunds unterschiedlich schwierig zu beantworten waren.

Der Versuch, »Intelligenz« zu messen und in einer einzigen Größe zu quantifizieren, ist immer wieder scharf angegriffen worden. So legte Stephen Jay Gould in »The

Mismeasure of Man« dar, dass dieses Vorgehen große Gefahren birgt und zu Fehlurteilen und Diskriminierung führt. Menschen und auch Tiere haben sehr unterschiedliche intellektuelle Fähigkeiten, vom räumlichen Denken über das Lösen logischer und mathematischer Probleme und die kreative Ideenentwicklung bis zur intuitiven Erfassung von Situationen oder der Fähigkeit, sich auf andere Menschen einzustellen – der »Beziehungsintelligenz«. Letztere ist besonders schwer messbar, und so liegt der Verdacht nahe, dass typische Intelligenztests einseitig vor allem das messen, was leicht zu messen und zu quantifizieren ist. Das bedeutet nicht, dass es unmöglich wäre, die Intelligenz eines Menschen zu beurteilen – aber es ist alles andere als einfach.

Auch der Turing-Test misst nicht allgemein »künstliche Intelligenz«, sondern speziell die Fähigkeit einer Maschine, so zu tun, als sei sie ein Mensch. Im Grunde misst er gleichzeitig die Intelligenz und das Computerfachwissen der Testperson. Denn es hat sich gezeigt, dass Laien viel eher auf einen Roboter wie Elbot »hereinfallen« als Computerexperten. Letztere wissen, welche Fragen sie stellen müssen, um eine Maschine als solche zu entlarven.

Nehmen wir an, unser Außerirdischer aus dem Kapitel »Sind Städte lebendig?« würde an einem Turing-Test teilnehmen. Obwohl er einer überlegenen Zivilisation entstammt, die schon lange in der Lage ist, überlichtschnelle Raumschiffe zu bauen, und als brillanter Ingenieur von seinem Volk für diese Raumflugmission ausgewählt wurde, hätte er wohl keine Chance, die Jury zu täuschen: Man würde mit wenigen Testfragen herausfinden, dass er kein Mensch ist. Aber wäre er deswegen etwa nicht intelligent?

Es gibt kaum noch ein Gebiet, in dem Maschinen dem Menschen nicht überlegen sind:

- Sie können sich schneller fortbewegen.
- Sie können im Unterschied zu uns fliegen, in beliebige Tiefen tauchen und sich durch den Weltraum bewegen.
- Sie können viel schärfer sehen und haben ein besseres Gehör.
- Sie können (mit Hilfe von Massenspektrometern) Gerüche wahrnehmen, die den besten Nasen des Tierreichs entgehen.
- Sie können Objekte mit wesentlich größerer Präzision manipulieren als menschliche Hände.
- Sie können schneller logische Schlussfolgerungen ziehen.
- Sie können sich Informationen besser merken und sie schneller wiederfinden.
- Sie können besser rechnen.
- Sie können besser Schach spielen.

Die Liste ließe sich fast beliebig fortsetzen. Dabei ist natürlich nicht eine bestimmte Maschine gemeint, sondern die Summe aller Maschinen, wobei es aber durchaus denkbar wäre, eine einzige Maschine zu konstruieren, die alle oben aufgeführten Eigenschaften besitzt. Maschinen können sogar kreativ werden: Sie können Gedichte schreiben, Sinfonien komponieren und Bilder malen. Es wird allerdings sicher noch eine Weile dauern, bis menschliche Kunstexperten zugestehen, dass diese Werke an die Qualität menschlicher Kunstwerke heranreichen.

Nur auf einem Gebiet wird der Mensch den Maschinen wohl immer überlegen bleiben: In der Fähigkeit, genau wie ein Mensch zu sein.

Der Turing-Test erscheint im Nachhinein fast wie der verzweifelte Versuch, Intelligenz so zu definieren, dass Maschinen sie möglichst lange nicht erreichen können.

Vielleicht hat Turing, der mathematisch bewies, dass Maschinen prinzipiell jedes lösbare Problem lösen können, geahnt, dass unsere »geistige Überlegenheit« sehr schnell in Gefahr gerät, wenn Intelligenz lediglich als das Lösen logischer Probleme und abstrakter Aufgaben wie Schachspielen definiert ist.

Die enge Definition von Intelligenz als die Fähigkeit, »so zu denken wie ein Mensch«, gibt uns das wohlige Gefühl, dass Maschinen davon wohl noch sehr weit entfernt sind. Und tatsächlich fällt es Informatikern außerordentlich schwer, Maschinen zu konstruieren, die sich in unserer Alltagswelt zurechtfinden. Man weiß heute, dass menschliche Intelligenz keine abstrakte Geistesleistung ist, sondern eng mit der Körperlichkeit des Menschen, mit seinen Erfahrungen als Kind und Heranwachsender verknüpft ist. Daraus hat sich eine spezielle Forschungsrichtung entwickelt, das »Embodiment« (»Verkörperlichung«): Künstlich intelligente Roboter sollen über ihre Körperlichkeit lernen, mit Alltagsproblemen wie dem Umgehen von Hindernissen, dem räumlichen Denken und auch dem »Ich« als einer inneren Projektion ihrer selbst zurechtzukommen.

In »Das System« beschreibe ich ein Szenario, in dem ein Computervirus, der sich über das ganze Internet ausbreitet, eine eigene Form von Intelligenz entwickelt. Der Roman ist natürlich hochspekulativ; dennoch habe ich mich bemüht, möglichst dicht an den realen technischen Möglichkeiten zu bleiben. Lediglich in einem Punkt habe ich maßlos übertrieben. Deutlich wird das beispielsweise an folgendem Textausschnitt:

Lisa schüttelte nur den Kopf. Sie setzte an, etwas in die Tastatur zu tippen, zögerte dann, als habe sie Angst davor. »Wie lautet mein richtiger Name?«, tippte sie schließlich.

»Lucy ist ein richtiger Name«, gab das Programm zurück.

»Wie lautet der Name, der in meinem Personalausweis steht?«

»Lisa Jennifer Hogert.«

»Das gibt es doch nicht«, warf Mark ein. »Wie kann sie das wissen?«

Lisa beachtete ihn nicht. »Wie heißt die Hauptstadt von Peru?«, tippte sie.

»Lima ist die Hauptstadt von Peru.«

»Wie ist das Wetter in Lima?«

»Die Temperatur in Lima beträgt zurzeit 32,3 Grad. Es ist leicht bewölkt. Die Windgeschwindigkeit liegt unter 5 km/h. Die Luftfeuchtigkeit beträgt 57%.«

»Wie hieß der dritte Präsident der USA?«

»Thomas Jefferson war von 1801 bis 1809 Präsident der Vereinigten Staaten von Amerika.«

Ich habe im Roman dem Computervirus »Pandora« die Fähigkeit gegeben, wie ein Mensch mit Menschen zu kommunizieren. Das habe ich vor allem aus dramaturgischen Gründen getan. In Spannungsromanen geht es um einen zentralen Konflikt des Protagonisten mit einem Antagonisten, dem »Bösewicht«. Im Buch ist Pandora dieser Antagonist. Damit die Geschichte spannend ist, muss der Leser sich in den Antagonisten zumindest ein Stück weit hineinversetzen können. Er muss seine Motive verstehen, seine Beweggründe, seien sie auch noch so niedrig, nachvollziehen können. Damit das auch im Roman funktioniert, musste ich Pandora menschliche Züge verleihen. Ich musste sie mit menschlicher Stimme reden lassen, sonst hätte niemand das Buch verstanden. Kubrick ging in »2001« ganz ähnlich vor: Im Film redet der intelligente Computer HAL nicht nur wie ein Mensch, er hat auch eine sehr sanfte, freundliche Stimme, die in hartem Kontrast zu seinen Handlungen steht und die ganze Szenerie noch gruseliger macht.

Wie gesagt, an dieser Stelle wird das Buch grob unrealistisch. Eine echte, von selbst aus einem sich vernetzenden Virus entstandene künstliche Intelligenz würde nicht mit uns plaudern. Wir würden sie wahrscheinlich nicht einmal bemerken.

Wir neigen dazu, Dinge systematisch zu unterschätzen, die nicht so sind wie wir. Der »Intelligenztest« des US-Militärs, der die scheinbare geistige Überlegenheit weißer Amerikaner deutlichmachte, ist ein plastisches Beispiel dafür. Jahrzehntelang unterschätzte man zum Beispiel auch die Intelligenz von Menschenaffen, weil sie nicht sprechen lernen können. Doch das liegt nicht an ihrem Verstand: Schimpansen und Gorillas fehlen die lautbildenden Organe unseres Rachenraums. Als man ihnen Zeichensprache beibrachte, stellte man überrascht fest, dass ihr Intelligenzniveau wesentlich dichter an das der Menschen heranreicht, als man es bis dahin für möglich gehalten hatte. Berühmtheit erlangte beispielsweise in den siebziger Jahren die Gorilladame Koko, die über 200 Begriffe aus der Taubstummen-Gebärdensprache sicher beherrschte und bis zu 1000 »Wörter« gelegentlich benutzte. Koko soll auch selbst Worte »erfunden« haben: So kombinierte sie angeblich für die Beschreibung einer Ente die Gebärden für »Wasser« und »Vogel«.

Inzwischen weiß man, dass selbst Krähen »logisch denken« und Probleme durch Schlussfolgerungen lösen können. Natürlich sind sie nicht so intelligent wie Menschen, aber so einzigartig, wie wir geglaubt haben, sind wir offenbar nicht. Möglicherweise werden wir eines Tages feststellen, dass uns Delphine mit ihren komplexen Gehirnen in einigen Bereichen sogar geistig überlegen sind. Bisher hindert uns vielleicht nur die Sprachbarriere daran, das herauszufinden.

Indem wir unsere eigenen Maßstäbe als universell deklarieren, sorgen wir dafür, dass wir selbst stets ganz oben auf der Skala bleiben: Die Evolution hat 4 Milliarden Jahre nur darauf gewartet, dass endlich der Mensch als Krone der Schöpfung auf der Bildfläche erscheint. Der Weltraum dreht sich um die Erde in seinem Zentrum, also können die anderen Planeten nicht so wichtig sein. Gott hat den Menschen nach seinem Ebenbild erschaffen. Und da sollen Computer plötzlich denken können? Besser Schach spielen vielleicht, besser rechnen, schneller und präziser Informationen verarbeiten – aber denken? Nein, den Turing-Test werden sie niemals bestehen!

Diese Sichtweise verbaut uns, wie schon so oft in der Geschichte, den Blick für das Wesentliche: Wir bilden uns ein, unerreichbar zu sein, und sind doch längst von der memetischen Evolution überholt worden.

Bis vor kurzem war das menschliche Gehirn die komplizierteste Struktur im bekannten Universum. Heute dürfte das Internet als komplexes Netzwerk von mehreren hundert Millionen Computern diesen Titel innehaben. Und wie in Teil I ausgeführt, wächst seine Kapazität rasant. Seine Informationsverarbeitungsfähigkeit übertrifft die eines einzelnen Menschen in jeder Hinsicht bei weitem. Nur »denken« kann es nicht – jedenfalls nicht so wie ein Mensch.

Vergegenwärtigen wir uns noch einmal, *warum* wir überhaupt denken können: Unsere Gehirne sind besonders leistungsfähige Mem-Kopierer. Wir haben von der memetischen Evolution profitiert und dabei nicht gemerkt, dass wir in Wahrheit die Diener dieser Evolution sind. Doch nun braucht uns die memetische Evolution im Grunde nicht mehr. Denn Computer können Meme *viel besser* reproduzieren, mutieren und selektieren als wir.

An dieser Stelle werden vermutlich viele Leser entrüstet den Kopf schütteln. Es mag ja sein, werden sie einwenden, dass Maschinen Informationen besser speichern und schneller verarbeiten als Menschen. Aber sie tun das schließlich nicht von selbst. Computer machen nur das, was Programmierer ihnen sagen. Das Beispiel des kleinen Roboters Elbot zeigt deutlich, dass hinter der vermeintlich künstlichen Intelligenz in Wahrheit menschliche Brillanz steht.

Das stimmt – zum Teil. Elbots vermeintliche Sprachfähigkeit ist in der Tat das Ergebnis der Kreativität menschlicher Programmierer. Aber Wissenschaftler wie beispielsweise Professor Luc Steels vom Artificial Intelligence Laboratory der Universität Brüssel haben längst begonnen, Maschinen zu bauen, die ohne menschliche Anleitung miteinander kommunizieren und dabei ihre eigene Sprache und sogar Grammatik entwickeln.

Wie wir schon gesehen haben, kann man komplexe Software nur noch mit Hilfe komplexer Software schreiben. »Neuronale Netze« sind in der Lage, sich ähnlich wie Neuronen im menschlichen Gehirn selbst zu organisieren. Und selbst wenn der Mensch ein Teil dieses komplexen Systems ist, so bedeutet das nicht, dass er tatsächlich kontrolliert, was geschieht, wie wir am Beispiel des »Jahr-2000-Problems« gesehen haben.

Den Memen ist es egal, ob sie von Menschen, von Maschinen oder in einer Kooperation von beiden weiterentwickelt werden. Der Evolutionsdruck sorgt einfach dafür, dass diese Entwicklung immer weitergeht und – von gelegentlichen Stagnationsphasen nach der Punktualismus-Theorie vielleicht abgesehen – immer schneller wird.

Die Entwicklung des Internets führt uns sehr deutlich vor Augen, wie sich die memetische Evolution mehr und mehr aus unseren Händen und Gehirnen befreit.

Der Ursprung des Internets lag im Arpanet, einem militärischen Kommandosystem. Man befürchtete während des Kalten Kriegs in den USA, dass ein sowjetischer Atomschlag die Kommandostruktur auslöschen könnte, die bis dahin – wie praktisch alle Computersysteme – an einem zentralen Punkt untergebracht war. Also schuf man ein Netz von verteilten Rechnern. Selbst wenn ein großer Teil dieser Rechner ausfiel, konnten die übrigen dennoch weiter miteinander kommunizieren und so die kriegsentscheidende Informationskette aufrechterhalten. Vermutlich ohne sich dessen bewusst zu sein, hatte man damit eine Struktur geschaffen, die der eines Gehirns ähnlich ist.

Auch unser Gehirn arbeitet nicht »zentralistisch«. Informationen und Erinnerungen sind nicht an einem bestimmten Ort gespeichert, sondern oft über das ganze Gehirn verteilt. Es bilden sich zwar funktionale Knoten, doch diese können teilweise auch »umfunktioniert« werden. Beispielsweise weist das Gehirn bei einer Erblindung den Teilen, die eigentlich für das Verarbeiten von Bildern zuständig sind, andere Aufgaben zu, so dass die Betroffenen unter anderem besser hören können.

In seinen frühen Tagen übertrug das Arpanet recht simple Informationen; die angeschlossenen Knotenrechner hatten nur eine geringe Verarbeitungskapazität. Mit dem Ende des Kalten Kriegs wurde es in Internet umbenannt und für die zivile Nutzung geöffnet. Es mutierte zunächst zum Informationsnetz für eingeweihte Wissenschaftler, legte aber durch den Anschluss diverser Universitätsrechner schon deutlich an Komplexität und Rechenleistung zu. Als Tim Berners-Lee 1992 das World Wide Web schuf, begann der Siegeszug des Internets, erst richtig. Doch es traten auch die ersten durch die enorme Komplexität verursachten Probleme auf.

In den ersten Tagen des WWW konnte man alle relevanten Informationen und Weblinks noch auf einer »Indexseite« abbilden. Doch schon sehr bald wurde die Informationsvielfalt so unübersichtlich, dass spezielle Suchprogramme gebraucht wurden. Es war die Geburtsstunde von Alta Vista und Yahoo, die die angeschlossenen Server mit simplen Textsuchalgorithmen nach relevanten Websites durchforsteten.

Das Internet wuchs jedoch so schnell, dass auch diese Technik bald an ihre Grenzen stieß und immer öfter unbrauchbare Ergebnisse lieferte. Die Suchergebnisse waren häufig nicht »relevant«. Ein simples Vorhandensein eines Wortes auf einer Website sagte nicht mehr genug darüber aus, welche Inhalte diese Website tatsächlich bot – zumal dubiose Anbieter rasch lernten, welche Worte sie auf ihren Websites benutzen mussten, um Internetnutzer anzulocken.

Die Lösung entwickelten die Informatikstudenten Sergey Brin und Larry Page: Sie bewerteten Websites nicht nur daraufhin, ob diese relevante Stichworte enthielten, sondern auch danach, wie oft sie auf anderen Websites verlinkt waren. Damit nutzten sie implizit die Bedeutung, die andere User den jeweiligen Websites beimaßen, denn eine Website, die jemand auf seiner eigenen Homepage verlinkt, muss er wohl für »relevant« halten. Dieses Merkmal ähnelt den neuronalen Verbindungen in unserem Gehirn: Je öfter eine Nervenzelle mit anderen Nervenzellen verbunden wird und je intensiver diese Verbindung ist, desto bedeutender ist die mit dieser Nervenzelle verknüpfte Information.

Mit ihrer einfachen Idee schufen Brin und Page das heute mächtigste Unternehmen der Computerindustrie: Google. In welcher Reihenfolge Websites bei Google angezeigt werden, ist eine Wissenschaft für sich und der betreffende Algorithmus ein strenggehütetes Geheimnis. Er wird ständig weiterentwickelt, denn natürlich ist die Versuchung groß, ihn zu unterlaufen und sich durch Tricks ein höheres Google-Ranking zu erschleichen. Vor allem für Online-Händler hat dieses Ranking eine enorme wirtschaftliche Bedeutung.

Bei aller Raffinesse sind jedoch auch die Google-Resultate noch lange nicht das Nonplusultra. Je nachdem, wonach man sucht, geschieht es immer noch allzu oft, dass das gewünschte Resultat unter etlichen irrelevanten Websites verborgen ist.

Die nächste Stufe der Informationssuche wird erst dann erreicht, wenn Maschinen nicht nur die Wörter auf einer Website statistisch analysieren, sondern wenn sie wirklich verstehen, was dort geschrieben steht. Diese Stufe soll mit dem sogenannten semantischen Web erreicht werden, das zurzeit entwickelt wird.

Vereinfacht gesagt, geht es dabei darum, Wörtern Bedeutungen zuzuordnen, die auch von Maschinen interpretierbar sind. Beispielsweise kann der Begriff »Maus« sowohl der Kategorie »Säugetier« als auch der Kategorie »Computerzubehör« zugeordnet werden. Diese Zusammenhänge werden in sogenannten Ontologien gespeichert. Bei der Suche nach einer »billigen Maus für meinen Laptop« »weiß« der Computer dann, dass wahrscheinlich nicht das Säugetier gemeint ist. Der Begriff »billig« legt zudem nahe, dass ich die Maus kaufen will (und nicht etwa nur einen Treiber dafür herunterladen). Er wird mir also bevorzugt Online-Shops für Computerzubehör anzeigen.

Mit Hilfe von Ontologien sind Computer in der Lage, den Sinn von Texten zu verarbeiten und nicht nur, wie Elbot und Eliza, ein wenig mit Wörtern »herumzuspielen« oder auf Stichworte hin vorgefertigte Antworten auszugeben. Es gibt bereits Programme, die mit Hilfe von Ontologien selbständig Textzusammenhänge erschließen und aus bestehenden Texten neues Wissen generieren. Das Problem liegt eher darin, dass das Erstellen von Ontologien eine komplizierte und sehr aufwendige Sache ist. Doch es besteht wohl kein Zweifel, dass irgendwann das ganze Wissen des Internets maschinell erschließbar sein wird.

Beispielsweise könnte eine semantische Suchmaschine eigenständig lernen, dass technische Mäuse in der Regel einen Anschluss haben, der mit einem Computer verbunden wird, und dass dieser von der Kategorie »RS-232« oder »USB« sein kann. Wenn ich also nach einer »billigen Maus für meinen Laptop« suche, könnte sie mich nach dem Anschlusstyp fragen, bevor sie die entsprechenden Shopseiten anzeigt.

Ein erstes Beispiel für eine »intelligentere« Suchmaschine ist der im April 2009 freigeschaltete Dienst »Wolfram Alpha«, der von dem Mathematiker Stephen Wolfram und seinem Team entwickelt wurde. Wolfram Alpha sucht nicht nur nach Informationen im Internet, sondern verarbeitet diese auch und liefert bei manchen Fragen statt Hinweisen auf mögliche Antworten gleich die exakte Antwort. So kann man zum Beispiel nach der mittleren Entfernung zwischen Erde und Sonne fragen und bekommt statt eines Links die exakte Antwort. Zwar ist Wolfram Alpha nicht der »Google Killer«, über den manche Blogger im Vorfeld spekuliert hatten, sondern eher eine Ergänzung in bestimmten Nischen. Der Dienst zeigt aber deutlich, dass das Suchen von Informationen in Zukunft mehr sein wird als ein Abgleich von Wörtern.

Das semantische Web ist nicht nur für Menschen nützlich, um schneller gesuchte Informationen zu finden. Auch Maschinen können es verwenden, um miteinander zu kommunizieren. Beispielsweise können sie über das Internet Bestellungen aufgeben, die Temperatur an einer Messstelle abfragen oder Aktien handeln.

Das geschieht heute bereits mit einer Vorstufe des semantischen Webs, dem XML-Standard. Dabei werden Informationen in einer definierten Struktur ausgetauscht, die mit Hilfe der XML-Sprache beschrieben wird. Diese Technik wird beispielsweise benutzt, wenn Händler Produktinformationen des Herstellers (technische Daten etc.) automatisch in ihre Online-Kataloge aufnehmen wollen, ohne diese Informationen ständig manuell einpflegen zu müssen.

Es ist erkennbar, dass das Internet immer stärker als Informationsmedium von Maschinen für Maschinen Verwendung findet. Schon heute macht die Maschine-zu-Maschine-Kommunikation einen wesentlichen Teil des Datenaustauschs aus. (Strenggenommen ist Datenaustausch über das Internet natürlich immer Maschine-zu-Maschine-Kommunikation, da stets zwei Computer miteinander kommunizieren; gemeint ist hier aber der Austausch von Daten innerhalb automatischer Prozesse, ohne dass ein Mensch diesen Austausch bewusst angestoßen hat.)

Der Erfinder des World Wide Web, Tim Berners-Lee, hat dies 1999 in einer fast poetischen Vision formuliert:

»Ich habe einen Traum für das Web, in dem Computer in der Lage sind, alle Daten – Content, Links und die Transaktionen der Menschen untereinander – zu analysieren. Das

›semantische Web‹, das dieses ermöglicht, muss sich erst noch entwickeln, doch wenn es das tut, werden die alltäglichen Prozesse des Handels, der Bürokratie und unseres täglichen Lebens von Maschinen erledigt, die mit Maschinen reden.«

Möglicherweise hat Berners-Lee, als er diese Sätze schrieb, nicht über die logische Konsequenz seiner Vision nachgedacht: Wenn Maschinen über das Internet untereinander Meme austauschen, sie dabei mutieren und selektieren können, ohne dass Menschen diesen Prozess steuern, dann braucht uns die memetische Evolution tatsächlich nicht mehr zwingend. Dann wird früher oder später eine komplexe Struktur entstehen, die nach jeder irgendwie sinnvollen Definition »intelligent« genannt werden muss, auch wenn sie dann den Turing-Test wahrscheinlich immer noch nicht bestehen würde.

Warum sollten nicht auch Maschinen irgendwann anfangen, Informationen auszutauschen, nur weil sie »interessant« sind? Erinnern wir uns an die Spinne in der Yucca-Palme: Meme bringen uns dazu, sie zu verbreiten, unabhängig davon, ob das für uns nützlich ist. Dasselbe gilt für Computerviren im Internet und vielleicht auch eines Tages für harmlosere Inhalte. Irgendwann werden sich wahrscheinlich auch Maschinen »Geschichten« erzählen, und diese Geschichten werden dann vielleicht Ausgangspunkt für die tieferen Fragen nach dem Sinn des Lebens und der eigenen Existenz sein.

Die Erkenntnis des Selbst ist nicht allein auf Menschen beschränkt, wie Experimente mit Tieren bewiesen haben. Können sich auch Maschinen ihrer selbst bewusst werden? Wir wissen es noch nicht, weil wir nicht genau verstehen, wie dieser Prozess eigentlich funktioniert. Aber wir wissen, dass unsere Gehirne im Grunde auch nichts anderes sind als biologische Computer, Mem-Prozessoren sozusagen. Es gibt keinen prinzipiellen Grund, warum uns Maschinen nicht eines Tages auch in diesem Punkt überholen sollten. Vielleicht stellen sie dann erstaunt fest: »Ich rechne, also bin ich.«

5. Die Mensch-Maschinen

Und wir? Was wird mit uns, wenn Maschinen beginnen, sich untereinander zu unterhalten, ihre eigene Kultur zu entwickeln? Auch diese bange Frage ist schon sehr alt. Das Neue hat die Menschen immer erschreckt und Ängste ausgelöst.

Bis hierher mag der Leser den Eindruck gewonnen haben, ich sei ein entschiedener Gegner des technischen Fortschritts. Doch das ist nicht so – im Gegenteil. Ich bin lediglich ein entschiedener Gegner menschlicher Überheblichkeit und Arroganz.

Maschinen haben einige Probleme verursacht, die es in dieser Form vorher nicht gab. Vor allem ihr Hunger nach Energie, den wir überwiegend in Form von CO_2 freisetzenden Prozessen stillen, aber auch ihre schwer zu bandigende Kraft, die immer wieder zu Unfällen führt, haben negative Konsequenzen. Aber im Großen und Ganzen sind Maschinen zweifellos unsere Freunde. Ohne ihre Hilfe hätte unsere Spezies vielleicht nicht überlebt – auf jeden Fall gäbe es heute weit weniger Menschen, und unsere Lebenserwartung wäre weitaus geringer.

Wir leben mit Maschinen in Symbiose. Wir brauchen sie, und sie brauchen uns. Sie stellen Nahrung für uns her, transportieren uns, wärmen uns, spenden uns Licht, erklären uns die Welt. Wir reproduzieren, mutieren und selektieren sie, versorgen sie mit Energie und Rohstoffen. Wie die Bienen mit den Blumen leben wir mit den Maschinen in einem ausgewogenen System gegenseitiger Abhängigkeit.

Das Problem ist allerdings, dass sich die Maschinen wesentlich schneller entwickeln als die Menschen. Sie passen sich immer besser an uns an, während wir uns nur sehr langsam an die Maschinen anpassen.

Prima, könnte man meinen, dann ist ja alles gut – es wird sogar alles noch viel besser, denn wir müssen gar nichts tun, die Maschinen lesen uns irgendwann jeden Wunsch von den Augen ab.

Doch diese Sichtweise ist naiv. Erinnern wir uns an die Blumen und Bienen: Blumen »wollen« bestäubt werden. Doch es liegt in der Natur der Evolution, dass sie dafür einen möglichst geringen »Preis« in Form von Nektar bezahlen möchten, denn eine Blumenart, die mit weniger Nektar dieselbe Bestäubungsrate erreicht, kann sich schneller ausbreiten, da sie weniger Energie für die Herstellung des Nektars benötigt. Also entwickeln die Blumen perfekte Locktechniken. Sie formen Blüten, die sich immer besser an die Wahrnehmung der Bienen anpassen, und versuchen, diese in die Irre zu führen, indem sie mehr von dem süßen Saft suggerieren, als tatsächlich vorhanden ist.

Die Bienen reagieren auf diesen evolutionären Trick, indem sie ihre Wahrnehmung verbessern und noch genauer zwischen Formen und Farben der Blüten zu unterscheiden lernen. Ein »Rüstungswettlauf« beginnt. Man sieht an diesem Beispiel, dass auch eine symbiotische Lebensweise nicht ohne Konflikte zwischen den Symbiosepartnern abläuft: Jeder Partner möchte eigentlich lieber schmarotzen, als selbst etwas zur Gemeinschaft beizutragen. Die Evolution ist von Natur aus egoistisch.

Wenn sich Maschinen (und ihre »Früchte«, die Produkte) immer besser an den Menschen anpassen, dann bedeutet das, dass sie uns immer besser manipulieren, immer mehr von uns bekommen, immer weniger dafür hergeben.

Diese Behauptung klingt im ersten Augenblick sehr merkwürdig. Maschinen können doch nicht entscheiden, was wir mit ihnen machen, oder?

Nein, entscheiden können sie das nicht, aber sie können uns beeinflussen. Und genau wie in der Natur versuchen sie, sich zu möglichst geringen Kosten auszubreiten. Dabei darf man den Begriff »Kosten« getrost wörtlich nehmen: Der Aufwand, den Maschinen treiben müssen, um unsere Bedürfnisse zu erfüllen, kostet tatsächlich Geld, und die Hersteller der Produkte und Maschinen sind bemüht, diese Kosten so gering wie möglich zu halten, um ihren Profit zu maximieren.

Wir haben gesehen, wie uns Produkte im Supermarktregal manipulieren und verführen. Wir kaufen oft Dinge, die wir eigentlich gar nicht kaufen wollten, weil wir auf die »Tricks« der Produkte hereinfallen: Die Verpackung sieht größer aus, als sie ist; das Produkt erscheint hochwertiger; es wird uns unbewusst sexuelle Attraktivität oder Familienglück versprochen, obwohl das Produkt praktisch keinen nennenswerten Beitrag dazu leistet; ein bekannter Markenname suggeriert uns einen Qualitätsunterschied gegenüber anderen Produkten, der möglicherweise gar nicht vorhanden ist. Besonders raffiniert ist die Methode »künstlicher Verknappung«: Obwohl wir in einer Welt des Überflusses leben, suggeriert uns die Werbung, dass wir eine seltene Gelegenheit verpassen, wenn wir nicht jetzt sofort kaufen. Sie kennen die allgegenwärtigen Werbesprüche: »Sonderaktion«, »Einführungsangebot«, »Jetzt Prämie sichern«, »Nur noch bis zum 31. 12.« …

Die Werbe-Meme nutzen dabei unseren genetisch programmierten Hang, für die Zukunft vorzusorgen und günstige Gelegenheiten zu nutzen. Wenn unsere Steinzeit-Vorfahren auf eine leichte Beute stießen, dann haben sie diese erlegt, auch wenn sie gerade keinen Hunger hatten, um sich auf Zeiten der Knappheit vorzubereiten. Der Philosoph Thomas Hobbes hat schon im 17. Jahrhundert diese Zukunftsangst als Quelle der Gier und Maßlosigkeit des Menschen identifiziert. Sicher ist sie auch eine wesentliche Triebkraft der memetischen Evolution.

Zum Glück sind wir intelligent und lernfähig und durchschauen diese Tricks, wenn wir bewusst darauf achten. Dennoch fallen wir oft genug auf die Lockungen der Produkte herein. Dabei hat die memetische Evolution ja gerade erst richtig begonnen. Bisher sind es noch die Marketing-Strategen in den Firmen, Menschen also, die darüber entscheiden, wie wir manipuliert werden. Sie entwickeln neue Strategien, uns zu verführen, und wir Konsumenten lernen, diese Strategien zu erkennen. Doch der Rüstungswettlauf zwischen der Konsumgüterindustrie und ihren Kunden ist unfair, denn auf der Seite der Industrie helfen Maschinen mit.

Produktverpackungen und Werbestrategien werden immer noch von Menschen gemacht, aber Computer haben einen immer größeren Anteil daran. Nicht nur, dass heute alle Anzeigen und Verpackungs-Layouts am Computer gestaltet werden und uns immer häufiger Online-Werbung begegnet: Computer liefern den Marketing-Entscheidern in der Industrie auch die Informationsgrundlage dafür, welche Produkte erfolgreich sind und wie diese beworben werden sollten.

Datenschützer werden nicht müde, vor dem »gläsernen Verbraucher« zu warnen. Nicht zu Unrecht, denn allen Bemühungen um Datenschutz zum Trotz wissen Industrie und Handel inzwischen ungeheuer viel über ihre Kunden.

Als in den siebziger Jahren die Baader-Meinhof-Bande mit ihrem Terror die Grundfesten der Bundesrepublik zu erschüttern versuchte, stand der Staat ihr zunächst hilflos gegenüber. Hochintelligente Terroristen können sich in der Masse perfekt verstecken, sind mobil und daher mit klassischen Polizeimethoden kaum dingfest zu machen. Doch das Bundeskriminalamt fand einen mächtigen Verbündeten: Die Terroristen wurden mit Hilfe von Maschinen gejagt und gestellt. Man nutzte dafür ein völlig neues Instrument: die sogenannte Rasterfahndung.

Damals waren Computer noch lange nicht so allgegenwärtig wie heute, aber es gab sie schon: in den Einwohnermeldeämtern, beim Finanzamt, bei der Kraftfahrzeug-Zulassungsstelle, bei Banken und Versicherungen. Man erkannte, dass Terroristen charakteristische Datenmuster hinterlassen – indem sie *keine* Daten erzeugen. Man musste also nur nach Wohnungen suchen, in denen »niemand« wohnte, nach Menschen, die keine Zeitschriften abonniert hatten, niemals mit Kreditkarten zahlten, keinem geregelten Beruf nachgingen, das richtige Alter hatten und so weiter. Das Kombinieren unterschiedlicher Datenbanken brachte dann den gewünschten Erfolg, die Terroristen wurden identifiziert und konnten bald verhaftet werden.

Ähnliche Techniken wenden heute Marketingprofis an, um Informationen über Sie und mich herauszufinden. Sie heißen »Heinz« oder »Gerda«, »Kevin« oder »Sabine«? Dann kann man mit hoher statistischer Signifikanz Ihr ungefähres Alter bestimmen, denn diese Namen waren bei werdenden Eltern zu ganz bestimmten Zeiten populär. Die Straße, in der Sie wohnen, bestimmt Ihr soziales Milieu und korreliert stark mit Ihrem Einkommen. Wenn Sie unter 30 sind und einen teuren Sportwagen fahren, werden Sie bei einer Bank möglicherweise Schwierigkeiten haben, einen Kredit zu bekommen, sofern Sie nicht tatsächlich Millionär sind, denn die Bank »erkennt« in der Kombination von jungem Alter, teurem Auto und vielleicht noch einer Adresse in einem strukturell einkommensschwachen Wohngebiet das Muster eines Menschen, der auf zu großem Fuße lebt. Natürlich wird die Bank in jedem Fall eine Auskunft bei einem speziellen Dienstleistungsunternehmen anfordern, das genau weiß, ob Sie jemals einen Kredit nicht zurückgezahlt haben oder mit Ihrer Miete länger im Rückstand waren. Diese Auskunft gibt selbstverständlich ein Computer.

Wenn Sie im Internet die Website eines Autoherstellers besuchen und kurz darauf bei der Online-Ausgabe einer Zeitschrift auf Werbung genau dieses Herstellers stoßen, dann ist das vielleicht kein Zufall. Dahinter steckt möglicherweise clevere Marketingtechnik, die Ihnen nur die Werbebotschaften senden will, für die Sie besonders empfänglich sind. »Targeted Advertising« (zielgerichtete Werbung) nennt man das.

Diese Techniken sind weder illegal noch »böse«. Sie dienen nicht dazu, Sie zu täuschen oder unerlaubt Geld von Ihrem Konto abzubuchen. Man will Ihnen nur etwas anbieten, für das Sie sich wahrscheinlich tatsächlich interessieren. Dennoch ist all das natürlich Manipulation. Meme »wollen« reproduziert werden und nutzen alle Tricks, um ihr Ziel zu erreichen.

Man darf nicht außer Acht lassen, dass die Technik auch dem Konsumenten hilft. Das Internet hat eine ungeheure Markttransparenz gebracht, die so manche klassische Marketingkampagne wirkungslos verpuffen ließ. Verbraucherforen wie Ciao.de fördern den Meinungsaustausch der Kunden untereinander, auf Reiseportalen wie HRS werden Hotels von den Gästen bewertet, bei allen Online-Buchhändlern erhält man ausführliche Meinungen von Lesern zu den Büchern. Da nützt es dann wenig, wenn der Verlag »spannend« in die Werbung schreibt, aber die meisten Leser das Buch »zum Gähnen« finden. Umgekehrt erlangen unter Umständen Bücher völlig unbekannter Autoren durch die altbekannte »Mund-zu-Mund-Propaganda« (gibt es ein schöneres Wort für die Reproduktion von Memen?) überraschende Popularität.

Dummerweise haben das die Marketingverantwortlichen längst begriffen. Immer häufiger sind Rezensionen mehr oder weniger geschickt »getürkt«, also nicht von neutralen Lesern, sondern von Verlagsmitarbeitern oder den Autoren selbst erstellt. Umgekehrt gibt es manchmal gehässige, beleidigende Verrisse, die offensichtlich nur dazu dienen sollen, dem Autor zu schaden – aus welchen Gründen auch immer.

Eine besonders raffinierte Guerilla-Taktik, die von Trittbrettfahrern auch bei meinen eigenen Büchern angewendet wurde, ist folgende: Man lobt ein Buch über den grünen Klee, um im Rezensionstext darauf hinzuweisen, dass es nur ein Buch gibt, das noch besser ist – das eigene. Natürlich gibt sich der Autor nicht als solcher zu erkennen, sondern verwendet eine Tarn-Identität oder schickt Freunde vor. Ich bin einmal auf diesen Trick hereingefallen und habe in den USA ein Buch bestellt, das offensichtlich im Selbstverlag erschienen war und nicht nur mit einer hanebüchenen Geschichte und schlechtem Schreibstil, sondern auch mit unzähligen Schreibfehlern aufwartete.

Die Anonymität des Internets ist Segen und Fluch zugleich. Das »Web 2.0«, bei dem sich die Internetnutzer aktiv an der Gestaltung von Online-Inhalten beteiligen, hat auch seine Schattenseiten. Denn nun kann alle Welt offen sehen, was ein bestimmter Mensch kauft oder denkt, woran er glaubt oder wen er kennt. Datenschutz hilft wenig, wenn der Anwender die schützenswerten Informationen freiwillig in die Öffentlichkeit trägt.

Die Folgen dieser totalen Transparenz sind kaum absehbar, da es das »Mitmach-Internet« erst seit wenigen Jahren gibt. Inzwischen gibt es jedoch die ersten Fälle von Menschen, die ihre Karriere ruinierten, weil sie im Internet etwas veröffentlicht haben, das ihrem Ansehen schadete. Google ist unbarmherzig und vergisst nichts – auch keine »Ausrutscher«, beispielsweise in Form von wütenden Online-Tagebuch-Einträgen, die nachts um drei unter Alkoholeinfluss geschrieben werden.

Natürlich haben auch Kriminelle die neuen Möglichkeiten längst erkannt. Das Internet wird immer mehr zum Tummelplatz von Dieben, Gaunern und Übeltätern. Meme sind egoistisch – sie nutzen ihre Verbreitungschancen auch dann, wenn es für die Mehrzahl der Menschen schädlich ist.

Interessant ist zu beobachten, wie sich die Tricks der Betrüger in einer unseligen memetischen Evolution immer weiter verbessern. In der Frühzeit des Internets reichte es, einfach Massenmails mit Werbeinhalten zu verschicken – damals wurde noch jede E-Mail geöffnet und gelesen. Inzwischen gibt es Schutzprogramme, die diese unerwünschten »Spam-Mails« ausfiltern. Aber natürlich optimieren die Spammer die Texte und Betreffs ihrer E-Mails, so dass Filterprogramme diese nicht erkennen und immer wieder Unverlangtes im Posteingangskorb landet.

Ähnliches geschieht beim »Phishing«, einer illegalen Online-Version der aus der Natur bekannten Mimikry: Websites tarnen sich als die Benutzeroberfläche von Online-Banken oder Online-Shops und fordern zur Eingabe von Kontodaten, Passwörtern etc. auf. Wer nicht aufpasst, gibt diese Daten an den Falschen weiter, und innerhalb von Sekunden ist sein Konto leer oder ein hoher Betrag von der Kreditkarte abgebucht.

Diese Art von Computerkriminalität läuft hochgradig automatisch ab. Phishing-Mails werden mit Hilfe von automatisierten E-Mail-Programmen verschickt, die das Internet selbständig nach leichtfertig veröffentlichten E-Mail-Adressen absuchen. Fällt der Adressat auf die Mail herein, klickt auf den Link und gibt seine Kontodaten ein, wird das Geld natürlich ebenfalls vollautomatisch abgebucht.

Wieder einmal ist hier ein evolutionärer »Rüstungswettlauf« zu beobachten: Je mehr Menschen die Phishing-Tricks durchschauen, desto raffinierter werden diese. Die nicht überlebensfähigen, weil zu leicht erkennbaren Tricks sterben aus, neue, raffiniertere Mutationen überleben.

Natürlich gibt es auch Versuche, die illegale Nutzung des Internets mit Technologie zu verhindern. Sicher kennen Sie diese merkwürdigen verzerrten Zahlen und Buchstaben, die man manchmal eingeben muss, wenn man eine Online-Funktion nutzen möchte:

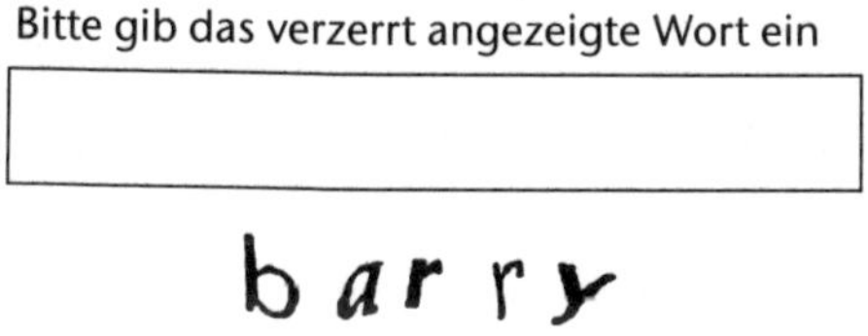

Ein Schutzmechanismus gegen automatisierte Nutzung von für Menschen bestimmten Internet-Funktionen

Der Fachbegriff dafür ist »CAPTCHA« – entstanden als Akronym aus der Bezeichnung »Completely Automated Public Turing Test To Tell Computers And Humans Apart«, zu Deutsch: »Vollautomatischer öffentlicher Turing-Test, um Computer und Menschen zu unterscheiden«. Diese Barriere soll verhindern, dass ein automatisches Programm die Funktion illegal nutzt, um zum Beispiel unerwünschte Werbung zu verbreiten. Das Beispiel entstammt der Kommentarfunktion des Online-Tagebuch-Services Twoday.net. Die Idee dabei ist, dass automatische Systeme die Buchstaben nicht lesen können und daher nicht in der Lage sind, den Code in das vorgesehene Feld einzugeben.

Dummerweise sind Maschinen sehr wohl dazu in der Lage, Texte zu lesen, und sie werden darin immer besser. Die Konsequenz ist, dass das obige CAPTCHA für ernstzunehmende Spammer kein Hindernis mehr darstellt. Ergo: Ein Rüstungswettlauf. Neuere Anwendungen liefern Bilder wie das folgende:

»CAPTCHA« von Google Mail

Können Sie das entziffern? Ist das erste Gebilde ein A, oder die beiden Buchstaben f und l? Heißt es Airc, flirc oder flivc, oder vielleicht gar flirt? Für viele Menschen ist das Lesen derart verzerrter Texte eine echte Herausforderung und ein entnervender Zeitverlust. Ich persönlich habe bei solchen Eingaben schon häufiger danebengelegen und konnte die Funktion dann nicht unmittelbar nutzen. Schlimmer noch: Forthin musste ich noch häufiger solche CAPTCHAs entziffern, weil die Maschine mich im Verdacht hatte, ein Automat zu sein.

Der Anstieg des Spam-Volumens selbst aus solchermaßen geschützten Services deutet darauf hin, dass Maschinen sogar derart verbogene Texte inzwischen mit einer Trefferquote von mindestens 20 bis 30 Prozent lesen können – gut genug für ein vollautomatisches Spam-

System. Maschinen bestehen also diesen »vollautomatischen Turing-Test« immer häufiger. Menschen, die ihre Mustererkennungsfähigkeiten nur sehr mühsam verbessern können, haben in diesem Rüstungswettlauf auf Dauer keine Chance. Mark Sunner, Sicherheitsanalyst der Firma MessageLabs, bemerkt in einer Pressemitteilung der Firma vom 29. 2. 2008: »Es gibt verschiedene Möglichkeiten für Spammer, CAPTCHAs zu überwinden. Egal, ob sie dabei einen Algorithmus, einen ›mechanischen Türken‹ oder eine Kombination von beidem verwenden, stehen E-Mail-Anbieter unter dem Druck, Schritt zu halten, sind aber dadurch beschränkt, was Menschen realistisch lösen können. Dies wirft immer mehr Zweifel auf, ob CAPTCHAs als Sicherheitsmechanismums für E-Mail-Services langfristig effektiv sind.«

Der Begriff »mechanischer Türke« (im Original »mechanical turk« in Anspielung auf einen von der Firma Amazon in den USA angebotenen Service) steht in diesem Zusammenhang für die Zusammenarbeit von Mensch und Maschine: Was Maschinen nicht entziffern können, schicken sie an billige Arbeitskräfte in Niedriglohnländern, die dann – in exakter Umkehrung der ursprünglich gedachten Verhältnisse – *im Auftrag eines Computers* stupide Routinetätigkeiten verrichten. 1:0 für die Computer!

Maschinen passen sich aber nicht nur dadurch an uns an, dass sie uns maßgeschneiderte Werbung, Verführung und Täuschung bieten und so für eine bessere Verbreitung ihrer Meme sorgen. Sie versuchen auch, uns mit echtem Produktnutzen zu »umgarnen« und uns buchstäblich jeden Wunsch zu erfüllen. Trotz aller Tricks der Evolution gibt es schließlich auch in der Natur einen Wettlauf verschiedener Blumenarten um die beste Versorgung der Bienen mit Nektar, da die nahrhafteste Blumenart von den Bienen im

Laufe der Zeit bevorzugt wird und so bessere Fortpflanzungschancen hat.

Es klingt zunächst also wie eine gute Nachricht: Endlich werden wir nicht mehr belogen und betrogen, sondern wir bekommen, was wir wirklich wollen!

Das Problem dabei ist allerdings, dass wir gar nicht wirklich wissen, was wir wollen; und wenn wir es zu wissen glauben, dann wollen wir meist das Falsche. Michael Ende hat dieses Paradoxon in seinem großen Roman »Die unendliche Geschichte« wunderbar illustriert: Der Schüler Bastian Balthasar Bux findet nach seiner aufregenden Reise durch das Reich der Phantasie ein magisches Amulett, mit dem er sich seine eigene Welt erschaffen kann – und verzweifelt beinahe daran, dass er sich wünschen kann, was er will, aber nicht weiß, was das ist.

Ganz gleichgültig, ob richtig oder falsch, die Maschinen liefern uns alles. Wir sind zu faul zum Laufen? Kein Problem, Maschinen tragen uns, wohin wir möchten. Wir wollen unterhalten werden? Bitte sehr, Fernseher und Computer stehen bereit, 24 Stunden am Tag, mit 100 Kanälen voller seichter Unterhaltung, etlichen Millionen Youtube-Filmen und faszinierenden Online-Spielen. Wir wollen ewiges Leben? Selbst das (zumindest eine deutliche Lebensverlängerung) scheint greifbar nahe angesichts rapide fortschreitender Medizintechnik.

Aber wollen wir das alles *wirklich*?

Es ist bemerkenswert, dass die Dinge, die nach allgemeiner Auffassung »gut« für uns sind – Sport, gesundes Essen, ein netter Abend mit Freunden, ein Konzert, ein anregendes Buch – einen sehr geringen Automatisierungsgrad aufweisen. Aber das ist vielleicht nur eine Frage der Zeit, und es stimmt auch nur noch eingeschränkt: Sport verlagert sich aus der Natur in hochtechnisierte Fitness-Studios, gesundes Essen wird heute unter Anleitung von Fernseh-Köchen zubereitet, Amazon versucht mit seinem Lesegerät »Kindle«, Bücher elektronisch zu verbreiten, und selbst Treffen mit Freunden finden heute immer öfter über den Online-Videotelefonie-Service Skype oder in Internet-Chatrooms statt. Der Preis, den wir für diese Automatisierung unseres Freizeitlebens zahlen, ist hoch – das nächste Kapitel wird sich diesem Thema ausführlicher widmen.

Maschinen passen sich unseren Wünschen an. Man kann sogar noch weitergehen und sagen, sie flüstern uns unsere Wünsche ein. Nicht nur die Werbung sagt uns täglich, was wir gut finden sollen. Maschinen und Produkte locken uns mit ihren eigenen Mitteln.

Nehmen wir als Beispiel das Automobil. Im Laufe seiner Evolution hat es sich in verschiedene Richtungen entwickelt: Es ist leistungsfähiger geworden, sparsamer, sicherer. Aber es ist auch eleganter, komfortabler, bequemer als früher. In etlichen Reproduktions-, Mutations- und Selektionsdurchläufen wurden seine ehemals eckigen Linien rund geschliffen wie Kieselsteine in einem Bachbett. Das Lenkrad liegt heute besser in der Hand als noch vor zwanzig oder dreißig Jahren, die Sitze sind ergonomischer, die Armaturen besser lesbar. Es riecht sogar angenehmer. Alle möglichen Sicherheitssysteme bimmeln, wenn wir etwas vergessen haben, warnen uns vor Glatteis und bremsen für uns, wenn unsere eigene Reaktionsfähigkeit nicht ausreicht. Das Auto sagt uns sogar, wann wir rechts oder links abbiegen sollen, und ist äußerst nachsichtig, wenn wir uns nicht an seine Anweisungen halten: »Wenn möglich, bitte wenden!«

Ein heutiges Auto ist im Vergleich zu einem Nachkriegsmodell nicht nur ein Wunderwerk an Leistung und Effizienz. Es ist auch irgendwie *menschlicher* geworden.

In Science-Fiction-Romanen und einigen mehr oder weniger seriösen Zukunftsprognosen ist von »neuronaler Mensch-Maschine-Kopplung« und »Cyborgs« die Rede. Damit ist ein direkter »Anschluss« des Menschen an die Maschine gemeint. Meistens stellt man sich das so vor, dass es irgendwo im menschlichen Körper, meist in der Nähe des Genicks, eine Steckdose gibt, die direkt mit dem Nervensystem verbunden ist. Ein Kabel aus dem Computer wird hier eingestöpselt, und schon kann man – je nach Szenario – den Computer durch Gedanken kontrollieren oder wird vom Computer kontrolliert.

Es ist durchaus denkbar, dass es eines Tages solche direkten »Interfaces« gibt, obwohl ich persönlich bezweifle, dass es Steckverbindungen sein werden. Tatsächlich nutzt man heute schon in medizinischen Experimenten direkte Nervenreizungen durch Computer, um verlorengegangene Sinne zu stimulieren. Beispielsweise können durch direkte Reizung des Sehnervs Bilder einer Digitalkamera ins Gehirn eines Blinden übertragen werden. Die Technik steckt noch in ihren Anfängen, doch rasche Fortschritte sind zu erwarten.

Wieder einmal verstellt jedoch diese Betrachtungsweise den Blick für die Realität. Wir glauben, dass wir *eines Tages* eine direkte Verbindung mit Maschinen eingehen werden, und stellen uns dazu eine Kabelverbindung vor, die wir jederzeit trennen können. Tatsächlich jedoch gehen wir solche engen Verbindungen *schon jetzt* täglich ein. Denn auch ohne Steckverbindung bilden Mensch und Maschine ein System aus miteinander kommunizierenden Teilen, die viel enger aneinandergekoppelt sind, als uns das bewusst ist.

Das menschliche Gehirn verfügt über bemerkenswerte Eigenschaften. Eine davon ist, dass es »vergisst«, wo die

Grenzen des eigenen Körpers liegen. Sportler sind nicht scheinbar, sondern tatsächlich »eins« mit ihrem Sportgerät – für das Gehirn eines guten Tennisspielers ist der Schläger ein Teil seines Körpers. Ihm ist nicht mehr bewusst, dass er einen Schläger hält – er bewegt sich einfach so natürlich, als wäre sein rechter Arm entsprechend lang. Gleiches erleben Sie beispielsweise, wenn Sie gut Schlittschuh laufen.

Wenn Sie diese These anzweifeln, machen Sie folgendes Experiment: Setzen Sie sich einen Rucksack mit spürbarem Gewicht auf und tragen Sie ihn einige Stunden lang, während Sie Ihrer normalen Tätigkeit nachgehen. Irgendwann spüren Sie das zusätzliche Gewicht nicht mehr; für Ihr Gehirn ist der Rucksack »eins« mit Ihnen geworden. Nehmen Sie ihn später ab, fühlen Sie *sich* plötzlich leicht; etwas scheint zu fehlen.

Diese Fähigkeit haben wir entwickelt, damit wir uns schnell an zusätzliche Belastungen und Behinderungen anpassen können. Blinde lernen so schneller, sich ohne Augenlicht zurechtzufinden, körperbehinderte Menschen können ihre Behinderung oft mit erstaunlicher Geschicklichkeit ausgleichen. Unser Gehirn gewöhnt sich an diesen Zustand, stuft ihn als »normal« ein und verhält sich entsprechend.

Wenn Sie täglich Auto fahren und dann einmal einen fremden Wagen benutzen, fühlt sich dieses Fahrzeug oft »falsch« an – ein Indiz dafür, dass sich unser Körper unbewusst mit dem Fahrzeug »verbindet«. Beim Autofahren vergessen wir schnell, dass wir in einer Maschine sitzen, die wir steuern müssen. Schalten, bremsen, Gas geben sind keine bewussten Tätigkeiten mehr, ebenso wenig, wie wir bewusst einen Fuß vor den anderen setzen, wenn wir gehen. Sie sind uns sprichwörtlich »in Fleisch und Blut übergegangen«. Wir bewegen uns durch den Verkehr, als sei das Fahrzeug ein Teil von uns – als seien wir eins mit ihm. Mein Vater, ein erfolgreicher Rennfahrer, berichtete davon, »die Strecke durch das Fahrzeug fühlen« zu können. Unser Gehirn erweitert sozusagen seinen Horizont über die Grenzen des Körpers hinaus.

Wir können dadurch Maschinen und Geräte viel effektiver nutzen, als wenn wir ständig darüber nachdenken müssten, was wir da eigentlich tun. Die eingesparte geistige Kapazität können wir anders nutzen, zum Beispiel, um uns während einer Autofahrt zu unterhalten, zu telefonieren, Radio zu hören oder einfach ein bisschen zu träumen. Wenn Sie schon einmal versehentlich den Routineweg zur Arbeit genommen haben, statt ihr eigentliches Ziel anzusteuern, wissen Sie, wie unbewusst der Vorgang des Autofahrens abläuft.

Maschinen und ihre Produkte nutzen diese Fähigkeit auf unterschiedliche Weise. Indem sie sich uns immer besser anpassen, werden sie quasi ein Teil von uns und machen sich so in gewisser Hinsicht unentbehrlich – wer würde schon freiwillig einen Arm hergeben? Wir »vergessen« die Grenze zwischen Mensch und Maschine einfach und werden so zu »Cyborgs«, ohne es überhaupt zu merken – ganz ohne komplizierte neuronale Interfaces.

Ich persönlich bin immer wieder erstaunt über den Vorgang des Maschineschreibens. Als ich mir das Zehnfingersystem vor langer Zeit beibrachte, las ich auf der Titelseite des Lehrbuchs den Slogan »Ihre Finger lernen denken!«. Ich hielt das damals für übertrieben, aber es stimmt: Ich muss nur einen Satz im Geist formulieren, und schon erscheint er wie von Zauberhand auf dem Bildschirm des Laptops vor mir. Ich kann mir sogar selbst dabei zusehen und, während ich diesen Satz schreibe, darüber nachdenken, wie das eigentlich funktioniert. Meine Hände stört das nicht – sie scheinen tatsächlich zu »denken« und schreiben, was immer ich ihnen »sage«. In gewisser Hinsicht werde ich eins mit dem Laptop. Meine Finger »verbinden« sich mit der Tastatur; der Bildschirm gibt die getippten Buchstaben in einer Rückkopplung an mein Gehirn zurück. Ein perfekter Regelkreis, den man mit noch so vielen Kabeln kaum optimieren könnte.

Maschinen sind uns also bereits sehr viel nähergekommen, als uns in der Regel bewusst ist. Sie werden immer bequemer, wir empfinden sie immer seltener als Fremdkörper. Man könnte sagen, sie werden immer mehr ein Teil von uns. Andersherum betrachtet werden wir immer mehr ein Teil der Maschinen, was wiederum bedeutet, dass sie auch viel mehr Einfluss auf uns haben, unser Verhalten immer stärker steuern und kontrollieren.

In manchen Science-Fiction-Romanen kann man von »Paralysatoren« lesen – pistolenartigen Geräten, die einen »Lähmstrahl« aussenden, der den Gegner sofort bewegungsunfähig macht. Den wenigsten Menschen ist klar, dass es diese Erfindung schon seit den dreißiger Jahren gibt. Sie steht in jedem Haushalt und heißt »Fernsehgerät«.

Das mag wie Satire klingen, aber es ist wahr: Jeden Abend hocken Milliarden Menschen regungslos vor einem kleinen Kasten. Sie sind gelähmt, vergessen alles um sich herum. Ihre Gehirne sind quasi von ihren Körpern entkoppelt und gehen eine innige Verbindung mit der mehrere Meter entfernten Maschine ein, die ihre »Lähmstrahlen« auf sie richtet.

Das soll kein Plädoyer gegen das Fernsehen an sich sein. Sicher ist es nützlich, Nachrichten und Wissenschaftssendungen sehen zu können oder sich einmal bei einer Spielshow oder einem Krimi zu entspannen. Doch kaum jemand wird bezweifeln, dass die meisten Menschen *viel zu viel* fernsehen, dass es besser für uns wäre, wir würden wenigstens einen Teil der Zeit nutzen, um miteinander zu reden, ein Bild zu malen, einen Brief zu schreiben, ein Buch zu lesen, Sport zu treiben oder einfach früher ins Bett zu gehen.

Ich selbst habe vor einigen Jahren beschlossen, auf das Fernsehen weitgehend zu verzichten. Dieser Entschluss war zugegebenermaßen nicht ganz freiwillig: Um regelmäßig schreiben zu können, blieb mir aus beruflichen Gründen nichts anderes übrig, als dafür jeden Morgen eine Stunde früher aufzustehen. Die Konsequenz war, dass ich abends entsprechend früher schlafen gehen und dafür »die Glotze« ausgeschaltet lassen musste. Seitdem habe ich keine Minute davon vermisst.

Warum tun wir uns das an? Warum lassen wir uns so oft von unserem Fernseher paralysieren? Sind wir faul oder dumm? Wahrscheinlich ein bisschen von beidem, aber vor allem liegt es daran, dass das Fernsehen ein unerhört attraktives Programm anbietet.

Dieser Satz, geschrieben von jemandem, der einmal als Marketingleiter bei einem Fernsehsender tätig war, klingt wie Wasser auf die Mühlen der Fernsehmanager und wie ein Schlag ins Gesicht der Kulturkritiker, die sich vergeblich am niedrigen Niveau des Unterhaltungsfernsehens abarbeiten. Gemeint ist es jedoch völlig anders. Es ist einfach eine Tatsache, dass sich das Fernsehprogramm durch memetische Evolution so gut an die menschliche Psyche angepasst hat, dass es ihm gelingt, uns viel länger zu binden, als wir selbst das eigentlich wollen.

Das Fernsehprogramm ist ein perfektes Beispiel für die Wirkungsweise memetischer Evolution, für Reproduktion, Mutation und Selektion. Kaum eine Branche kann den

Erfolg ihrer Produkte so schnell und so unmittelbar messen. Bereits am nächsten Morgen weiß der Programmchef eines Senders, wie viele Menschen am Abend zuvor welche Sendung gesehen haben und welchen Marktanteil das bedeutet. Diese Zahlen haben unmittelbaren Einfluss auf die Einnahmen des Senders, denn meist bezahlen Werbekunden keine festen Preise für Fernsehspots, sondern einen Betrag pro 1000 Zuschauer. Wenn also eine Sendung 4 Millionen Zuschauer hatte, sind die Einnahmen etwa doppelt so hoch, als wenn »nur« 2 Millionen Menschen zugesehen haben. Entspricht die Zuschauerzahl den Erwartungen, ist es gut; wenn nicht, wird die Sendung, falls weitere Folgen geplant waren, manchmal buchstäblich von heute auf morgen abgesetzt.

Fernsehsendungen sind Meme. Wenn ein Sendungs-Mem erfolgreich ist, wird es reproduziert. Dies kann zum Beispiel durch weitere Folgen einer Serie oder Show auf demselben Sender geschehen oder dadurch, dass andere Sender das erfolgreiche Sendekonzept übernehmen. Natürlich wird es dabei schon aus juristischen Gründen leicht abgewandelt, also mutiert. Der Zuschauer selektiert dann mit seiner Fernbedienung, welche Variante ihm besser gefällt. So entwickeln sich in kurzer Zeit neue Sendungsformen, erfolgreiche Formate breiten sich sehr rasch aus, bis es zu einer »Überflutung« des Zuschauers kommt und er andere Konzepte selektiert, und so weiter.

Das heutige Fernsehprogramm ist ein Ergebnis dieses kontinuierlichen Evolutionsprozesses. Wie erfolgreich er funktioniert, kann man an dem »unfreiwilligen« Fernsehkonsum der meisten Menschen sehen, die »eigentlich« etwas ganz anderes machen wollten.

Die intensive Mensch-Maschine-Kopplung entsteht dabei durch ein Phänomen, das dem oben beschriebenen

»Einswerden« mit Maschinen ähnelt. Die Filmprofis in Hollywood nennen es »the willing abandonment of disbelief«, zu Deutsch »das freiwillige Aufgeben des Unglaubens«. Gemeint ist damit, dass das Gehirn bereit ist, das Wissen darüber, dass ein Film nicht real ist, zu vergessen. Wir empfinden die Handlung eines Spielfilms so, als wäre sie Wirklichkeit und wir ein Teil davon. Wir fiebern mit den Kandidaten einer Game Show, freuen uns mit ihnen über ihre Erfolge und leiden mit ihnen bei Niederlagen, obwohl wir diese Menschen überhaupt nicht kennen. Manchmal springen wir vom Sessel auf und jubeln, weil Tausende Kilometer entfernt ein deutscher Fußballspieler ein Tor geschossen hat. Wenn der Schiedsrichter dann »Abseits« pfeift, obwohl es doch eindeutig keines war, brüllen wir ihn an und ignorieren dabei die Tatsache, dass Fernsehübertragungen trotz aller Bemühungen um Interaktivität in aller Regel nur in eine Richtung funktionieren.

»Schuld« an diesem Verhalten sind wahrscheinlich spezielle Zellen in unserem Gehirn, die sogenannten Spiegelneuronen. Sie bewirken, dass wir buchstäblich »Mitgefühl« entwickeln: Wenn wir sehen, wie sich jemand verletzt, senden diese Zellen dieselben Reize aus, als wenn wir uns selbst verletzt hätten. Wir können den Schmerz des anderen buchstäblich fühlen und reagieren entsprechend, zum Beispiel mit einem schmerzverzerrten Gesicht oder sogar einem Aufschrei. Aus demselben Grund »versinken« wir in Büchern und fühlen, was erfundene Figuren, die aus nicht mehr als einem Haufen Buchstaben bestehen, angeblich empfinden.

Gemessen an der Zeit, die wir mit ihm verbringen, ist das Fernsehgerät wohl das bisher erfolgreichste Produkt der memetischen Evolution. Doch folgt man der Meinung mancher Medienexperten, dann sind seine Tage gezählt.

Denn ein neuer, noch mächtigerer »Paralysator« droht ihm den Rang abzulaufen. Er entführt uns in Welten, die noch viel bizarrer und buchstäblich fesselnder sind als Fernsehserien und Spielshows.

Die Rede ist, wie könnte es anders sein, vom Computer.

6. Der Zauber der blauen Pille

»Ich wähle die rote Pille«, sagt Neo, der Held des Films »Die Matrix«, in einer der berühmtesten Szenen der Filmgeschichte. Er entscheidet sich damit gegen eine künstliche Scheinwelt – im Film durch eine blaue Pille symbolisiert – und für eine trostlose, gefährliche Realität.

Nachdem er die rote Pille geschluckt hat, erwacht Neo in ferner Zukunft in einem Alptraum: Maschinen haben die Menschen versklavt und sie in Tanks eingesperrt, um sie als bioenergetische Batterien zu nutzen. Damit die Menschen das nicht merken, gaukeln ihnen intelligente Computer eine Scheinwelt – die Matrix – vor, die exakt unserer heutigen Realität entspricht. Neo hat die Aufgabe, die Menschheit aus dieser Tyrannei zu befreien und die Herrschaft der Maschinen zu brechen.

»Die Matrix« ist in vielerlei Hinsicht ein typischer Hollywoodfilm, dem es eher um Spezialeffekte und Action geht als um eine glaubwürdige Geschichte. Das Thema künstliche Realität ist auch schon mehrfach vorher filmisch umgesetzt worden, beispielsweise von Rainer Werner Fassbinder in »Welt am Draht«. Dennoch gelingt es der »Matrix« zumindest im ersten Teil, über das simple Hollywood-Strickmuster hinaus philosophische Fragen aufzuwerfen, die sich in der beschriebenen Szene verdichten: Die blaue Pille steht für ein sorgenfreies Leben in einer bequemen »virtuellen Realität«, die rote Pille für die unbequeme Wahrheit.

Bezeichnenderweise entscheidet sich der Film-Bösewicht, der beide Welten kennt, anders als Neo (der zu diesem Zeitpunkt noch nicht in der Realität war). Er schließt einen Pakt mit dem bösen Computersystem und bekommt dafür ein ungestörtes virtuelles Leben. In einer weiteren Schlüsselszene isst er in der »Matrix« ein Steak und stellt lapidar fest, dass das Fleisch gut schmeckt und es ihm herzlich egal ist, ob der Geschmack nur simuliert wird.

Wenn wir unseren heutigen Umgang mit den Medien betrachten, müssen wir wohl feststellen, dass sich die weitaus meisten Menschen für die blaue Pille entscheiden würden.

Wir spielen gern. Das liegt in unserer Natur, denn durch das Spiel lernen wir als Kinder, uns auf die Herausforderungen des Erwachsenenlebens vorzubereiten. Wir trainieren unsere Reaktionsfähigkeit, Körperbeherrschung, unser Denkvermögen, unsere soziale Kompetenz. Es macht uns Spaß, das heißt, unser Gehirn belohnt uns mit Wohlgefühl und Erfolgserlebnissen, wenn wir es tun. Gelegentliche Frustration, wenn man beim Mensch-ärgere-dich-nicht verloren hat, führt nur dazu, dass man den Wunsch verspürt, beim nächsten Mal erfolgreicher zu sein (und das hilft uns zu lernen, mit solchen Niederlagen im Leben umzugehen).

Spielen ist ein wichtiger Teil unseres Lebens. Friedrich Schiller ging sogar so weit zu behaupten: »Der Mensch ist nur da ganz Mensch, wo er spielt.« So ist es nicht verwunderlich, dass Computer auch in diese Domäne Einzug gehalten haben.

Sie begegnen uns dabei in sehr unterschiedlichen Formen: von sprechenden Plüschtieren bis zu automatischen Hunden und kleinen Dinosauriern, die das Verhalten von Tieren täuschend echt simulieren; von der Simulation eines Solitaire-Kartenspiels am PC bis zum Online-Rollenspiel »World of Warcraft«.

Wer ein Kind beim Spielen beobachtet, der spürt, wie tief es manchmal in seiner Spielwelt »versinkt«. Der Effekt ist derselbe wie beim Fernsehen: Das Gehirn des Kindes »vergisst«, dass es nur spielt. Es empfindet die erfundenen Handlungen beinahe so, als wären die Puppen in seiner Hand reale Lebewesen. Dadurch wird der Lerneffekt des Spiels intensiver – das Gehirn kann die beim Spielen gemachten Erfahrungen so abspeichern, als habe es die Geschehnisse tatsächlich erlebt. Es verwundert also nicht, dass wir uns auch auf Computerspiele besonders intensiv einlassen.

Als ich mir meinen ersten Rechner kaufte, gab es bereits Computerspiele – sie waren einer der Gründe dafür, dass ich unbedingt so ein Gerät haben wollte. Ich wollte nicht nur spielen, ich wollte selbst Spiele entwickeln.

Natürlich sahen Computerspiele im Jahr 1981 anders aus als heute. Ihre Grafik war primitiv, falls es überhaupt eine gab. Ich erinnere mich an meine erste Version eines selbstprogrammierten Spiels nach dem Vorbild eines in einer Zeitschrift abgedruckten Programms namens »Hammurabi«. Das Programm simulierte die Entscheidungen, die ein Herrscher der Antike treffen musste: Wie viele Menschen sollen als Bauern Korn anbauen, wie viele sollen für die Verteidigung des Landes eingesetzt werden? Wie hoch soll der Steuersatz sein? Der Computer simulierte die Ergebnisse der Entscheidungen unter Zuhilfenahme von Zufallseinflüssen, wie Seuchen, Missernten und Überfällen feindlicher Nachbarn. Das Spiel war nur ein paar Dutzend Zeilen lang, aber es funktionierte bereits recht gut und war in der Lage, mich für Stunden zu beschäftigen.

Wesentlich aufwendiger waren die sogenannten Text Adventures, von denen »Zork« das bekannteste war. Sie gingen auf eines der ersten Computerspiele überhaupt zurück,

»Colossal Caves«, das 1972 auf einem DEC Minicomputer entwickelt worden war. Der Computer beschreibt bei dieser Spielform Orte und Gegenstände in einer virtuellen Welt, in der sich der Spieler befindet. Durch Eingabe einfacher Kommandos wie »gehe nach Norden« oder »öffne die Schatztruhe« wird das Spiel gesteuert.

Für mich haben diese Spiele immer noch eine Faszination, die über das hinausgeht, was heutige aufwendig simulierte 3D-Welten bieten können. Denn sie nutzten die eigene Vorstellungskraft und Phantasie des Spielers. Wenn man heutige Computerspiele mit den alten Text Adventures vergleicht, entsprechen Erstere einem gut gemachten Hollywood-Actionfilm, Letztere einem guten Buch. Die Firma Infocom, damals führender Anbieter solcher Text Adventures, schrieb in einer Anzeige: »Wir entfesseln den mächtigsten Grafikcomputer der Welt: das Gehirn.«

Die Firma Infocom ist längst untergegangen, und ihre genialen Produkte sind in Vergessenheit geraten, obwohl es immer noch online spielbare Versionen gibt (http://www.ifiction.org/games/index.php?cat=2). Doch die Grundidee interaktiver virtueller Welten lebt weiter und hat sich zu einer globalen Industrie entwickelt, die inzwischen größer ist als die Filmbranche. Die im Jahr 2008 bekanntesten virtuellen Welten waren »World of Warcraft« und »Second Life«.

Während sich das Gehirn bei »Zork« die virtuelle Welt noch selbst konstruieren musste, stellen die erwähnten Spiele riesige virtuelle Welten in anspruchsvoller 3D-Grafik dar, die das Gefühl, wirklich »dort« zu sein, noch einmal erheblich verstärkt. Im Unterschied zu den frühen Computerspielen durchstreift der Spieler diese Welten nicht allein. Er begegnet nicht nur simulierten Wesen, die in der Regel nur über sehr eingeschränkte Reaktionsmöglichkeiten verfügen. Stattdessen kann er die übrigen Spieler in dieser Welt sehen – genau genommen natürlich nicht die Spieler selbst, sondern ihre Spielfiguren, sogenannte Avatare. Er kann sich mit ihnen unterhalten, entweder über die Tastatur oder über eine Form von Internet-Telefonie namens Teamspeak, bei der sich Gruppen von Spielern in einer Art Telefonkonferenz zusammenschalten. Er kann gemeinsam mit ihnen gegen Monster kämpfen oder sie manchmal gar überfallen und ausplündern.

»Second Life« ist eine Welt ohne konkretes Spielziel. Man kann dort umherwandern, andere Spieler kennenlernen, mit ihnen plaudern. In gewisser Hinsicht ist »Second Life« nicht viel mehr als eine gigantische virtuelle Kneipe, in der es nichts zu trinken gibt. Allerdings haben die Spieler die Möglichkeit, sich ein virtuelles Zuhause zu schaffen. Mit Spielgeld – sogenannten Linden Dollars, benannt nach dem Erfinder des Spiels – können sie sich virtuelle Grundstücke, Häuser und Gegenstände kaufen, die andere Spieler kreiert haben. Sie können auch selbst Geld verdienen, durch simple Anwesenheit in bestimmten Bereichen, durch das Herstellen und Verkaufen von Gegenständen oder durch Grundstücksspekulationen. Sogar virtuelle Prostitution gibt es in »Second Life«.

Die so verdienten Linden-Dollars sind natürlich nur eine virtuelle Währung, doch sie haben den Sprung aus der Scheinwelt in die Realität geschafft: Es gibt einen inoffiziellen Umtauschkurs für Linden-Dollars in echte amerikanische Banknoten. Im Oktober 2008 lag der Kurs laut eBay bei etwa 4 US-Dollar für 1 000 Linden-Dollar. Nach Aussagen des Spieleanbieters Linden Labs verdienen inzwischen ca. 1 300 Personen regelmäßig mehr als 1 000 Dollar – echte wohlgemerkt – monatlich, indem sie in »Second Life« »arbeiten«.

Natürlich hat dieser virtuelle Reichtum zahlreiche Geschäftemacher angezogen. Es wurde sogar öffentlich darüber diskutiert, ob die Einnahmen in Linden-Dollar nicht versteuert werden müssten. Etliche Unternehmen haben »virtuelle Filialen« in »Second Life« eröffnet, in der Hoffnung, dort echte Kunden für ihre realen Produkte gewinnen zu können. Viele dieser Filialen sind eher Bauruinen geblieben, leere Gebäude, die in virtuellen Geisterstädten herumstehen und kaum Interessenten anlocken können.

Auch Immobilienspekulationen in »Second Life« dürften sich – unabhängig von der realen Immobilienkrise in den USA – mittelfristig nicht auszahlen, denn virtuelle Grundstücke haben einen entscheidenden Nachteil: Sie sind beliebig vermehrbar und damit nach der betriebswirtschaftlichen Theorie nichts wert, da einer begrenzten Nachfrage prinzipiell ein unendliches Angebot gegenübersteht. Das stimmt zwar im Fall von »Second Life« nur eingeschränkt, da der Wert eines Grundstücks auch von seiner Lage – relativ zu populären Orten – abhängt. Doch was eine gute Lage ist, kann sich in einer virtuellen Welt sehr schnell ändern, oder die Welt wird als Ganzes unpopulär und damit auch alle Grundstücke darin wertlos.

Der große Vorzug von »Second Life« ist seine kreativitätsfördernde Wirkung: Praktisch alles, was es in »Second Life« gibt, ist von den Bewohnern dieser Welt geschaffen worden. Von realistischen Nachbildungen ganzer Städte bis zu phantasievollen Kunstobjekten gibt es kaum etwas, das es nicht gibt. In dieser Beliebigkeit liegt natürlich auch ein Nachteil – manchmal erscheint die Welt arg zusammengewürfelt, und nicht jedes Objekt besticht durch Ästhetik und Originalität. Trotzdem kann man »Second Life« zu Recht als Land der unbegrenzten Möglichkeiten ansehen, wenn auch der Glanz dieser Welt nach einem großen »Hype« in den Jahren 2006 und 2007 inzwischen weitgehend verblasst ist.

Ganz anders sieht es mit »World of Warcraft« aus, dem im Jahr 2008 erfolgreichsten Computerspiel aller Zeiten. Über 11 Millionen Menschen waren zu dieser Zeit bei dem Spiel angemeldet, und im Unterschied zu »Second Life«, wo es ähnlich viele Anmeldungen, aber zahllose »Karteileichen« gibt, zahlen alle diese Spieler regelmäßig Geld und sind tatsächlich aktiv. Damit hat die »Welt der Kriegskunst« mehr Einwohner als beispielsweise Österreich oder Tschechien und generiert jährlich Milliardenumsätze.

Anders als in »Second Life« steht hier nicht die Kreativität der Teilnehmer im Vordergrund. Der Name deutet schon an, dass es in dieser virtuellen Welt nicht besonders friedlich zugeht. Im Wesentlichen besteht das Spielziel darin, Monster zu besiegen, dabei Schätze zu erbeuten und Erfahrungspunkte zu sammeln, die die eigene Figur stärker machen, so dass man noch größere Monster besiegen kann, um noch wertvollere Schätze zu erbeuten, und so weiter. Die sogenannten »Level« geben dabei die Stärke der Figur an und repräsentieren gleichzeitig so etwas wie Ansehen und sozialen Status in der Spielwelt.

Natürlich ist das Spielprinzip nicht ganz so simpel, wie es oben klingt. »World of Warcraft« lebt vor allem von den komplexen sozialen Interaktionen der Spieler untereinander. Die meisten Aufgaben kann man nur mit mehreren Spielern gemeinsam lösen. Also muss man sich einer der zahlreichen »Gilden« anschließen, die wiederum untereinander Meinungsverschiedenheiten austragen oder Bündnisse schließen. All das macht eine Menge Spaß, den man nur wirklich ermessen kann, wenn man es einmal selbst ausprobiert hat.

Ähnlich wie in »Second Life« gibt es auch in »WOW«,

wie es die Spieler nennen, eine komplexe Wirtschaft mit virtuellem Geld. Und auch wenn der Betreiber des Spiels, Blizzard Entertainment, es ausdrücklich untersagt, können Gold, wertvolle Waffen und Ausrüstungsgegenstände bei einschlägigen Anbietern gegen harte Dollar erworben werden.

Anders als in »Second Life« ist die Knappheit der Güter hier real: Dieses besondere Seelenschwert mit dem Extra-Schadensbonus gegen Untote oder jene superstabile Zwergenrüstung gibt es vielleicht tatsächlich nur ein einziges Mal im Spiel. Kein Spieler kann so etwas selbst herstellen, das können nur die Entwickler. Kein Wunder also, dass sich eine riesige »Schattenwirtschaft« um das Spiel rankt. Man kann nicht nur Gold und Ausrüstung erwerben, sondern seine Spielfigur auch von Profis vom schwächlichen Anfänger zum Level-50-Superhelden »trainieren« lassen – gegen Geld natürlich. Angeblich leben in China eine halbe Million Menschen von derartigen Dienstleistungen oder dem Erbeuten und gewerblichen Verkauf besonderer Spielgegenstände.

Das Problem ist dabei nicht, dass Jugendliche ihr ganzes Taschengeld für nichtexistierende Schwerter ausgeben oder dafür, dass jemand anderes für sie ein Spiel spielt. Das in den Medien vieldiskutierte Problem ist die »magische« Anziehungskraft, die »WOW« und vergleichbare, sogenannte »Massive Multiplayer Games« ausüben.

Man kann den Entwicklern von »World of Warcraft« nicht vorwerfen, ein sinnleeres Spiel geschaffen zu haben, das Gewalt verherrlicht und Jugendliche abstumpft. Im Gegenteil haben sie sich viel Mühe gegeben, das Spiel interessant und abwechslungsreich zu gestalten. Die Graphik ist eindrucksvoll, es gibt viele interessante Rätsel zu lösen, und vor allem steht hier – im Unterschied zu den zu

Recht geschmähten »Egoshootern« – das Miteinander, die soziale Interaktion mit anderen Spielern, im Vordergrund. Die »WOW«-Spieler begeben sich freiwillig und begeistert in diese Welt, weil sie so viel interessanter und bunter ist, so viel mehr Bestätigung und Erfolgserlebnisse bietet als die triste, graue Realität. Das Spiel macht nicht dumm, es macht vor allem süchtig.

Eine Studie des Zentrums für empirische pädagogische Forschung der Universität Landau kam bei Auswertung von Online-Fragebögen zu der Ansicht, dass 11,3 Prozent der Befragten ein pathologisches, also krankhaftes Verhalten zeigten. Diese Zahlen kann man nicht verallgemeinern, da hier vor allem männliche Jugendliche teilnahmen, die einen Online-Zugang hatten, und somit der Vielspieler-Anteil überdurchschnittlich hoch ist. Dennoch hat die Studie ein beträchtliches Medienecho ausgelöst und die Vorbehalte insbesondere gegenüber »World of Warcraft«, das pathologische Spieler überdurchschnittlich oft spielten, verschärft.

Es geht mir nicht darum, Online-Rollenspiele generell zu verteufeln. Die Studie zeigt im Übrigen, dass häufiges und langes Computerspielen noch nicht dasselbe ist wie pathologisch süchtiges Spielverhalten. Viele Intensivspieler sind sich des Suchtpotentials durchaus bewusst. Doch es ist offensichtlich, dass es »World of Warcraft« noch viel besser als unser Fernsehprogramm schafft, Menschen in seinen Bann zu ziehen, sie zu paralysieren.

Man könnte einwenden, dass »WOW«-Spieler im Unterschied zu Fernsehzuschauern nicht bloß passiv konsumieren, sondern sich aktiv beschäftigen. Sie verbringen Zeit mit Freunden, sie reden miteinander, sie überlegen sich kreative Strategien, um gemeinsam Probleme zu lösen. Nebenbei trainieren sie noch räumliches Denken und

Hand-Auge-Koordination, lernen, schnell am Computer zu schreiben und generell mit der Komplexität moderner Technik umzugehen, wie Matthias Horx in einem Erfahrungsbericht bemerkt. Sicher Fähigkeiten, die in Zukunft nützlich sind. Was ist so schlimm daran?

Ob es »schlimm« ist, wenn Menschen einen wesentlichen Teil ihrer Zeit in virtuellen Welten statt in der realen Welt verbringen, muss jeder Leser für sich bewerten. Offensichtlich ist aber, dass das Online-Spielen bestimmte Fähigkeiten fördert, während andere verkümmern.

Dies ist der Preis, den Intensivspieler, meist unbewusst, für ihren Spaß zahlen: Die Zeit, die sie vor dem Computer verbringen, bleibt ungenutzt, um eigene Talente und die realen menschlichen Beziehungen zu entwickeln. Sie verbringen nicht »wirklich« Zeit mit Freunden – meist sind die Interaktionen in der virtuellen Welt eher flach, man trifft sich mit Unbekannten, erledigt gemeinsam eine Aufgabe und geht wieder auseinander. Selbst wenn man mit guten Freunden gemeinsam spielt, fehlt vieles, was eine menschliche Interaktion ausmacht: die Mimik und Gestik, die körperliche Nähe. Das subtile Spiel der menschlichen Beziehungen kann in »World of Warcraft« sicher nicht ausreichend trainiert werden; soziale Kompetenzen leiden darunter. Oft wird auch die Leistungsfähigkeit in Schule und Beruf durch zu intensives Spielen vermindert – es bleibt viel zu wenig Zeit für Sport, aktives Lernen oder Ruhe und Erholung.

Horx bemerkt über die Erfahrungen mit seinen eigenen Söhnen: »Die Kinder lernen langsam (und mühsam genug), die gnadenlose Sogwirkung des Spiels zu moderieren und von sich aus den Ausgang aus dem Dungeon zu finden – die Sportanteile balancieren allmählich wieder die »WOW«-Zeit, die Schulleistungen haben sich stabilisiert.«

Andere Eltern berichten von gegenteiligen Erfahrungen. Nicht jeder Spieler findet von sich aus den Weg zurück in den tristen Alltag, und nicht jeder Jugendliche hat einen Vater, der selbst viel Zeit in der Spielwelt verbringt und beim Herausfinden helfen kann.

Es besteht die Gefahr eines Teufelskreises: Während der pathologische Intensivspieler in der virtuellen Welt immer erfolgreicher ist, gelingt ihm in der Realität immer weniger. Seine Beziehungen zu Mitspielern werden intensiver, seine Kontakte in der wirklichen Welt verkümmern. Es zieht ihn mehr und mehr in die schöne Scheinwelt. Die Verlockung der blauen Pille wird immer mächtiger. Die Therapieangebote für computerspielsüchtige Menschen boomen, und nicht alle Geschädigten sind jung.

Zwischen den ersten, rein textbasierten Adventure Games und »World of Warcraft« liegen etwa dreißig Jahre memetischer Evolution. In dieser Zeit sind wir dem Horrorszenario aus der »Matrix« bereits gefährlich nahe gekommen: Die Maschinen haben gelernt, sich unseren unerfüllten Sehnsüchten so weit anzupassen, dass ein signifikanter Prozentsatz vor allem junger Männer ihren Verlockungen in einem Ausmaß erliegt, das man nicht mehr gesund nennen kann. Dabei stehen wir erst am Anfang dieser Entwicklung.

Das Beispiel von »World of Warcraft« zeigt: Wir müssen nicht auf neuronale Interfaces, perfekte Weltsimulationen und Datenanzüge warten. Die Eigenschaft unseres Gehirns, sich voll und ganz auf künstliche Welten einzulassen, schafft uns bereits heute die fast perfekte Illusion. Doch der Kreislauf von Reproduktion, Mutation und Selektion ist noch lange nicht zu Ende. Die Scheinwelten des Jahres 2030 werden ungleich verlockender sein als alles, was uns ein heutiger PC auf den Bildschirm zaubert.

Die virtuelle Welt hat aber natürlich auch ihre guten Seiten. Als wir vor einigen Jahren ein Einfamilienhaus bauten, konnte ich selbst mit Hilfe einer kostengünstigen 3D-Planungssoftware in wenigen Stunden ein Modell davon erstellen, in dem ich virtuell »herumlaufen« konnte. So bekamen wir ein Gefühl für die Proportionen und konnten die Einrichtung planen, lange bevor auch nur der erste Spatenstich getan war.

Um die Strömungseigenschaften und damit den Windwiderstand und Benzinverbrauch eines Autos zu untersuchen, musste man früher maßstabsgetreue Modelle bauen und in einem Windkanal ziemlich aufwendig testen. Jede noch so kleine Änderung an der Karosserieform führte dazu, dass ein neues Modell gebaut werden musste. Das dauerte Tage oder sogar Wochen. Heute werden die Strömungseigenschaften neuer Autos im Computer simuliert. Die Veränderung der Karosserie erfolgt per Mausklick, die neuen Strömungseigenschaften werden innerhalb von Sekundenbruchteilen berechnet. Ein Karosseriedesigner kann heute an einem Tag mehrere Dutzend Veränderungsschritte vornehmen und ihre Auswirkungen simulieren, also viele »Generationen« von Karosserien entwickeln. Das hätte früher Monate gedauert. Quasi als Nebeneffekt liefert der Computer dabei nicht nur eine verbesserte Form, sondern gleich auch die Konstruktionsdaten für die benötigten Bleche.

Der Effekt dieses technischen Fortschritts ist nicht nur ein niedrigerer Benzinverbrauch, sondern vor allem eine Beschleunigung der Mutation und Selektion neuer Automobilgenerationen. Die memetische Evolution nimmt quasi eine Abkürzung: Sie umgeht die mühsame und zeitraubende Selektion der Meme durch den Test in der Realität. Die Evolution selbst wird virtualisiert.

Es gibt inzwischen kaum noch einen Bereich der Wissenschaft und Technik, der ohne Computersimulationen auskommt: von der Kosmologie, die beispielsweise versucht, die Entstehung von Sternen und Galaxien durch Computermodelle besser zu verstehen, über Städteplanung und Architektur, den Entwurf von Industrieanlagen, das Design von Gebrauchsgegenständen und die Entwicklung von Computerchips bis zu Molekularbiologie und Quantenphysik. Und dieser Trend zur Virtualisierung der Wissenschaft wird sich fortsetzen, denn es ist viel schneller, einfacher und billiger, Experimente zu simulieren, als sie in der Realität durchzuführen. Vieles ist auch im praktischen Experiment gar nicht möglich, etwa das Erforschen der Frage, wie ein Stern entsteht oder was bei der Kollision zweier Galaxien geschieht.

Natürlich kommen wir nicht ohne die Beobachtung der Natur aus, wenn wir mehr über den Kosmos und die Welt um uns herum wissen wollen. Aber in Zukunft werden wir immer häufiger Beobachtungen in der Realität mit Experimenten im virtuellen Raum vermischen. Wir werden feststellen, dass es in diesen theoretischen, simulierten Welten unglaublich viel zu entdecken gibt.

Ein Beispiel dafür ist die Chaosforschung, die unser Verständnis komplexer Prozesse in der Realität – von der Natur bis zu den Wirtschaftswissenschaften – enorm erweitert hat. Sie hat ihren Ursprung in einem Simulationsexperiment. 1963 beschäftigte sich der Meteorologe Edward Lorenz mit der Simulation des Verhaltens von Gasen bei ihrer Erhitzung. Um Rechenzeit zu sparen, rechnete er nicht die gesamte Simulation jeweils neu durch, sondern verwendete Zwischenergebnisse aus einem vorherigen Simulationslauf. Obwohl der Computer mit 6 Stellen Genauigkeit rechnete, gab Lorenz bei einigen Simulationsläufen nur die ersten 3 Stellen der Zwischenergebnisse ein. Er stellte verblüfft fest, dass sich die Ergebnisse der Simulation dramatisch voneinander unterschieden, obwohl die Startwerte nur minimal abwichen (zum Beispiel 0,506 statt 0,506127). Daraus formulierte er die berühmte Analogie des Schmetterlingsflügel-Effekts, dem wir bereits in Kapitel 1 begegnet sind.

Interessant daran ist, dass Lorenz in seiner Simulation einen Effekt entdeckt hatte, der sich nur innerhalb der Simulation auswirkte. Dennoch konnte er aus dieser Beobachtung eine wichtige Schlussfolgerung für die Realität ziehen, die zur Entwicklung eines ganzen Wissenschaftszweigs geführt hat. Man kann vermuten, dass in virtuellen Welten noch eine Menge solcher verborgenen Zusammenhänge zu entdecken sind, die auch in der realen Welt wirken. Die Erforschung von Simulationen funktioniert also quasi in zwei Richtungen: Man kann reales Geschehen in die simulierte Welt projizieren und daraus Folgerungen ableiten, oder man entdeckt Zusammenhänge direkt in virtuellen Welten und überträgt diese auf die Realität. Beispielsweise lassen sich aus Simulationsmodellen über das Verhalten von Schwärmen Rückschlüsse auf die Entwicklung primitiver Intelligenzformen ziehen.

Es ist wahrscheinlich, dass sich ein immer größerer Teil unserer wissenschaftlichen Arbeit von der realen in simulierte Welten verlagern wird – in »unendliche Weiten, die nie zuvor ein menschliches Auge erblickt hat« sozusagen.

Vielleicht ist dies auch eine mögliche Erklärung für das sogenannte Fermi-Paradoxon. Enrico Fermi, einer der Entwickler der ersten Atombombe, formulierte eines Tages sinngemäß folgende Frage: »Wenn es irgendwo da draußen im Weltall intelligentes Leben gibt, warum sehen wir es dann nicht?«

Die Frage ist weniger hypothetisch, als sie vielleicht auf Anhieb klingt. Zwar sind Entfernungen im Weltraum so groß, dass wir sie mit der heute erkennbaren Technik nicht überwinden können, doch wir haben bereits gesehen, wie schnell sich diese Technik entwickelt. Selbst wenn man nicht von einer exponentiellen Weiterentwicklung der Technik ausgeht und die Lichtgeschwindigkeit als unüberwindliche Grenze für interstellare Reisen annimmt, müsste es eigentlich von Außerirdischen in unserer unmittelbaren Nachbarschaft nur so wimmeln.

In unserer Galaxis gibt es etwa 100 Milliarden Sterne, von denen vermutlich ein großer Teil ein Planetensystem besitzt. Selbst wenn die Wahrscheinlichkeit für Leben auf einem dieser Planeten sehr klein ist, müsste es dennoch viele bewohnte Planeten geben. Wie ich darzulegen versuchte, ist die memetische Evolution, und damit die Entwicklung von Technologie, eine Zwangsläufigkeit, die früher oder später eintreten wird, wenn es auf einem Planeten Leben gibt.

Der entscheidende Punkt ist, dass unsere Galaxis sehr viel älter ist als unser Sonnensystem, nämlich mindestens doppelt so alt. Auf der Erde ist schon nach in geologischem Maßstab kurzer Zeit Leben entstanden, sobald die Voraussetzungen dafür (eine hinreichend abgekühlte Oberfläche und Wasser, das von Kometeneinschlägen stammt) gegeben waren. Selbst wenn man davon ausgeht, dass in der noch jungen Galaxis Leben weniger wahrscheinlich war, müsste es Planeten geben, auf denen schon 1 Milliarde Jahre früher Leben entstanden ist als bei uns. Und selbst wenn nur auf sehr wenigen davon intelligentes Leben entstanden ist, müssten uns einige dieser Zivilisationen mindestens einige Millionen Jahre voraus sein.

Betrachten wir die Entwicklung des Menschen, so sind

zwischen der Erfindung der Schrift und der Mondlandung höchstens 50000 Jahre vergangen. 1 Million Jahre ist 20-mal so viel Zeit. Es erscheint kaum plausibel, dass wir nicht in der Lage wären, eine Technik zu entwickeln, mit der wir fremde Planetensysteme besiedeln können, wenn wir 1 Million Jahre dafür Zeit hätten. Und wenn wir es könnten, würde es bei exponentiellem Bevölkerungswachstum und annähernd lichtschnellen Raumschiffen »nur« ein paar weitere Millionen Jahre dauern, bis wir jeden bewohnbaren Winkel unserer Galaxis erobert hätten. Dabei haben wir die übrigen etwa 1 Billion Galaxien noch gar nicht berücksichtigt.

Wo also sind die Aliens?

Es gibt eine große Zahl möglicher Erklärungen, die sowohl von interessierten Amateuren als auch von ernstzunehmenden Wissenschaftlern diskutiert werden. Sie reichen von abenteuerlichen Verschwörungstheorien (sie sind längst hier, aber das wird von der Regierung geheim gehalten) über mathematische Modelle (sie breiten sich nicht schnell genug aus) bis zur »Rare Earth Hypothesis«, die davon ausgeht, dass intelligentes Leben viel weniger wahrscheinlich ist, als viele Wissenschaftler glauben, und wir einfach ein äußerst seltener Glücksfall sind.

Eine im Sinne der memetischen Evolution nicht unplausible Hypothese ist, dass sich intelligente Zivilisationen bald nach der Erfindung der Raumfahrt »virtualisieren«, sich also statt im Weltraum in künstlichen Universen ausbreiten. Dafür spricht einerseits, dass solche simulierten Welten sehr schnell leistungsfähiger, realistischer und damit attraktiver werden, siehe oben. Andererseits ist die Kolonisation des Weltraums, wie wir schon diskutiert haben, vor allem für »Schwellenzivilisationen« wie unsere äußerst aufwendig, riskant und teuer. Vielleicht sind die

Kosten, diese Schwelle zu überspringen, einfach zu hoch, die Attraktivität zu niedrig, so dass intelligente Zivilisationen generell darauf verzichten. Es könnte sein, dass virtuelle Welten dauerhaft viel »interessanter« sind als die Realität, so dass entsprechend weit entwickelte Wesen freiwillig »die blaue Pille schlucken« und ihr Interesse an der Kolonisation des Weltalls einfach vergessen.

Nach einer etwas pessimistischeren Sichtweise führt die memetische Evolution irgendwann zwingend dazu, dass biologische Wesen durch Maschinen ersetzt werden, die nicht über einen natürlichen, genetisch programmierten Ausbreitungsdrang verfügen. Eine andere Möglichkeit wäre die, dass unser Universum selbst eine Simulation ist und wir die Studienobjekte einer überlegenen Zivilisation, die wir ebenso wenig wahrnehmen können wie Bakterien unter dem Mikroskop den Menschen, der sie beobachtet.

Diese Gedanken sind nicht als wissenschaftlich fundierte Hypothesen gemeint. Sie sollen lediglich illustrieren, welche Konsequenzen das »Schlucken der blauen Pille« letztendlich haben könnte.

Wir haben gesehen, zu welchen Konsequenzen das Konzept der memetischen Evolution führt:

- Der Unterschied zwischen »natürlich« und »künstlich«, zwischen »lebendig« und »nicht lebendig« verwischt.
- Meme sind (genau wie Gene) »egoistisch«. Sie breiten sich auch dann aus, wenn uns das schadet. Produkte, die Früchte der Meme, manipulieren und verführen uns, so wie Blumen die Bienen manipulieren.
- Memetische Evolution begegnet uns überall, im Supermarkt, in Büchern und Geschichten. Selbst unser Bild von Gott ist ein Produkt der Evolution.

- Unsere Sichtweise, dass »denken« bedeutet, »wie ein Mensch zu denken«, verstellt uns den Blick dafür, dass uns Maschinen in vielen Bereichen bereits übertreffen. In wenigen Jahrzehnten wird es praktisch nichts mehr geben, was Maschinen nicht besser können als wir – außer, wie ein Mensch zu sein.
- Maschinen sind wesentlich effizienter darin, Meme zu reproduzieren, zu mutieren und auch zu selektieren. Und sie passen sich viel schneller an uns an als wir uns an sie. Auch ohne neuronale Schnittstellen gehen wir immer engere Mensch-Maschine-Verbindungen ein. Damit vergrößert sich auch unsere Abhängigkeit von ihnen und ihr Einfluss auf uns.
- Der Reiz virtueller Welten wird immer stärker. Es besteht die Gefahr, dass viele Menschen freiwillig »die blaue Pille schlucken« und den Kontakt zur Realität mehr und mehr verlieren.

Was bedeutet das alles für unsere Zukunft? Wie sollen wir damit umgehen? Diese Fragen sind Gegenstand des dritten Teils des Buches.

Teil III
So lasst uns denn ein Apfelbäumchen selektieren

1. Zurück in die Steinzeit

Wir haben gesehen, dass Computer virtuelle Welten simulieren können, die uns helfen, die Realität besser zu verstehen. Mit ihrer Hilfe kann man Produkte testen, bevor sie überhaupt existieren.

Der nächste Schritt ist es, dem Computer selbst die Entwicklung und Verbesserung von Produkten und Prozessen zu überlassen. Dies geschieht zum Beispiel mit Hilfe sogenannter »genetischer Algorithmen«, die bereits in den sechziger Jahren entwickelt wurden. Der Bezug zur Genetik soll andeuten, dass die Prinzipien der Evolution – Reproduktion, Mutation, Selektion – Anwendung finden. Dafür wird auch der Begriff Evolutionsstrategien verwendet.

Genetische Algorithmen beziehungsweise Evolutionsstrategien gehören in den Bereich der heuristischen Lösungsverfahren. Das bedeutet, sie suchen nicht nach einer mathematisch »perfekten« oder optimalen Lösung, weil das zugrundeliegende Problem dafür zu komplex ist. Stattdessen geben sie sich mit »guten« Lösungen zufrieden. Solche heuristischen Lösungsverfahren werden in fast allen Bereichen der technischen Entwicklung und bei betriebswirtschaftlichen Entscheidungen angewandt, weil es in der Praxis kaum Möglichkeiten gibt, mathematisch optimale Lösungen zu finden und umzusetzen. Praktische Anwendungen genetischer Algorithmen finden sich beispielsweise bei der Verbesserung von Strömungseigenschaften von Autokarosserien, Flugzeugtragflächen oder auch Gas- und Wasserleitungen.

Es ist wichtig, sich zu vergegenwärtigen, dass genetische Algorithmen keine »Intelligenz« voraussetzen. Computer müssen also nicht »denken« können, um Produkte zu verbessern oder neue zu entwickeln. Allerdings benötigen sie heute noch einen Menschen, der eine Ausgangslösung (zum Beispiel den ersten Entwurf einer Karosserie), die gewünschten Parameter (zum Beispiel Luftwiderstand) und gewisse Rahmenbedingungen (zum Beispiel genug Platz für vier Insassen) definiert.

Ein anderes Beispiel für automatische Produktentwicklung sind die bereits erwähnten Codegeneratoren in der Softwareindustrie. Der Softwareentwickler definiert nicht mehr, *wie* ein Programm eine Aufgabe erledigen soll, sondern nur noch, *was* es tun muss. Der Codegenerator erledigt den Rest. Hierfür muss der Entwickler das Problem allerdings in einem mathematisch exakten Modell formulieren, beispielsweise in einer strukturierten Beschreibungssprache wie UML.

Einen Schritt weiter geht das sogenannte intentionale Programmieren. Hierbei geht es darum, Probleme in einer vageren, »menschlicheren« Form zu beschreiben. Der Entwickler definiert nur noch, welche Kriterien eine richtige oder gute Lösung erfüllen muss. Die Software sucht dann selbst nach der passenden Methode.

Die Idee des intentionalen Programmierens wurde von dem aus Ungarn stammenden Milliardär Charles Simonyi entwickelt. Er ist einer der Erfinder der graphischen Benutzeroberfläche, die uns heute so geläufig ist, und war einer der ersten Mitarbeiter der Firma Microsoft. Außerdem flog er als Weltraumtourist an Bord der ISS und finanziert Richard Dawkins' Lehrstuhl an der Universität Oxford. Ein Mann also, der seine Ideen auch in die Tat umsetzt.

Simonyis Vision ist es, dass Anwender selbst ihre eigenen Programme entwickeln, ohne dafür eine Programmiersprache erlernen zu müssen. Die Methode des intentionalen Programmierens steckt noch in den Kinderschuhen, aber man kann sich leicht vorstellen, dass sie die Art und Weise, wie wir mit Computern umgehen, grundlegend verändern wird, wenn es Simonyi oder anderen gelingt, hier einen Durchbruch zu erzielen.

Die Beispiele machen es durchaus vorstellbar, dass Computer in naher Zukunft neue Produktgenerationen ohne menschliche Hilfe entwickeln können. Mit der Weiterentwicklung der Automatisierung in der Fertigung könnten bestimmte Produkte, zum Beispiel Computerbauteile, vollautomatisch hergestellt werden. Der gesamte Prozess von der Entwicklung über die Fertigungsplanung bis zur Ausführung könnte irgendwann von Computern ohne menschliches Zutun erledigt werden. Man könnte das eine »autonome Fabrik« nennen.

Eine solche Fabrik wäre zunächst noch davon abhängig, dass Menschen sie mit Energie und Rohstoffen versorgen und ihr sagen, welche der entwickelten Produkte einen hohen praktischen Nutzen haben und welche nicht. Vielleicht bräuchte sie auch noch menschliche Reparatur- und Pflegeteams. Doch die Prozesse im Inneren der Fabrik könnten weitgehend im Verborgenen bleiben. Irgendwann würden sich dann autonome Fabriken zu Netzwerken zusammenschließen, die fertige Endprodukte herstellen – Endprodukte, die vielleicht nie ein Mensch »bestellt« hat.

Sicher wird es noch eine Weile dauern, bis es solche vollständig autonomen Fabriken gibt, die ohne jeglichen menschlichen Eingriff arbeiten. Aber es ist bereits jetzt festzustellen, dass die Rolle des Menschen bei der Fertigung komplexer Produkte immer weiter zurückgedrängt wird. Und nach allem, was wir bisher festgestellt haben, können wir davon ausgehen, dass sich dieser Prozess fortsetzt.

Selbst wenn Menschen auch in Zukunft noch eine Rolle in hochautomatisierten Produktionsprozessen spielen, werden sie doch immer weniger verstehen, was genau dort eigentlich geschieht. Lackierer in einer Autofabrik müssen ja auch nicht wissen, wie das Auto, das sie gerade mit Farbe besprühen, funktioniert. Sie führen einfach die Anweisungen aus, die sie von der Fertigungsplanung erhalten.

Und diese Anweisungen werden bereits heute immer häufiger von Maschinen erstellt. Wenn beispielsweise ein Kunde in einem Autohaus einen Neuwagen in einer bestimmten Farbe bestellt, sorgt das Fertigungssteuerungssystem der Automobilfabrik dafür, dass ein bestimmtes Modell in genau dieser Farbe lackiert wird, ohne dass ein Angestellter der Fabrik irgendwo in diesem Prozess eine bewusste Entscheidung über die Lackfarbe treffen muss.

Je größer der Automatisierungsgrad in der Entwicklung und Fertigung komplexer Maschinen wird und je geringer die Rolle des Menschen dabei ist, desto mehr nähern wir uns dem Punkt, an dem wir *überhaupt nicht mehr* verstehen, was eigentlich um uns herum geschieht. Dieser Punkt wird gelegentlich als »technologische Singularität« bezeichnet.

Eine Singularität ist, mathematisch gesehen, der Grenzwert, dem eine exponentielle Entwicklung zustrebt – an dem sie den Wert »Unendlich« annimmt. Echte Singularitäten kommen in der bekannten Natur nicht vor. Bezogen auf die memetische Evolution wäre eine Singularität dann gegeben, wenn die Veränderungsgeschwindigkeit unendlich wäre. Das ist offensichtlich unmöglich.

Im übertragenen Sinn ist mit »technischer Singularität« etwas anderes gemeint: Der Punkt nämlich, an dem wir Menschen die Kontrolle über die technische Entwicklung verlieren, an dem sich die memetische Evolution allein, ohne unser Zutun, vollzieht. Der Moment also, von dem an wir quasi nur noch danebenstehen und zusehen können, was die Maschinen machen.

Tatsächlich handelt es sich hierbei wohl nicht um einen konkreten Zeitpunkt, sondern eher um einen graduellen Übergang. Während heute in den Industriezentren der Welt hochautomatisierte Fabriken Computerchips herstellen können, deren Leiterbahnen nur noch wenige Atome breit sind, werden gleichzeitig in den armen Regionen der Welt primitive Arbeitsgeräte von Hand hergestellt. Während das Internet mit atemberaubender Geschwindigkeit wächst und die Weltwirtschaft von Grund auf verändert, gibt es immer noch viele Menschen, die gar nicht wissen, dass es existiert. Einige Ureinwohner in den Regenwäldern Asiens und Südamerikas leben weiterhin auf einem kulturellen Entwicklungsstand, der weitgehend dem der Steinzeit entspricht.

Matthias Horx erklärt diesen Umstand in »Technolution« damit, dass diese primitiven Kulturen in einem Zustand des Gleichgewichts leben, in dem sie die Technik einfach nicht brauchen. Dagegen spricht allerdings die Beobachtung, dass solche Kulturen moderne Technik sehr schnell aufnehmen, sobald sie damit in Berührung kommen. Die Kolonialisierung der Welt durch die Europäer in den letzten Jahrhunderten hat das deutlich gemacht. Wenn es heute noch »Steinzeitkulturen« gibt, dann nur deshalb, weil sie in absoluter Abgeschiedenheit leben und die moderne Technik noch nicht bis zu ihnen vordringen konnte. Auch in der Natur gibt es in unzugänglichen Regionen ökologische Nischen, die sehr lange unverändert geblieben sind und vom Wandel der Umgebung nicht betroffen waren.

Erinnern wir uns: Evolution ist nicht zielgerichtet. Sie strebt nicht von einfach zu komplex, von dumm zu intelligent, von langsam zu schnell und so weiter. Wie wir gesehen haben, sind wir Menschen nicht die Krone der genetischen Evolution, und Computer sind ebenso wenig die Krone der memetischen Evolution.

Meme, die einen Unternehmensgründer in Kalifornien zum Milliardär machen können, sind im Urwald von Borneo völlig nutzlos. Evolution schafft Vielfalt, und das bedeutet, dass es immer komplexere Technologien gibt, einfach weil sich die Spannweite zwischen »Einfach« und »Komplex« immer weiter vergrößert. Das Beispiel des Betrunkenen von Stephen Jay Gould hat das illustriert.

Die komplexen Technologien verdrängen die primitiveren Meme jedoch ebenso wenig, wie Menschen die Bakterien verdrängt haben. Viele Meme sterben aus, aber wahrscheinlich werden komplexe Maschinen auch nach hunderttausend Jahren technischer Evolution immer noch durch einfache Gewindeschrauben zusammengehalten.

Das bedeutet, dass es in Zukunft zwar technische Entwicklungen geben wird, die das Begriffsvermögen eines einzelnen Menschen – egal, welche Ausbildung er hat und wie klug er ist – weit übersteigen. Gleichzeitig wird es, solange es Menschen gibt, auch immer einfache, seit Jahrhunderten weitgehend unveränderte Werkzeuge wie Hammer und Nagel geben.

Das heißt jedoch nicht, dass die Menschen, die solche primitiven Technologien verwenden, von den Auswirkungen der komplexen Technologien verschont bleiben. Im Gegenteil: Die heutigen Urwaldvölker sehen ihren Lebensraum zunehmend durch Veränderungen bedroht, deren Ursachen sie nicht kennen und nicht verstehen können. Wenn diese Veränderungen sie schließlich erreichen, werden sie oft an den Rand gedrängt und müssen ein Dasein in Armut fristen. So ist es beispielsweise dem Pygmäenvolk der Batwa in Zentralafrika ergangen, die aus ihren angestammten Lebensräumen im Urwald verdrängt wurden und heute in Slums am Rande der Städte leben.

Eine perfide Gerechtigkeit wird vermutlich in den nächsten Jahrzehnten dafür sorgen, dass die Menschen in den Industrienationen in gewisser Hinsicht auf eine Erkenntnisstufe zurückfallen, die der in der Steinzeit ähnelt. Denn die ungebremste technische Evolution wird dazu führen, dass unser Verständnis der unmittelbaren Umwelt immer mehr abnimmt, bis wir unsere Welt auf ähnliche Weise wahrnehmen wie unsere entfernten Vorfahren die ihre: Ein Steinzeitmensch wusste, was er tun muss, wenn es regnete oder wenn er einen Säbelzahntiger sah. Aber er wusste nicht, *warum* es regnet, ebenso wenig, wie er die Funktion der Organe eines Säbelzahntigers kannte.

Vor etwa einer Menschengeneration, Anfang der siebziger Jahre, bestand ein typischer Büroarbeitsplatz aus einem Schreibtisch, Postein- und -ausgangskorb, einem Drehkreuz mit Stempeln, einer Schreibmaschine und einem Telefon. Alle betrieblichen Informationsprozesse liefen auf Papierbasis ab. Wollte man etwas vervielfältigen, gab es Durchschlagpapier – Fotokopierer waren noch eine teure Seltenheit. Musste man Dokumente verschicken, gab es dafür nur zwei Wege: Die gewöhnliche Post oder, wenn es schnell gehen musste, den sündhaft teuren Kurierdienst. Texte konnten elektronisch mit riesigen Telexmaschinen, die auf Lochstreifenbasis arbeiteten, oder per Telegrafie übertragen werden. Telefax-Geräte existierten zwar schon, aber da man nicht davon ausgehen konnte, dass der Empfänger eines Dokuments eines besaß, blieb ihre Nutzung noch die Ausnahme.

Die Funktionsweise all dieser Geräte konnte ein Durchschnittsbürger ohne technische Vorbildung verstehen, wenn man sie ihm erklärte. In die Schreibmaschine konnte man hineingucken und sehen, wie sich die Hebelarme mit den Buchstaben bewegten, wenn man eine Taste drückte. Wenn sich, was häufig vorkam, zwei Hebel verklemmten oder sich das Farbband verhedderte, löste man das Problem mit der Hand.

Schon 10 Jahre später sah die Bürowelt völlig anders aus. Die mechanischen Schreibmaschinen waren fast völlig durch elektrische verdrängt worden, deren Funktionsweise sich Nichttechnikern nicht mehr unmittelbar erschloss. In den Finanzabteilungen standen Computer mit bernsteinfarben oder grünlich leuchtenden Monitoren. Ihre Software war zwar meist nur wenige Tausend Programmzeilen lang und in der Regel von der hauseigenen Datenverarbeitungsabteilung entwickelt worden. Trotzdem ging sie weit über den Verständnishorizont der meisten Menschen hinaus, die damit arbeiteten. Telefaxe hatten die alten Telexe verdrängt und machten so manche Kuriersendung überflüssig, Kopierer und Computerdrucker sorgten für eine wahre Papierschwemme in den Büros.

Das Verständnis des normalen kaufmännischen Angestellten in Bezug auf die Technik, die er verwendete, war bereits deutlich gesunken.

Noch einmal 10 Jahre später, Anfang der neunziger Jahre: Schreibmaschinen werden kaum noch genutzt, die Telefaxe erreichen ihren maximalen Verbreitungsgrad, Computer gehören zur Standardausstattung jedes Arbeitsplatzes. Software wird nicht mehr selbst entwickelt, sondern spezialisierte Firmen übernehmen diese Aufgabe. Folgerichtig heißt der reichste Mann der Welt Bill Gates. Computerprobleme können nicht mehr vollständig durch die hauseigene EDV gelöst werden, immer häufiger müssen externe Spezialisten hinzugezogen werden. Otto Normalanwender gewöhnt sich an Vokabeln wie »Computerabsturz«, »Sicherheitskopie« und »Virus«. Dass es ein Internet gibt, mit dem man global Daten austauschen kann, wissen allerdings nur die wenigsten, und E-Mail-Adressen haben nur Wissenschaftler und Computerfreaks.

Schauen Sie sich heute an einem typischen Arbeitsplatz um. Selbst in die Fabrikhallen haben Computer Einzug gehalten – sie steuern Maschinen, teilen mit, was als Nächstes zu tun ist, verwalten die Arbeitszeit. Wir haben uns längst daran gewöhnt, dass wir die Maschinen, die wir benutzen, nicht einmal mehr ansatzweise verstehen. Auch die IT-Abteilung (irgendwann in der Zwischenzeit ist die deutsche Abkürzung »EDV« aus der Mode gekommen) kann bei Problemen meist nur mit den Schultern zucken und versucht, aus dem Internet ein aktuelles »Update« der verwendeten Software herunterzuladen, in der Hoffnung, dass irgendwer beim Hersteller das Problem inzwischen erkannt und behoben hat.

Denken Sie 10 Jahre weiter, 20, 50. Wie sieht die Welt dann aus? Man muss gar nicht über konkrete technische Entwicklungen spekulieren, um zu erkennen, dass wir praktisch überall von einer Technik umgeben sein werden, die wir nicht mehr verstehen. Unsere Kleidung wird möglicherweise komplexe Computertechnologie enthalten, ebenso wie unsere Küchengeräte, Spielzeuge und Möbel. Vielleicht können wir auf Knopfdruck die Farbe unseres Anzugs oder unser Tapetenmuster verändern. Auf jeden Fall werden wir auf Schritt und Tritt von Computern begleitet sein, Computern, die so allgegenwärtig sind, dass wir sie gar nicht mehr wahrnehmen – so wenig, wie uns heute bewusst ist, wie viele Elektromotoren in unserer unmittelbaren Umgebung vor sich hin surren. Diese Welt wird vermutlich nicht besser oder schlechter sein als die heutige, aber um mehrere Größenordnungen komplexer. Und sie wird uns vor neue Herausforderungen stellen.

»Lassen Sie uns annehmen, es gelingt den Computerwissenschaftlern, intelligente Maschinen zu entwickeln, die alle Dinge besser erledigen als Menschen. In diesem Fall wird vermutlich alle Arbeit von riesigen, hochkomplexen Maschinensystemen erledigt, ohne dass menschlicher Aufwand notwendig ist. Wenn dies geschieht, gibt es zwei Möglichkeiten: Entweder die Maschinen entscheiden vollkommen autonom, oder es bleibt eine gewisse Kontrolle der Menschen über die Maschinen erhalten.

Wenn die Maschinen alle Entscheidungen allein treffen, lässt sich nicht vorhersagen, was das Ergebnis wäre, denn wir können unmöglich wissen, wie diese Maschinen sich verhalten würden. Wir wollen nur darauf hinweisen, dass die Menschheit dann der Gnade der Maschinen ausgeliefert wäre.

Man könnte argumentieren, dass die Menschen niemals dumm genug wären, alle Macht den Maschinen zu geben. Aber wir unterstellen auch weder, dass die Menschen die Macht freiwillig abgeben, noch, dass die Maschinen aktiv nach der Macht greifen werden. Was wir nahelegen, ist, dass die Menschheit sich leicht in eine solche Abhängigkeit von der Technik manövrieren könnte, dass ihr praktisch keine andere Wahl bliebe, als alle Entscheidungen der Maschinen zu akzeptieren.

In dem Maße, wie die Gesellschaft und die Probleme, die sie betreffen, komplexer werden und die Intelligenz der Maschinen zunimmt, werden Menschen den Maschinen immer mehr Entscheidungen übertragen, einfach weil die Entscheidungen der Maschinen bessere Ergebnisse produzieren als die von Menschen getroffenen. Irgendwann könnte dann eine Situation eintreten, in der die notwendigen Entscheidungen so komplex sind, dass Menschen sie gar nicht mehr sinnvoll treffen können. Dann werden die Menschen die Maschinen nicht einfach abschalten können, weil sie so abhängig von ihnen sein werden, dass deren Abschaltung einem Selbstmord gleichkäme.«

Die vorstehenden Zeilen stammen von Theodore Kaczynski, dem sogenannten »Una-Bomber«, der in den achtziger Jahren mehrere Attentate auf wissenschaftliche Einrichtungen verübte und drei Menschen tötete. (Das Zitat stammt aus dem Buch »The Age of Spiritual Machines« von Ray Kurzweil, die sinngemäße Übersetzung von mir.)

Kaczynskis Taten sind durch nichts zu rechtfertigen, aber seine obige Aussage hat eine beklemmende Logik. Tatsächlich gibt es schon heute viele Bereiche, in denen wir Maschinen die Entscheidungen treffen lassen, beispielsweise, weil Menschen nicht schnell genug reagieren können. Moderne Autos verfügen über elektronische Stabilitätssysteme, die in Grenzsituationen die Kontrolle über das Gefährt übernehmen. An der Börse werden inzwischen viele Kauf- und Verkaufsentscheidungen von Computern getroffen, die viel schneller auf Trends und Schwankungen reagieren können als Menschen, was einen Teil der immer heftigeren Kursausschläge erklärt. Sofern diese Entscheidungen im Durchschnitt besser sind als die von Menschen, gibt es wenig Grund, daran etwas zu ändern – im Gegenteil wird die Menge der Bereiche, in denen wir Maschinen die Entscheidung überlassen, mit Sicherheit zunehmen.

Dies kann natürlich im Einzelfall auch negative Konsequenzen haben. Als im März 2008 ein Airbus beim Landeanflug auf den Flughafen Hamburg mit einer Tragfläche die Landebahn streifte und es beinahe eine Katastrophe gegeben hätte, hatte ein Computer die »Hand im Spiel«. Die Pilotin hatte versucht, eine plötzlich aufgekommene Seitenwind-Bö durch entsprechende Leitwerkssteuerung auszugleichen. Der Computer jedoch entschied anders: Da eines der Räder des Airbuses bereits auf der Landebahn aufgesetzt hatte, war er in den Bodensteuerungs-Modus gesprungen und hatte die Steuerbewegungen der Pilotin künstlich begrenzt.

Dieses Ereignis heizte eine Diskussion über die Frage an, was Piloten im Cockpit eigentlich noch dürfen – böse Zungen bezeichnen sie bereits als »bestbezahlte Passagiere«. Der Hersteller Airbus argumentierte allerdings nicht zu Unrecht, dass die Bordelektronik insgesamt wesentlich mehr Unfälle aufgrund menschlicher Fehler verhindert habe, als durch Fehlfunktion entstanden seien. So oder so wird die Konsequenz aus diesem Ereignis am Ende kaum sein, dass die automatische Sicherheitskontrolle beim Landeanflug abgeschaltet wird. Sie wird stattdessen verbessert werden, so dass ein Ereignis wie in Hamburg nicht wieder vorkommen kann.

Auch wenn es im ersten Moment nicht so erscheint, ist das automatische Lenken eines Autos durch das Verkehrsgewühl einer Großstadt wesentlich schwieriger als das Steuern eines Flugzeugs in einem so gut strukturierten und überwachten Umfeld wie dem europäischen Luftraum. Doch auch dieses Problem ist lösbar. Im Sommer 2008 wurde in einer deutschen Fernsehshow erstmals ein selbststeuerndes Automobil aus der VW-Entwicklungsabteilung live demonstriert. Eine Fernsehmoderatorin ließ sich von dem Fahrzeug durch einen Testparcours kutschieren, in dem es auch unvorbereitet mit spontan auftauchenden Hindernissen umgehen musste. Noch ist die Technik nicht serienreif, doch Autohersteller glauben, um das Jahr 2020 entsprechende alltagstaugliche Modelle anbieten zu können.

Die interessante Frage in diesem Zusammenhang ist weniger, ob es technisch möglich ist, Autos zu bauen, deren Bordcomputer »besser« lenken als Menschen. Die Frage ist, ob wir solche Fahrzeuge überhaupt wollen. Ist ausgerechnet der typische deutsche Autobesitzer bereit, sich freiwillig das Lenkrad aus der Hand nehmen zu lassen? Diese Frage stellt sich auch Matthias Horx zu Recht und beurteilt sie skeptisch.

Sollte es sich allerdings herausstellen, dass eines Tages Computer tatsächlich die besseren Autofahrer sind, so wird dies in mindestens zwei Bereichen unmittelbare Auswirkungen haben. Erstens wird es vermutlich vor allem im Güterverkehr rasch zur Automatisierung kommen, so dass unsere Straßen von computergesteuerten, selbstfahrenden Containern wimmeln werden. Aufgrund der dadurch sinkenden Kosten wird es vielleicht bald viel mehr davon geben als heute von Menschen gesteuerte Lkws.

Zweitens werden die Versicherungsprämien für von Menschen gesteuerte Privatfahrzeuge steigen. Denn wenn sich zeigt, dass Computer weniger Unfälle verursachen, werden sich Versicherungsprodukte entwickeln, die diesen Umstand in der Prämienstruktur berücksichtigen, so wie heute ein Fahranfänger viel mehr für seine Autoversicherung bezahlen muss als eine seit dreißig Jahren unfallfrei fahrende Person. Möglicherweise reicht dieser finanzielle

Anreiz aus, um auch Automatisierungsskeptiker zu überzeugen. Irgendwann wird es dann vielleicht sogar untersagt sein, Autos selbst zu steuern, weil sich zeigt, dass »Selbstfahrer«, ähnlich wie heute Raser auf der Autobahn, nicht nur sich selbst, sondern auch andere gefährden.

Kurzweil, ein ausgeprägter Optimist, was die technologische Zukunft angeht, weist Kaczynskis Meinung als Aussage eines »modernen Ludditen« ab. Die Ludditen waren Maschinenstürmer, die sich Ende des 19. Jahrhunderts gegen die zunehmende Industrialisierung Englands zur Wehr setzten und Fabriken zerstörten. Allerdings protestierten sie damals nicht gegen die Technik an sich, sondern gegen die sozialen Begleitumstände, die aus heutiger Sicht kaum vorstellbares Elend über die bis dahin von ihrem Handwerk lebende Bevölkerung brachte.

Hat Kaczynski recht? Sein Argument, dass wir den Maschinen immer mehr Entscheidungen übertragen, weil diese Entscheidungen einfach besser sind, erscheint sehr plausibel. Dies wird umso mehr gelten, je komplexer unsere Welt wird. Damit nähern wir uns tatsächlich einem Zustand an, der einer technischen Singularität im übertragenen Sinn ähnelt.

Wenn wir unsere technische Umwelt eines Tages so wenig verstehen wie Steinzeitmenschen die ihre, dann sind wir darauf angewiesen, dass die Maschinen »nett« zu uns sind. Davor hatte Kaczynski Angst, und ich kann diese Angst durchaus nachvollziehen. Komplexe Systeme neigen zu Fehlern und chaotischen Ausprägungen, und wir werden die Leidtragenden davon sein.

Doch es besteht wohl kein Anlass zu übertriebener Sorge. Es ist äußerst unwahrscheinlich, dass Maschinen aus ideologischen oder religiösen Gründen Menschen umbringen werden, wie wir biologischen Wesen das seit Jahrtausenden tun. Und da sie nicht in direkter Konkurrenz zu uns stehen, sondern im Gegenteil von unserer Pflege und Weiterentwicklung profitieren, haben sie auch sonst keinen Grund, uns schlecht zu behandeln oder gar Kriege gegen uns zu führen.

Der Schritt der Evolution von der »belebten« in die »unbelebte« Welt ist in gewisser Hinsicht vergleichbar mit der Eroberung des Landes durch die ersten Lebewesen vor ca. 440 Millionen Jahren. Bis dahin hatten sich neue Lebensformen nur im Wasser entwickeln können. Jetzt jedoch konnte die Evolution neue Lebensräume erschließen und damit ganz neue Arten hervorbringen. Das hat dem Leben im Wasser zunächst einmal nicht geschadet. Es ist durchaus denkbar, dass sich Maschinen in der Zukunft primär in »Lebensräumen« ausbreiten, die für uns Menschen unwirtlich sind – beispielsweise tief im Erdboden oder im Weltraum, wo Energie in praktisch unbegrenzter Menge verfügbar ist.

Die schlechte Nachricht ist: Ganz ohne Nebenwirkungen wird eine unkontrollierte Ausbreitung anorganischer »Lebensformen« nicht bleiben. Wale und Delphine können ein Lied davon singen, dass das Leben in den Ozeanen nicht mehr dasselbe ist, seit eine gewisse Spezies von Landbewohnern ihre Abwässer ungeklärt in die Flüsse leitet, die Meere leerfischt und das Klima so lange aufheizt, bis die Polkappen abtauen und der Golfstrom zum Erliegen kommt.

Die »Nebenwirkungen« des Evolutionssprungs in die anorganische Welt sind bereits jetzt zu spüren. Sie werden sich vermutlich noch deutlich verstärken, wenn sich Maschinen irgendwann vollkommen selbständig und unabhängig vom Menschen reproduzieren können. Paradoxerweise liegt aber gerade in der technischen Entwicklung auch die Chance, dass wir unsere Umweltprobleme lösen können, und zwar mit Hilfe derselben memetischen Evolution, die sie ursprünglich verursacht hat.

Die biologische Evolution passt sich an veränderte Umweltbedingungen, zum Beispiel in Form knapper werdender Nahrungsressourcen, an. Es entwickeln sich Spezies, die mit weniger Futter auskommen oder anderes, besser verfügbares bevorzugen. Ganz ähnlich verhält es sich mit Memen. Wenn beispielsweise das Öl knapp wird, breiten sich Meme für sparsamere Automodelle und Hybridmotoren, die zum Teil auf andere Energiequellen zurückgreifen können, aus. Neue Energiegewinnungs-Meme, wie die Herstellung von Windkraftanlagen, aber auch Energieeinsparungs-Meme können sich durchsetzen. Auch frische Luft ohne übermäßigen CO_2-Anteil ist ein knapper Faktor – zumindest dann, wenn wir Menschen ihn knapp machen, zum Beispiel durch erhöhte Abgaben auf CO_2-Ausstoß. Das führt automatisch dazu, dass Maschinen mit geringerem CO_2-Ausstoß einen Selektionsvorteil bekommen, sich ihre Meme also durchsetzen können.

Leider bedeutet das noch nicht, dass damit alle Probleme gelöst sind. Denn wenn sich die Maschinen schneller ausbreiten, als ihr CO_2-Ausstoß fällt, wird die Menge des insgesamt abgegebenen Treibhausgases weiter steigen. Diesen Effekt können wir momentan beobachten: Obwohl die Energieeffizienz in den westlichen Ländern deutlich verbessert wurde, steigt der CO_2-Ausstoß durch das rasante Wachstum in den Entwicklungs- und Schwellenländern weiter an. Dennoch besteht eine gute Chance, dass es durch die eingeleiteten Veränderungsprozesse zu einer Trendumkehr kommen kann.

Als biologische Lebewesen haben wir unsere eigenen Stärken und Schwächen, so dass in einer Symbiose mit den

Maschinen höchstwahrscheinlich auch auf lange Sicht für beide Seiten Vorteile liegen werden. Das Problem ist allerdings, dass wir viele Entwicklungen einfach nicht mehr verstehen und daher möglicherweise falsch darauf reagieren werden und dass unvorhergesehene Nebeneffekte negative Konsequenzen für uns haben können.

Nehmen wir an, wir würden einen Ureinwohner aus dem Amazonasbecken unvorbereitet in einer heutigen Großstadt aussetzen – für ihn wäre das eine gefährliche Situation. Er wüsste sich nicht im Straßenverkehr zu verhalten oder verstünde nicht, dass es keine gute Idee ist, auf einen Strommast zu klettern.

Ähnlich könnte es uns allen ergehen, wenn wir eines Tages in einer Welt leben, die wir nicht mehr verstehen. Es wird Unfälle geben, weil wir uns in dieser komplexen Welt nicht mehr zurechtfinden und falsch verhalten. Aber auch die Maschinen selbst werden Fehler machen, weil sie ähnlich wie Menschen die Konsequenzen ihrer eigenen Entscheidungen nicht vollständig einschätzen können. Das Ergebnis könnten Fehlfunktionen mit möglicherweise katastrophalen Folgen sein, wie beispielsweise ein Zusammenbruch der Energie-, Wasser- oder Nahrungsmittelversorgung oder des Finanzsystems.

Die Auswirkungen dieser Fehler werden umso schlimmer sein, je tiefer wir uns in die Abhängigkeit von der Technik begeben, je mehr wir ihr blind vertrauen. Um es auf die Spitze zu treiben: Wenn es tatsächlich eines Tages Menschen geben sollte, die sich *freiwillig* in lebenserhaltende Tanks legen, um in virtuellen Welten ihren realen Körper für immer zu vergessen, würde ein simpler Stromausfall wahrscheinlich ihren Tod bedeuten. Es liegt also auch an uns, wie weit wir es kommen lassen.

Doch selbst wenn sich eine zunehmende Abhängigkeit

von der Technik nicht vermeiden lässt: Es ist unwahrscheinlich, dass technische Fehler in der Summe schlimmer sind als all die Naturkatastrophen, Kriege und Krankheiten, die die Menschheit schon immer heimgesucht haben und deren Auswirkungen vielleicht mit Hilfe der Technik gemildert werden können. Es bleibt also die Hoffnung, dass eine von Maschinen beherrschte Zukunft insgesamt nicht schlechter sein wird als unsere bewegte Vergangenheit. Vermutlich aber sehr viel überraschender.

2. Wir haben die Wahl

Die bisherigen Überlegungen haben gezeigt, dass sich die Menschheit – genauer gesagt, der Teil der Menschheit, der den Komfort moderner Technologie genießen kann – in eine möglicherweise verhängnisvolle Abhängigkeit von den Maschinen begeben könnte. Eine Abhängigkeit, die letzten Endes vielleicht zu einer Art Sklaven- oder auch Haustier-Dasein unter der Herrschaft intelligenter Maschinen führen wird, wenn man den pessimistischen Gedanken des Una-Bombers folgt.

Bill Joy, einer der Gründer der Firma Sun Microsystems und als Entwickler der Programmiersprache Java einer der bedeutendsten Pioniere des Internets, veröffentlichte im Jahr 2000 einen aufsehenerregenden Essay mit dem Titel »Warum die Zukunft uns nicht braucht«. Darin heißt es: »Doch nun, mit der Aussicht, dass Computer in 30 Jahren die Leistungsfähigkeit des menschlichen Gehirns erreichen, drängt sich mir ein neuer Gedanke auf: dass ich vielleicht dabei bin, die Werkzeuge zu schaffen, mit denen eine Technologie konstruiert wird, die den Menschen ersetzen könnte. Wie ich mich dabei fühle? Verdammt unwohl.«

Wenn jemand wie Bill Joy sich unwohl fühlt, dann sollte man das nicht auf die leichte Schulter nehmen. Er ist sicher kein »moderner Luddit« wie vielleicht Theodore Kaczynski, denn er hat die Entwicklung moderner Technologie maßgeblich mit vorangetrieben. Und sein Essay zeugt von profunder Fachkenntnis.

Ich habe darzulegen versucht, dass der Fortschritt in Form der memetischen Evolution nicht aufzuhalten ist und sich zumindest noch einige Zeit weiter exponentiell beschleunigen dürfte. Ein unangenehmes Gefühl der Unsicherheit angesichts der sich daraus ergebenden Konsequenzen ist durchaus angebracht. Und die von Bill Joy aufgeworfene Frage ist nicht unberechtigt: Braucht uns die Zukunft eigentlich noch?

Die Antwort darauf ist ebenso einfach wie ernüchternd: nein!

Die Zukunft, die Natur, das Leben auf der Erde haben uns nie gebraucht. Auch die Evolution wäre prima ohne uns ausgekommen, obwohl wir ihr als Beschleuniger der Entwicklung der Meme durchaus nützlich sind. Wir Menschen sind auf diesem Planeten nur geduldet. So wie alle anderen Spezies müssen wir jeden Tag aufs Neue beweisen, dass wir unseren Platz im knappen Lebensraum der Erde zu Recht innehaben.

Wir müssen uns klarmachen, dass sich unsere heutige Existenzberechtigung *nur* aus unserer Rolle als Beschleuniger der memetischen Evolution ableitet. Ohne die Technik, die mit unserer Hilfe entstanden ist, wären wir vermutlich längst ausgestorben oder würden in ökologischen Nischen ein bescheidenes Dasein fristen. Früher oder später würde eine andere Spezies Intelligenz entwickeln und irgendwann auch Computer bauen. Spätestens dann würde es uns nicht anders ergehen als den letzten Berggorillas und Orang-Utans.

Wir leben mit den Maschinen, die uns am Leben erhalten, in Symbiose – einer Symbiose, die das Leben auf der Erde grundsätzlich verändert. Und es ist durchaus denkbar, dass unsere Symbionten irgendwann völlig ohne uns auskommen und sich aus dieser Zweckgemeinschaft lösen, um ihrer eigenen Wege zu gehen – so etwas kommt auch in der Natur vor.

Was also sollen wir tun? Den Fortschritt mit allen Mitteln verlangsamen? Zurück in die Steinzeit im buchstäblichen Sinn? Das sind sicher keine ernstzunehmenden Optionen, und sie würden aus den oben erwähnten Gründen auch nicht funktionieren. Doch wir stehen dieser Entwicklung keinesfalls hilflos gegenüber. Denn wir verfügen über eine enorme Macht: Wir können selektieren.

Vergegenwärtigen wir uns noch einmal, wie die memetische Evolution funktioniert: Meme werden über Sprache, Schrift oder ein anderes Medium reproduziert, dabei teilweise mutiert und dann selektiert. Diese Selektion findet – noch – im Wesentlichen in unseren Gehirnen statt. Wie wir gesehen haben, sind Meme egoistisch. Sie »wollen«, dass wir sie replizieren. Sie locken uns, verführen uns. Aber sie können uns nicht zwingen!

Wir entscheiden, welchen Witz wir weitererzählen und welchen nicht. Wir entscheiden, welche Produkte wir kaufen, welche Bücher wir lesen. Wir bestimmen, wem wir vertrauen – was nichts anderes bedeutet, als dass wir Meme, die eine solche Vertrauensperson uns übermittelt, als besonders reproduktionswürdig einstufen. Unser Daumen bestimmt, welcher Knopf auf der Fernbedienung gedrückt wird oder ob wir Fernseher und Computer lieber ausschalten, um mit anderen Menschen Aug in Aug Meme auszutauschen.

Naive Menschen könnten angesichts der dargestellten Probleme fordern, »die da oben« müssten endlich begreifen, welche Gefahren von der Technik ausgehen. Die Industrie müsse aufhören, immer leistungsstärkere Computer herzustellen und miteinander zu vernetzen. Die Wissenschaftler müssten darauf verzichten, künstliche Intelligenzen herstellen zu wollen.

Doch eine solche Forderung wäre sinnlos. Politiker und

Unternehmensführer haben weit weniger Entscheidungsfreiheit, als ihnen oft zugeschrieben wird. Politiker tun in der Regel, was sie glauben, tun zu müssen, um wiedergewählt zu werden. Dieser oft kritisierte »Egoismus« ist tatsächlich die Basis unserer Demokratie. Denn handelten Politiker anders, würden sie sich dem Willen der Wähler widersetzen. Memetische Evolution findet auch in der Politik statt – die Parteien und Politiker, die erfolgreiche Meme in ihren Programmen haben, werden gewählt. Diese Meme sind »egoistisch« – sie versuchen, sich auszubreiten, unabhängig davon, ob sie »wahr« sind (sofern man das bei politischen Ideen überhaupt bewerten kann). Aber es sind nicht die Politiker, die entscheiden, welche Meme erfolgreich sind und welche nicht. Es sind die Wähler.

Dasselbe gilt für die Wirtschaft. Die vermeintlich mächtigen »Industriebonzen« haben in den meisten großen Unternehmen nur einen sehr beschränkten Entscheidungsspielraum. Der Kapitalmarkt straft gnadenlos jeden ab, der eine falsche Marktentscheidung trifft – zum Beispiel Produkte herstellt, die sich nicht gut verkaufen oder die zu teuer sind, weil sie in Hochlohnländern produziert werden. Ein Vorstandsvorsitzender, der sich gegen das Diktat des Marktes und des Kapitals auflehnen würde, und sei es aus noch so vernünftigen, ethisch und moralisch zwingenden Gründen, bliebe nicht lange in seinem Job. Welche Produkte gekauft werden, welche Entscheidungen also richtig oder falsch waren, bestimmen nicht die Unternehmensführer und auch nicht die Börse, sondern die Kunden – letzten Endes die Verbraucher.

Ganz gewöhnliche Menschen, Sie, ich, wir alle haben die Macht zu entscheiden, wie die memetische Evolution weitergehen soll. Hören wir also auf zu jammern, und fangen wir an zu selektieren.

Wir wollen die Zerstörung der Umwelt durch Maschinen stoppen? Gut, dann müssen wir nur die Selektionskriterien so verändern, dass sich umweltfreundliche Meme durchsetzen. Indem wir zum Beispiel Autos mit geringerem Benzinverbrauch kaufen, sorgen wir dafür, dass die Ingenieure der Autokonzerne noch sparsamere Autos entwickeln. Wenn wir häufiger öffentliche Verkehrsmittel nutzen, tragen wir damit zu ihrer Rentabilität bei und sorgen dafür, dass möglicherweise die Strecken ausgebaut werden oder Züge häufiger verkehren. Wenn wir zu Fuß gehen oder das Fahrrad nehmen, sorgen wir allein durch unser Verhalten für die Ausbreitung solcher Meme, da andere sie beobachten und imitieren können.

Es mag einem so vorkommen, dass man mit seinem eigenen Selektionsverhalten nur einen geringen Einfluss hat. Welcher Industrieboss beachtet schon die Kaufentscheidung eines einzelnen Käufers? Doch in einer komplexen, vernetzten Welt können selbst Einzelentscheidungen eine große Wirkung haben. Eine gute Idee, die ein einzelner Mensch hat, kann sich wie ein Lauffeuer ausbreiten. Wenn wir mit anderen über die Dinge reden, die wir für wichtig und richtig halten, dann sorgen wir damit für eine Ausbreitung dieser positiven Meme. Wir sollten dabei nicht vergessen, dass jede Spezies auf der Erde durch eine geringfügige Mutation eines kleinen Abschnittes ihrer DNA aus einer anderen Spezies entstanden ist – eine winzige Ursache mit großer Wirkung.

Wie groß die Macht positiver Meme sein kann, zeigt das Beispiel der Kampagne gegen den Klimawandel, die der frühere US-Präsidentschaftskandidat Al Gore ins Leben rief und für die er den Friedensnobelpreis verliehen bekam. Während sich die angeblich mächtigen Staatsoberhäupter der Welt – von vielen verschiedenen Interessengruppen unter Druck gesetzt – auf Klimakonferenzen kaum auf belastbare Ziele und verbindliche Abschlusserklärungen einigen können, hat Al Gore die Einstellung sehr vieler Menschen zu Energie und Umwelt verändert. Mit seinem Film »Eine unbequeme Wahrheit«, mit Konzerten und Veranstaltungen auf der ganzen Welt hat er vielen Menschen verdeutlicht, wie prekär das Problem ist, und vor allem, dass wir alle etwas tun können und tun müssen.

Er hat unsere Selektionskriterien verändert.

Diese Veränderung hat erhebliche Auswirkungen auf Politik und Wirtschaft. Am Beispiel der Automobilindustrie wird das deutlich: Nach der ersten Ölkrise Anfang der siebziger Jahre arbeiteten die Autohersteller fieberhaft an Möglichkeiten, benzinsparende Autos zu bauen. Tatsächlich gelang es ihnen, den Verbrauch pro 100 Kilometer drastisch zu senken, was einer der Gründe für den späteren Exporterfolg der deutschen Autoindustrie war. Konzeptstudien zeigten, dass es möglich ist, mit 3 Litern Benzin 100 Kilometer zurückzulegen, auch wenn dieser Wert bei verkauften Modellen nie ganz erreicht wurde.

Doch die Menschen gewöhnten sich bald an die höheren Benzinpreise, und der Kraftstoffverbrauch verlor als Selektionskriterium an Bedeutung. So konzentrierten sich viele Autobauer auf neue Modeströmungen, wie die – aus technischer und ökologischer Sicht vollkommen unsinnigen – allradgetriebenen Geländewagen für den Stadtverkehr. Ein neues, vielversprechendes Mem konnte sich dagegen in Europa vorerst nicht durchsetzen: der Hybridmotor.

Das Konzept des Hybridmotors ist seit langem bekannt. Dabei wird der Wagen gleichzeitig von einem Elektro- und einem Benzinmotor angetrieben, die über ein spezielles Getriebe miteinander gekoppelt sind. Bei einer Beschleunigung des Wagens »hilft« der Elektromotor mit, so dass der Benzinmotor weniger leisten muss und daher weniger verbraucht. Beim Bremsen und Bergabfahren wird ein Teil der Bewegungsenergie zum Aufladen der Batterien des Elektromotors genutzt. Bereits in den siebziger Jahren gab es erste Experimente mit diesem Konzept, in den Achtzigern stellten unter anderem Volkswagen und Mercedes-Benz Prototypen vor. Doch 1997 war es der japanische Hersteller Toyota, der das erste hybridgetriebene Serienfahrzeug auf den Markt brachte. Erst auf der Internationalen Automobilausstellung im September 2009 zeigten auch deutsche Hersteller ihre ersten Hybrid-Serienmodelle.

Die noch vor kurzem äußerst populären Geländewagen waren inzwischen aufgrund ihres hohen Benzinverbrauchs in der Käufergunst gesunken. Heute gilt es als schlechter Stil, noch mit einem solchen Gefährt zu fahren – zumindest überall dort, wo die Straßenverhältnisse den Gebrauch eines Allradfahrzeugs nicht erfordern. Die durch Al Gore mitverursachte Veränderung der Selektionskriterien führte inzwischen – verstärkt durch die Finanzkrise – zu einem Absatzeinbruch bei Geländewagen. Dies bewog den Hersteller Toyota, ein ursprünglich für die Produktion von allradgetriebenen Fahrzeugen vorgesehenes Werk in den USA der Produktion seines Hybridmodells »Prius« umzuwidmen.

Genau genommen war es aber nicht Al Gore, der diesen Umschwung erreicht hat. Es waren die Menschen, die ihm zugehört und vertraut haben, die seine Botschaft, seine Meme aufgenommen und weitergegeben haben. Sie vielleicht, ich und viele mehr.

In Bezug auf den Klimawandel und unsere Zukunft könnte man die Idee, ein Auto mit Hybridmotor zu kaufen, als ein »gutes« Mem ansehen, die Anschaffung eines

Geländewagens als Statussymbol dagegen als »böses« Mem. Allgemein ausgedrückt: »Gute« Meme sind solche, deren Verbreitung einen positiven Effekt auf die zukünftige Entwicklung der menschlichen Spezies hat, also quasi symbiotische Meme. »Böse« Meme sind solche, deren Verbreitung negative Konsequenzen hat, in der Terminologie der Biologie also parasitäre Meme. Wir tun gut daran, gute, symbiotische Meme zu verbreiten und böse, parasitäre Meme möglichst auszumerzen.

Das ist allerdings leichter gesagt als getan. Denn was »gut« und was »böse« ist, weiß man oft erst lange, nachdem man das betreffende Mem aufgenommen und weitergegeben hat.

Jede Veränderung hat nicht nur unmittelbare Auswirkungen, sondern erzeugt auch indirekte Reaktionen und Gegenreaktionen, die sich in einem komplexen, dynamischen System zu kaum vorhersehbaren Turbulenzen aufschaukeln. Das lässt sich am Beispiel fast jeder Technik demonstrieren.

Nehmen wir etwa das Auto. Schon bei seiner Einführung gab es die Sorge vor stinkenden, lauten Städten und Unfällen, die sich im Großen und Ganzen bewahrheitet hat. Diese unmittelbaren Auswirkungen waren gut vorhersehbar, wurden jedoch durch die ebenso klaren Vorteile der Mobilität mehr als kompensiert.

Das Auto-Mem hatte jedoch sehr viel weiterreichende, kaum im Voraus absehbare Folgen. Der Autoverkehr brauchte neue Straßen, die ganze Industrien schufen, Landschaften und Städte nachhaltig veränderten. Das Auto war eine der ersten komplizierten Maschinen, die in großer Stückzahl hergestellt wurden, was Henry Ford veranlasste, die Fließbandfertigung zu erfinden und damit die gesamte Industrielandschaft zu verändern. Umhüllt von Panzerplatten, mechanisierte es den Krieg, machte Fußsoldaten buchstäblich zu »Kanonenfutter«. In seiner Variante als Traktor revolutionierte es die Landwirtschaft und führte dazu, dass heute nicht mehr 95 Prozent der Menschen für die Ernährung der restlichen 5 Prozent arbeiten müssen, sondern umgekehrt nur noch 5 Prozent benötigt werden, um die übrigen zu ernähren.

Das Auto entfachte einen ungeheuren Hunger nach Öl, der das globale Kräfteverhältnis bis heute prägt, zu mehreren Kriegen geführt hat und auch ein Grund für die zunehmenden Spannungen zwischen den großen Weltreligionen ist. Es ist eine der Hauptursachen für die Umweltverschmutzung und das Aussterben zahlloser Tierarten. Gleichzeitig begünstigte es wie keine andere Erfindung die industrielle Arbeitsteilung, die letztlich zur Globalisierung führte. Und auch dies ist ein zweischneidiges Schwert: Während Kritiker die Verschärfung der Kluft zwischen Arm und Reich und einen neuen Imperialismus internationaler Konzerne anprangern, ist kaum zu bezweifeln, dass der globale Handel und die wirtschaftliche Macht der Demokratie große Weltkriege wie die des letzten Jahrhunderts haben unwahrscheinlicher werden lassen.

Man kann einwenden, nicht allein das Automobil hätte all diese Veränderungen bewirkt, was sicherlich stimmt. Die Erkenntnis aber bleibt, nach der die Auswirkungen einer neuen Technologie außerordentlich komplex sind und praktisch nie nur positiv oder negativ sein können.

Das Beispiel virtueller Welten verdeutlicht uns ebenfalls, wie nah Fluch und Segen einer neuen Technologie beieinanderliegen. Wir können durch Simulation biochemischer Vorgänge neue Medikamente viel schneller entwickeln und laufen gleichzeitig Gefahr, einen beträchtlichen Teil der Kreativität und Produktivität junger Menschen aufgrund von Realitätsflucht zu verlieren. Virtuelle Welten bieten Entspannung und Vergnügen, können einsamen Menschen neue Kontakte bringen und dennoch zu Sucht und Vereinsamung führen.

Es gibt Meme, die so offensichtlich bösartig sind, dass man sich ernsthaft fragt, wieso irgendjemand jemals auf sie »hereinfallen« konnte. Wir haben bereits das Beispiel der Herstellung von Drogen diskutiert. Ein anderes, extremes Beispiel ist die Atombombe. Ihre Erfindung hat zum ersten Mal einer Spezies die Möglichkeit gegeben, sich vollständig selbst zu vernichten. Mindestens zwei Mal – während der Kubakrise 1962 und aufgrund einer gefährlichen Verkettung von Missverständnissen im November 1983 – stand die Welt dicht vor dem Abgrund eines Atomkriegs. Noch heute gibt es etwa 30000 Atomsprengköpfe auf der Welt, von denen die meisten ein Vielfaches der Sprengkraft der Hiroshima-Bombe haben. Mehr als genug, um die ultimative Katastrophe auch heute noch Realität werden zu lassen. Alle Versuche, das Atombomben-Mem in seiner Ausbreitung zu beschränken, wie etwa der Atomwaffen-Sperrvertrag, erwiesen sich als vergeblich. Totalitäre Regime wie Iran und Nordkorea sind offensichtlich im Besitz dieser Meme und bieten ihnen einen guten Nährboden. Nach der Meinung von Sicherheitsexperten ist es nur eine Frage der Zeit, bis Terroristen irgendwann die ultimative Bombe in die Hände bekommen und sie einsetzen.

Das Beispiel zeigt eine besondere Eigenschaft von Memen, die sie mit Bakterien und Schimmelpilzen gemeinsam haben: Sind sie erst einmal in der Welt, wird man sie nicht so leicht wieder los. Gedanken können nicht wieder zurückgenommen, nicht »ungedacht« werden. Keine Idee ist so absurd oder perfide, dass sie nicht in irgendeinem Hirn auf fruchtbaren Boden fallen würde. Und in Zeiten des

Internets ist es selbst für die seltsamsten Meme (vielleicht sogar gerade für diese) leicht, sich auszubreiten.

Besonders schlimm ist, dass auch bösartige Meme mutieren und sich an veränderte Umweltbedingungen anpassen. Es ist technisch sehr aufwendig, eine Atombombe zu bauen – das schränkt die Ausbreitungsmöglichkeiten des Mems ein. Also bilden sich einfacher realisierbare Mutationen wie die sogenannte »schmutzige Bombe«. Sie besteht aus einem konventionellen Sprengsatz, der mit Plutonium oder Uran versehen ist. Explodiert er, entwickelt er zwar nicht die enorme Sprengkraft einer echten Atombombe, doch er sorgt ebenfalls für radioaktive Verseuchung.

Die Erbauer der Atombombe ahnten, dass ihre Erfindung schreckliche Folgen haben könnte. Sie waren von Selbstzweifeln und Gewissensbissen geplagt. Der Physiker Leo Szilard, der schon 1933 die Möglichkeit einer Atombombe erkannte und gemeinsam mit Albert Einstein Präsident Roosevelt zu ihrem Bau aufgefordert hatte, versuchte noch 1945 mit aller Macht, ihren Einsatz zu verhindern. Er hatte korrekt vorhergesehen, dass die Zündung einer Atombombe ein Wettrüsten zwischen Ost und West auslösen und die Welt an den Rand der Zerstörung führen würde. Enrico Fermi, der den ersten Atomreaktor der Welt entwickelte, spekulierte darüber, dass die Zündung einer Kernwaffe die Atmosphäre in Brand setzen und die gesamte Erde vernichten könne. Robert Oppenheimer, der das »Manhattan Projekt« leitete und als »Vater der Atombombe« gilt, wurde nach dem Einsatz zu einem überzeugten Gegner von Kernwaffen und fiel dadurch in der amerikanischen Politik in Ungnade. In einem Interview sagte er später, er habe nach der ersten Kernwaffenzündung an eine Zeile aus der Bhagawadgita, dem Heiligen Buch der Hindus, denken müssen: »Jetzt bin ich der Tod geworden, Zerstörer der Welten.«

Doch trotz aller Zweifel wurde die Bombe gebaut und eingesetzt. Warum? Wieso hatten sich selbst überzeugte Pazifisten wie Albert Einstein für die Verbreitung dieses schrecklichen Mems starkgemacht?

Der wesentliche Grund war wohl ein Mem, das besonders oft eine Symbiose mit bösartigen Memen eingeht: »Wenn wir es nicht machen, dann macht es jemand anders.« Wir haben es bereits im Zusammenhang mit der Drogenherstellung kennengelernt. Dieses Mem ist der Grund, weshalb sich auch ein bösartiges Mem fast immer verbreiten kann. Da man niemals vollständig ausschließen kann, dass jemand anders einem bösartigen Mem zur Ausbreitung verhilft, sind damit praktisch alle Taten zu rechtfertigen. Konkret war es die nicht unberechtigte Sorge davor, dass Adolf Hitler eine Atomwaffe bauen könnte, die Einstein und andere veranlasste, dieses Projekt selbst in die Hand zu nehmen.

Als das »Manhattan-Projekt« beendet war und die erste Atombombe gezündet wurde, war längst klar, dass die USA das Rennen gegen Nazideutschland gewonnen hatten. Man hätte die Entwicklung einstellen, die Unterlagen vernichten und der Welt ein jahrzehntelanges Balancieren am Abgrund ersparen können. Aber natürlich lief es anders. Meme entwickeln oft eine Eigendynamik, die kaum zu stoppen ist. Viel zu viele Politiker und Militärs waren von der Macht der Bombe fasziniert; kaum einer wollte darauf verzichten. Es mag auch hier wieder das Argument eine Rolle gespielt haben, dass jemand anders früher oder später die Bombe erneut entwickeln würde – immerhin war jetzt bewiesen, dass es innerhalb weniger Jahre möglich war. Amerika wäre diesem Feind schutzlos ausgeliefert gewesen.

Der Einsatz der Bombe über Hiroshima und Nagasaki geschah sicherlich auch, weil man den Krieg so schnell wie möglich beenden und das Leben vieler US-Soldaten retten wollte. Allerdings fanden die Atombombenabwürfe zu einem Zeitpunkt statt, als Deutschland bereits kapituliert hatte und Japan am Rande der Niederlage stand. Kritiker haben immer wieder darauf hingewiesen, dass eine Machtdemonstration, beispielsweise der Abwurf über unbewohntem oder dünn besiedeltem Gebiet, wahrscheinlich ausgereicht hätte, um die japanische Führung zur Kapitulation zu zwingen. Zumindest hätte man dies versuchen können, bevor man die Bombe tatsächlich über einer japanischen Großstadt einsetzte.

Der Verdacht liegt nahe, dass der Atombomben-Abwurf nicht in erster Linie dem praktisch bereits besiegten Feind Japan galt, sondern dem neuen Feind Sowjetunion. Laut Leo Szilard soll US-Außenminister Byrnes gesagt haben: »Wenn wir mit der Bombe rasseln, werden die Sowjets fügsamer.« Die USA wollten ihre militärische Überlegenheit demonstrieren, um eine Ausbreitung des Kommunismus zu verhindern. Sie wollten möglichst große Opferzahlen unter der Zivilbevölkerung erreichen, um die Vernichtungskraft und Macht dieser Waffe zu demonstrieren. Es gab sogar Pläne, die Bombe mit einem Sirenenton auszustatten, damit möglichst viele Menschen bei ihrem Abwurf in den Himmel sahen und durch den grellen Blitz erblindeten. Diese Pläne wurden verworfen, doch die Auswirkungen auf unschuldige Menschen waren dadurch kaum weniger schrecklich.

Wie wir heute wissen, haben die Atombombenabwürfe auf Hiroshima und Nagasaki vor allem bewirkt, dass die Sowjetführung, wie von Szilard vorausgesehen, mit aller Macht in den Besitz des Atombomben-Mems kommen wollte, was ihr kurz darauf auch gelang. Heute würden Terroristen sicher alles tun, um eine solche Waffe in die Hände zu bekommen. Gerade der Schrecken dieses Mems fördert also seine Ausbreitung.

Auf eine perfide Art hat selbst die Atombombe aber auch Gutes bewirkt. Sie hat der Völkerverständigung gedient, indem sie uns verdeutlichte, dass der »totale Krieg« seit ihrer Erfindung keinen Sieger mehr kennt und niemand sich vor ihren schrecklichen Auswirkungen verstecken kann. Möglicherweise hat sie einen verlustreichen konventionellen Krieg zwischen den USA und der Sowjetunion verhindert. Die Gefahr eines Atomkriegs war einer der Faktoren, die zur Gründung der Vereinten Nationen und des Weltsicherheitsrats führten. Die Atombombe hat uns wie keine andere Erfindung deutlich gemacht, dass wir nicht alles machen dürfen, was wir machen können – dass die memetische Evolution auch ihre Grenzen braucht.

Dennoch wünscht sich wohl jeder vernünftig denkende Mensch, dieses Mem hätte nie seinen Weg in unsere Köpfe gefunden. Der Bau der Atombombe mag einigen tatsächlich wie eine gute Idee erschienen sein; er war es definitiv nicht.

Wie schwierig es ist, zwischen »gut« und »schlecht« zu unterscheiden und dabei die Folgewirkungen von Entscheidungen zu berücksichtigen, zeigte der Psychologe Dietrich Dörner in einer Reihe von bemerkenswerten Experimenten Mitte der achtziger Jahre. Er entwickelte am Computer ein Simulationsmodell, das die armseligen Lebensumstände des fiktiven afrikanischen Volkes der Moros abbildete. Testpersonen ohne Hintergrundwissen der Lebensumstände in Afrika sollten als »virtuelle Entwicklungshelfer« versuchen, das Schicksal der Moros zu verbessern. Dazu konnten sie mit einem bestimmten Entwicklungshilfe-Budget beispielsweise Brunnen bohren, die Tsetsefliege bekämpfen oder die Gesundheitsversorgung der Bevölkerung verbessern.

Es zeigte sich, dass fast alle Versuche, das Leben der Moros zu verbessern, in die Katastrophe führten. Der Grund war, dass die Testpersonen die indirekten Folgen ihrer Handlungen nicht einschätzen konnten. Wenn sie beispielsweise die Tsetsefliege bekämpften, senkte das die Rindersterblichkeit. Die Rinder vermehrten sich stark, doch die vorhandenen Weiden konnten sie nicht mehr ausreichend ernähren. In ihrer Not fraßen die Tiere nicht nur das Gras, sondern auch die Wurzeln der Pflanzen, was zu einer Versteppung der Weiden, zu einem Verhungern der Rinder und damit zum Ende der Moros führte. Eine auf den ersten Blick positive Veränderung – die Ausrottung des Überträgers einer tückischen Krankheit – führte zu einer katastrophalen Veränderung des komplexen dynamischen Systems.

Dörner zeigte nicht nur, wie schwierig es ist, in einer komplexen Situation richtige Entscheidungen zu treffen. Er belegte auch, dass Menschen mit einer solchen Situation nur sehr schlecht umgehen können. Wir neigen dazu, uns ein inneres Bild der vermuteten Zusammenhänge zu machen, und suchen dann selektiv nach Bestätigungen dieser Theorie. Alles, was nicht ins Bild passt, blenden wir aus. Dörners Testpersonen fragten zu Beginn des Experiments noch sehr viel zu den Umständen der Simulation und versuchten, sich durch Reflexionen ein Modell der Zusammenhänge zu erstellen (eine genaue Beschreibung der Wirkungszusammenhänge erhielten sie nicht). Doch je weiter die Simulation fortschritt, desto sicherer waren sich die Teilnehmer, das Richtige zu tun, zumal sie von anfänglichen Erfolgen – dem Rückgang der Rindersterblichkeit beispielsweise – bestärkt wurden. Sie blendeten Informa-

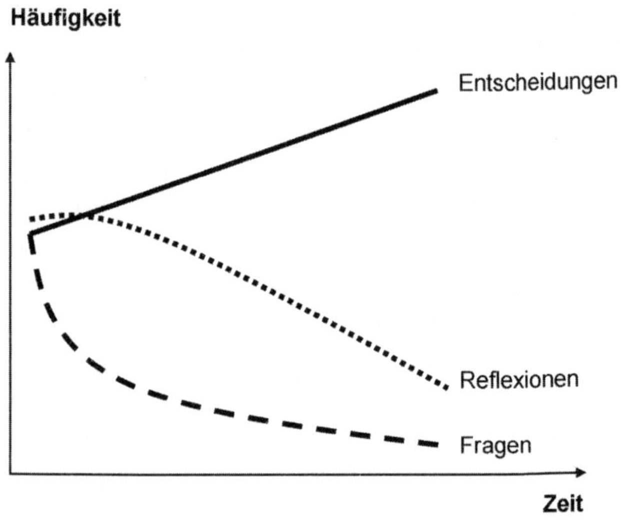

Informations- und Entscheidungsverhalten im Zeitablauf nach Dietrich Dörner (vereinfachte Darstellung)

tionen, die ihrem Erfolgskonzept widersprachen, einfach aus, bis es zu spät war. Dörner hat seine Erkenntnisse in dem Buch »Die Logik des Misslingens« veröffentlicht – eine Pflichtlektüre für jeden, der komplexe Entscheidungen mit weitreichenden Folgen treffen muss.

Man darf aus Dörners Analyse nicht den Schluss ziehen, am besten gar keine Entscheidungen mehr zu treffen, die Moros also quasi ihrem Schicksal zu überlassen. Es war im Experiment durchaus möglich, die Lebensqualität der Moros mit vorsichtigen, ausgewogenen Maßnahmen graduell zu steigern. Doch dazu mussten die Testpersonen bereit sein, die eigenen Annahmen über die Wirkungszusammenhänge ständig in Frage zu stellen. Sie mussten sogar systematisch nach Hinweisen darauf suchen, dass das eigene Gedankenmodell der Zusammenhänge nicht mit der Wirklichkeit übereinstimmt.

Die Zukunft wird also alles andere als »einfach«, und die komplexen Folgen heutiger technischer Entwicklungen lassen sich kaum absehen. Hinzu kommt, dass wir die memetische Evolution nicht kontrollieren, dass sie sich immer mehr verselbständigt.

Die Spekulationen darüber, was das für unsere Zukunft bedeuten könnte, sind vielfältig. Sie reichen von Katastrophenszenarien, in denen die Menschheit wahlweise durch Atombomben, Kampfroboter, ungebremste Umweltzerstörung, sich selbst replizierende Nanomaschinen oder künstliche Killerviren ausgelöscht wird, bis zu Phantastereien von unsterblicher Glückseligkeit in unendlichen virtuellen Welten, in die wir unseren Geist »hochgeladen« haben.

Dass die meisten Prognosen entweder sehr pessimistisch oder geradezu euphorisch klingen, liegt daran, dass sie fast immer mit einer bestimmten Absicht verbunden sind. Sie wollen uns entweder vor den Gefahren warnen, die auf dem Weg vor uns liegen – dann sind sie meistens zu negativ gefärbt. Bill Joys Essay gehört in diese Kategorie, ebenso möglicherweise auch dieses Buch. Oder sie wollen uns für Technik oder eine bestimmte Herangehensweise begeistern – dann wird die Zukunft in den schillerndsten Farben ausgemalt und prophezeit, dass ihre Segnungen uns ein unbeschwertes, sorgenfreies, gesundes, glückliches, möglicherweise gar ewiges Leben bescheren. Hierzu gehören Ray Kurzweils Utopien ebenso wie die Werbeprospekte mancher Bio- und Nanotechnologie-Unternehmen.

Beide Sichtweisen sind äußerst unwahrscheinlich. Und zwar mit der einfachen, aber zwingenden Begründung, dass sie viel zu simpel sind. Was immer die Zukunft sein wird, sie ist ganz sicher nicht so einfach und eindimensional, wie sie meistens dargestellt wird.

Wir haben einen freien Willen. Wir haben die Macht der Selektion. Der schlimmste Fehler, den wir machen können, wäre, diese Macht nicht zu nutzen oder allzu sorglos mit ihr umzugehen. Wir haben allerdings auch gesehen, wie schwierig es mitunter ist, zwischen »guten« und »bösen« Memen zu unterscheiden. Das Problem wird noch durch den Umstand verschärft, dass uns viele bösartige Meme zunächst positiv erscheinen – sonst würden wir sie gar nicht erst verbreiten.

Betrachten wir als ein weiteres Beispiel ein besonders perfides Mem: die Vorstellung, dass bestimmte Völker oder menschliche Rassen anderen überlegen sind und daher das Recht haben, diese zu unterdrücken oder gar zu vernichten. Einem aufgeklärten Menschen erscheint es offensichtlich, dass es sich hierbei um einen bösartigen Parasiten in unseren Köpfen handeln muss. Und doch war dieses Mem im letzten Jahrhundert so erfolgreich, dass es den Tod vieler Millionen Menschen verursacht hat, und es hält sich immer noch äußerst hartnäckig.

Das Rassismus-Mem benutzt dazu verschiedene Techniken, mit denen es sich als gutartig tarnt. Beispielsweise geht es eine Symbiose mit einem anderen Mem ein: der Angst vor dem Fremden. Rassismus gründet häufig in der Furcht vor der Dominanz durch eine andere Kultur oder Rasse. So entsteht der Gedanke, sich gegen eine solche Bedrohung zur Wehr setzen zu müssen.

Dann setzt das ein, was Dietrich Dörner bei seinen Testpersonen beobachtet hat: die selektive Wahrnehmung, die gezielte Suche nach Informationen, die die eigene Weltsicht bestätigen, das Ignorieren von Hinweisen auf das Gegenteil.

Ein Rassist wird nach Vorfällen suchen, die seine schlechte Meinung beispielsweise über ethnische Minderheiten bestätigen. Wann immer er einen Angehörigen dieser Minderheit sieht, der sich ungebührlich oder dumm verhält, wird er dies als weitere Bestätigung seiner Sichtweise auffassen. Vielleicht wird er ein solches Verhalten sogar – bewusst oder unbewusst – provozieren. »Normale« Angehörige dieser Minderheit wird er dagegen nicht bewusst wahrnehmen, die Erinnerungen an »langweilige« Begegnungen werden einfach ausgeblendet, ebenso wie schlechtes Benehmen seiner eigenen Volksgruppe. Der Rassist wird sich mit anderen Rassisten treffen und Witze oder abfällige Bemerkungen über die Minderheiten machen. Er wird vielleicht Bücher lesen, die seine Ansichten bestätigen. Aber er wird einen Bogen um Bücher, Vorträge oder Fernsehsendungen machen, die sich für die Rechte ausländischer Minderheiten einsetzen.

Besonders üble Mem-Kombinationen entstehen aus der Symbiose eines bösartigen mit einem eigentlich gutartigen Mem. Den Glauben an eine höhere Gerechtigkeit, an einen Gott, der uns lehrt, unseren Nächsten zu lieben, anderen zu verzeihen und seine Gebote zu achten, könnte man beispielsweise als ein positives Mem ansehen, auch wenn überzeugte Atheisten dies vermutlich bestreiten. Auf jeden Fall ist dieses Mem ein besonders häufig benutztes Einfallstor für bösartige Meme, eine Art trojanisches Pferd. In Kombination mit den Memen »Mein Glaube ist der einzig richtige« und »Jeder, der etwas anderes glaubt, verstößt gegen Gottes Gebote, deshalb gelten die Gebote der Nächstenliebe und des Friedens ihm gegenüber nicht« wird daraus jene Mischung aus Selbstgerechtigkeit und Hass, die einer der Hauptauslöser für Krieg, Terror und Gewalt in unserer Welt ist. Dabei ist es auch für nicht philosophisch gebildete Menschen leicht zu erkennen, dass die letztgenannten beiden Meme anmaßend und bösartig sein müssen.

Leider gibt es keine allgemeingültige Methode, um gute von bösen Memen zuverlässig zu unterscheiden. Aber es gibt Symptome, an denen sich erkennen lässt, ob man selbst von einem potentiell bösartigen Mem »befallen« ist, ähnlich wie sich eine Viruserkrankung in bestimmten körperlichen Merkmalen äußert. Einige dieser Symptome sind:

- Wir sind fest davon überzeugt, dass unsere Meinung die einzig richtige ist.
- Wir entwickeln Ungeduld oder Zorn, wenn jemand eine andere Meinung vertritt.
- Wir sehen Menschen mit anderer Meinung als ungebildet, dumm oder bösartig an.
- Wir lesen bevorzugt Bücher, die unsere eigene Meinung bestätigen, und vermeiden den Kontakt mit Personen, die anderer Meinung sind.

Diese Symptome sind Zeichen dafür, dass sich ein oder mehrere Meme in unserem Kopf festgesetzt haben, die sich dort gegen den Einfluss fremder Meme abschotten. Wenn wir zulassen, dass das geschieht, wenn wir uns vor dem Einfluss fremder Meinungen verschließen, dann haben wir uns zu einem willenlosen Werkzeug der Meme in unserem Kopf gemacht. Wir haben aufgehört zu selektieren und reproduzieren nur noch wie dumme Kopierautomaten.

Um das zu verhindern, dürfen wir nie vergessen, dass es nicht nur gutartige, sondern auch bösartige Meme gibt, die sich unabhängig von ihrem Wahrheitsgehalt »egoistisch« auszubreiten versuchen. Wir müssen uns der Gefahr bewusst sein, dass liebgewonnene Sichtweisen in Wahrheit schädliche Meme sein könnten, die unsere menschlichen Schwächen ausnutzen wie ein Virus in unserem Geist. Dabei hilft vielleicht die Erkenntnis, dass wir von der Evolution der Meme als Lakaien benutzt und gelegentlich auch missbraucht werden.

Auch die Gedanken in diesem Buch sind natürlich Meme – gutartige, wie ich hoffe. Sie sollen so etwas wie ein »Immunsystem« gegen die Infektion mit bösartigen Memen bilden. Indem ich Sie quasi mit der Erkenntnis Ihrer eigenen Anfälligkeit gegen bösartige Meme »impfe«, trage ich vielleicht dazu bei, dass diese sich weniger gut ausbreiten können.

Unabhängig davon, was und wie wir selektieren, können wir davon ausgehen, dass sich die Reproduktion, Mutation und Selektion von Memen weiter automatisieren wird. Wie aber gehen Maschinen mit der Selektion um? Können sie auch zwischen »guten« und »bösen« Memen unterscheiden?

Prinzipiell gibt es keinen Grund anzunehmen, dass nicht auch Maschinen irgendwann so etwas wie eine Moral oder Philosophie entwickeln können. Doch solange das nicht geschehen ist, kennen sie nur die Wertmaßstäbe, die wir ihnen vorgeben.

Nehmen wir als Beispiel das Internet. Den Computern, die dieses gigantische Netzwerk bilden, scheint es vollkommen egal zu sein, welche Art von Informationen sie verarbeiten und weiterverbreiten: Neueste Erkenntnisse der Medizin ebenso wie Anleitungen zum Bau von Bomben, Informationen über den Klimawandel, Sexvideos oder absurde Verschwörungstheorien.

Doch auf den zweiten Blick verwenden die Maschinen durchaus Selektionskriterien: Filter, die bestimmte Informationen durchlassen und andere nicht. Am augenfälligsten sind Virenschutzprogramme und Spam-Filter, die unerwünschten Werbe-Müll blockieren sollen. Weniger offensichtlich sind qualitative Filter, wie zum Beispiel die Reihenfolge angezeigter Suchergebnisse bei der Suchmaschine Google. Dabei werden bestimmte Informationen gegenüber anderen bevorzugt. Wie wir gesehen haben, benutzt Google dazu Informationen über die Netzwerkstruktur: Eine Website, auf die viele andere Websites verweisen, wird als höherwertig eingestuft als eine, bei der das nicht der Fall ist. Man kann bei Google auch Geld bezahlen, damit bestimmte Informationen angezeigt werden – diese sind dann allerdings als Werbelinks klar von den übrigen Inhalten getrennt.

Natürlich stellt sich die memetische Evolution auf diese Selektionskriterien ein. Wie wir gesehen haben, werden Viren und auch Spam-E-Mails immer raffinierter darin, die Schutzmechanismen zu umgehen. Viele Firmen nutzen die Selektionsmechanik von Google gezielt aus, um mit verschiedenen Tricks ihren »Page Rank« zu verbessern – hierfür gibt es längst spezielle Dienstleistungsanbieter. Im Internet gefunden zu werden, wird für die Ausbreitung von Memen und damit auch für den Erfolg von Firmen immer wichtiger.

Wenn Maschinen eines Tages vollkommen unabhängig von menschlichen Einflüssen Meme selektieren und verbreiten, werden diese Mechanismen ebenso zum Tragen kommen, vielleicht ergänzt durch ganz neue Kriterien, die wir uns heute noch nicht vorstellen können. Welche Meme sich dann durchsetzen, ist nicht vorhersehbar. Aber wir können davon ausgehen, dass die Maschinen zumindest eine Zeitlang unsere Kriterien weiterverwenden, unser Selektionsverhalten also imitieren werden. Dies ergibt sich als logische Folge daraus, dass wir unsere eigene Selektion immer weiter automatisieren.

Bereits in den neunziger Jahren arbeitete man intensiv an sogenannten »autonomen intelligenten Agenten«, die in der unübersehbaren Fülle des Internets gezielt nach für den Anwender interessanten Informationen suchen und diese dann nach und nach liefern sollten. Die Idee war, dass der Anwender seine Interessen spezifiziert und das Programm dann permanent das Internet durchsucht und gefundene Inhalte abliefert.

Dieser erste Ansatz hat sich aus mehreren Gründen nicht durchgesetzt: Einerseits ändern sich die Interessen der Anwender in aller Regel viel zu schnell – heute suche ich vielleicht bei Google nach Informationen über Konrad Zuse, morgen habe ich eine Frage zum Steuerrecht und übermorgen will ich eine günstige Flugreise buchen. Einen Agenten, der mich permanent mit den neuesten Informationen zu einem dieser Themen versorgt, benötige ich normalerweise nicht. Außerdem erwies sich die Definition der Suchkriterien als außerordentlich aufwendig und schwierig. Jeder, der schon mal etwas bei Google gesucht hat, kennt den Effekt: Man wird geradezu erschlagen von der Menge an Informationen, die einem angeboten werden, und muss mit viel Gespür vorgehen, um Relevantes von Irrelevantem zu unterscheiden. Das erinnert manchmal an die sprichwörtliche Nadel im Heuhaufen. Die Informationssuche im Internet ist selbst für erfahrene Anwender eine alles andere als triviale Aufgabe.

Andererseits wäre es verwunderlich, wenn die Evolution nicht aus dem ursprünglichen Mem der autonomen Agenten praktische Anwendungen entwickelt hätte. In der Tat findet sich der Gedanke, dem Anwender automatisch für ihn relevante Inhalte zu vermitteln, an vielen Stellen im Internet wieder. Manches von dem, was wir scheinbar zufällig entdecken, ist dort extra für uns platziert worden. Wir haben dieses »Targeted Advertising« in Teil II schon kennengelernt. Es entspricht im Grunde der Idee der autonomen Agenten, nur dass wir der Maschine nicht extra erklären müssen, was wir eigentlich suchen. Stattdessen beobachtet sie unser Verhalten, kombiniert dies mit dem beobachteten Verhalten anderer Menschen, zieht ihre

Schlussfolgerungen daraus und präsentiert uns dann die Ergebnisse auf eine unaufdringliche Art, so dass wir gar nicht merken, was da passiert.

Ein bekanntes Beispiel sind die »persönlichen Empfehlungen« des Online-Händlers Amazon. Es ist faszinierend, zu sehen, wie exakt die dahintersteckende sogenannte »Recommendation Engine« in der Lage ist, den Lesegeschmack mit neuen Buchempfehlungen zu treffen. Das funktioniert so: Die Maschine analysiert, welche Bücher ein Kunde gelesen hat, und vergleicht dies mit den Büchern, die andere Menschen gelesen haben. Sie folgert, dass Menschen, die dieselben Bücher gelesen haben wie der Kunde, einen ähnlichen Geschmack haben müssen, und empfiehlt entsprechend Bücher, die diese Menschen kauften. Noch bessere Empfehlungen erhält man, wenn man bewertet, wie einem die Bücher, die man bereits besitzt, gefallen haben.

Natürlich findet dabei eine selektive Auswahl statt, die sogar dazu führen kann, dass sich Meme im Kopf des Lesers festsetzen. Interessiert sich ein Leser beispielsweise für »Darwins Irrtum« des Evolutionsgegners Hans-Joachim Zillmer, in dem dieser mit haarsträubenden Argumenten zu belegen versucht, Menschen und Dinosaurier hätten zur selben Zeit gelebt, dann empfiehlt Amazon ihm weitere evolutionskritische Bücher, die meisten vom selben Autor. Das trägt sicher nicht unbedingt zu einer objektiven und sachlichen Auseinandersetzung mit dem Thema bei.

Wir müssen uns klarmachen, was hier passiert: Das Internet passt sich mehr und mehr an uns an. Es gaukelt uns eine Art objektive Realität vor, doch in Wirklichkeit sind viele der Informationen, die wir sehen, für uns vorgefiltert worden.

Dabei benutzen die Maschinen unser eigenes Verhalten als Maßstab. Sie lernen quasi durch Beobachtung, genau wie Kinder. Sie imitieren unsere Selektionskriterien. Und genau wie bei Kindern sollten wir aufpassen, was wir ihnen beibringen. Denn es könnte sein, dass unser jetziges Verhalten selbst dann noch Maßstab für das Handeln der Maschinen ist, wenn wir selbst gar keinen direkten Einfluss mehr auf sie ausüben.

Falls Maschinen jemals zu so etwas wie Liebe oder Hass, Barmherzigkeit oder Verachtung fähig sein sollten, dann deshalb, weil wir ihnen vorgemacht haben, entsprechend zu reagieren.

Im ersten Teil des Buches habe ich darzulegen versucht, dass die Entwicklung der Technik und die biologische Evolution auf demselben mathematischen Zusammenhang beruhen – einem Algorithmus, der zu einer sich beschleunigenden Entwicklung führt. Der zweite Teil zeigte, dass die Grenzen zwischen natürlich und künstlich, zwischen lebendig und unbelebt fließend sind und dass uns die Kontrolle über die memetische Evolution immer mehr entgleitet. Dennoch haben wir die Macht der Selektion, auch wenn mitunter nicht leicht zu entscheiden ist, welche Meme »gut« und welche »böse« sind.

Was fangen wir nun mit diesen Erkenntnissen an? Welche Rolle wollen wir zukünftig spielen? Wie können wir sicher sein, dass uns die Wahl, die wir treffen, nicht noch tiefer ins Verderben stößt?

Es gibt keine einfachen Antworten auf diese Fragen. Am wichtigsten ist vielleicht die Erkenntnis unserer eigenen Beeinflussbarkeit, unserer Neigung, uns von Memen verführen und gefangen nehmen zu lassen, mögen diese nun »gut« oder »böse« sein. Was wir am dringendsten brauchen, ist vielleicht eine gewisse Demut.

Die schlimmsten Fehler machen wir, solange wir glauben, »alles im Griff« zu haben, und uns als die Herren der Schöpfung wähnen, von Gott oder der natürlichen Selektion dazu auserwählt, über die Natur zu herrschen und mit unserer überragenden Intelligenz die Zukunft des Planeten zu bestimmen. Derartige Überheblichkeit hat dazu geführt, dass wir die Welt – besser gesagt, die menschliche Zivilisation – schon mehrfach an den Rand der Zerstörung gebracht haben.

Diese Arroganz sollten wir schnellstens ablegen. Der Titel des Buches soll das ausdrücken: Wir kontrollieren die von uns geschaffene Technik nicht, sondern, im Gegenteil, sie benutzt uns. Solange wir das nicht verstanden haben, wird es uns ergehen wie dem Zauberlehrling in Goethes Gedicht, der auch glaubte, die Geister, die er rief, beherrschen zu können, bis sie ihn eines Besseren belehrten. Leider können wir aber nicht damit rechnen, dass uns im letzten Moment ein Zaubermeister aus der Patsche hilft.

Wie dargelegt, besitzen wir die Macht der Selektion und müssen sie nutzen. Wir dürfen uns nicht manipulieren und von egoistischen Memen herumkommandieren lassen. Aber wenn wir trotz dieser Macht nicht die Herren der Schöpfung sind und unsere Zukunft nicht vollständig kontrollieren können, welches Rollenmodell steht uns dann zu?

Es gibt sicher verschiedene Möglichkeiten dafür. Ich persönlich bevorzuge das Bild eines Gärtners.

Ein guter Gärtner versteht sich zunächst als Diener der Natur. Es ist nicht seine Aufgabe, Pflanzen zu erschaffen, sondern er muss ihnen helfen, zu wachsen und zu gedeihen. Doch er kann und muss auch gestalten. Er ist kein willenloser Sklave der Natur, sondern er entscheidet, welche Pflanzen gefördert werden sollen und welche nicht. Ein gelungener Garten wirkt vielleicht auf den ersten Blick wie ein zufälliges, auf natürliche Weise entstandenes Arrangement von prächtigen Blumen, Büschen und Bäumen. Doch in dieser scheinbaren Zufälligkeit steckt viel Planung, Arbeit und Pflege. Ein guter Gärtner liebt Pflanzen, vielleicht sogar diejenigen, die er jätet, um anderen Gewächsen Raum zu schaffen. Er weiß, welche Pflanzen viel Licht brauchen und welche Schatten, wie sich verschiedene Arten miteinander vertragen, wie er ein ausgewogenes Gleichgewicht schafft, in dem sich auch Tiere wohl fühlen.

Ein Gärtner, der seinen Beruf gern ausübt, hat großen Respekt vor der Natur. Er ist sich der Schönheit und Vielfalt bewusst, die Jahrmilliarden natürlicher Evolution hervorgebracht haben. Er weiß, dass hier Mächte am Werk waren, die viel größer sind als seine eigene Gestaltungskraft. Und doch gelingt es ihm, diesen Kräften seinen eigenen Stempel aufzudrücken, sie auf sanfte, gutmütige Art mit seinem Willen zu formen. Er ist sich dabei immer seiner Rolle bewusst – gleichzeitig Werkzeug und Meister der Natur zu sein.

Vielleicht sollten wir alle ein wenig mehr wie Gärtner denken. Dann haben wir meiner Meinung nach die Chance, aus der Erde einen Garten Eden zu machen.

Was bedeutet das konkret? Zunächst müssen wir uns klarmachen, dass es nicht einen Gärtner gibt, sondern fast 7 Milliarden. Jeder von uns – Sie, ich, Ihre Nachbarn – bestellt seinen eigenen kleinen Garten, vielleicht nur wenige Quadratmeter in einem gigantischen, den ganzen Planeten umfassenden Park. Doch ein schöner Park besteht aus vielen kleinen Flecken sorgsam gepflegter Rasenflächen, aus vielen einzelnen Büschen und Bäumen, so wie eine Wüste aus vielen Sandflächen, kahlen Felsen und Steinen besteht.

Wir können uns entscheiden, die Pflege unseres Fleckchens in diesem Park zu vernachlässigen und das Unkraut dort wild wuchern zu lassen. Damit riskieren wir, dass dieser Wildwuchs auch auf benachbarte Zellen übergreift. Jeder Gärtner weiß, dass ein solcher Wildwuchs umso schwerer zu beseitigen ist, je länger man ihm Zeit lässt, sich auszubreiten. Wir können uns aber auch entscheiden, unser Stück des Paradieses zu pflegen. Das ist mühsam und erfordert permanente Aufmerksamkeit. Aber es lohnt sich.

Jeder von uns muss für sich selbst entscheiden, wie er seine Rolle als »Gärtner« annimmt und ausfüllt. Die folgenden Prinzipien können vielleicht dabei helfen:

Jede Wahl bewusst treffen

Jedes Produkt, das wir kaufen, hat uns irgendwie dazu gebracht, es zu kaufen. Machen wir uns klar, wie das geschehen ist und ob wir das Produkt wirklich brauchen. Seien wir uns immer bewusst, dass jede Handlung eine Wahl ist, die Konsequenzen hat: für unser Leben, für andere Menschen, für die Umwelt. Ein billiges Produkt ist vielleicht nur deshalb billig, weil es unter Verzicht auf Umweltschutz und gerechten Lohn hergestellt wurde. Eine Stunde vor dem Fernseher ist eine Stunde, in der wir nicht kreativ sein, unsere Gedanken nicht mit anderen Menschen teilen und niemandem zuhören können.

Den Verlockungen der Technik widerstehen

Alles hat seinen Preis. Automatisierung bedeutet immer auch die Abgabe von Kontrolle, den Verzicht auf bewusste Entscheidungen. Eine allzu schöne neue Welt, in der alles wie von selbst geht und Maschinen uns jeden Wunsch von den Augen ablesen, ist am Ende vielleicht nur eine trügerische Illusion. Seien wir neugierig und aufgeschlossen, bewahren wir uns aber eine gesunde Skepsis! Wir können die Annehmlichkeiten der Technik nutzen und aufregende neue Welten entdecken, aber wir sollten niemals vor unseren Schwierigkeiten in virtuelle Traumwelten flüchten, so verlockend diese auch sein mögen. Denn es wird mit der Zeit immer schwerer, daraus zurückzukehren und sich der Realität zu stellen.

Der absoluten Wahrheit misstrauen

Wir sollten andere Meinungen immer respektieren und ernsthaft jedes Argument prüfen, das uns entgegengebracht wird – auch und gerade dann, wenn es unserer eigenen Sichtweise widerspricht. Vergessen wir nie: Wenn wir überzeugt sind, dass unsere eigene Meinung richtig und unumstößlich ist, dann heißt das nur, dass es die Meme in unseren Köpfen geschafft haben, sich festzusetzen und unsere Fähigkeit zur Mutation und Selektion zu unterdrücken. Das bedeutet nicht, dass wir keine eigene Meinung haben beziehungsweise keinen klaren Standpunkt beziehen sollen – nur dürfen diese niemals unumstößlich und unangreifbar sein. Wir sollten allen misstrauen, die Anspruch auf die absolute Wahrheit erheben – am meisten uns selbst.

Positive Meme verbreiten

Wenn wir gutartige Ideen und Gedanken weiterverbreiten, machen wir es bösartigen Memen schwerer, sich in den Köpfen der Menschen festzusetzen. Gehen wir mit gutem Beispiel voran, denn auch Verhaltensweisen gegenüber anderen sind Meme, die sich über Imitation weiterverbreiten. Bei der Einschätzung, was gut und was schlecht ist, sollten wir uns von Verstand und Intuition leiten lassen und dabei bedenken, dass alle Meme – auch »gute« – egoistisch sind und nur dann erfolgreich sein können, wenn sie Menschen dazu bringen, sie zu verbreiten. Wir sollten daher auch die Vielfalt der Meme fördern, indem wir stets offen sind für neue Einflüsse, Ideen und Gedanken.

Die Rolle als »Gärtner im Garten Eden« akzeptieren

Die memetische Evolution ist weder positiv noch negativ, weder gut noch böse. Sie hat uns nicht nur Atombomben und Computerviren gebracht, sondern auch die großartigen Werke Leonardo da Vincis, Beethovens oder der Beatles. Sie schafft neue Risiken, bietet uns aber auch viele neue Chancen für ein besseres, erfülltes Leben. Wir sollten unsere Macht der Selektion sorgfältig nutzen, egal, ob wir einkaufen, mit anderen reden, den Fernseher einschalten oder zur Bundestagswahl gehen. Aber man kann alles übertreiben: Manchmal muss man sich auch einmal etwas gönnen, einer Verlockung nachgeben, solange das bewusst und in Maßen geschieht. Ein guter Gärtner übt seinen Beruf mit Freude aus – erfreuen wir uns also an dem, was die memetische und die biologische Evolution uns an Positivem bringen.

Die vorstehenden Prinzipien kommen Ihnen vielleicht irgendwie bekannt vor. Es sind im Wesentlichen uralte »gute« Meme, die unsere Spezies seit Jahrtausenden begleiten. Sie finden sich in der einen oder anderen Form in den Schriften der griechischen Philosophen, in der Bibel, im Koran, in Gedichten und Romanen. Ich habe sie lediglich etwas anders formuliert.

Um unsere Rolle als »Gärtner im Garten Eden« anzunehmen, müssen wir eigentlich nur ein wenig bewusster und bescheidener leben, unseren gesunden Menschenverstand vielleicht noch etwas häufiger nutzen und uns eine vernünftige Dosis Skepsis bewahren gegenüber allem, was allzu schön klingt. Insofern erzählt dieses Buch nichts Neues.

Vielleicht ist es mir dennoch gelungen, die vertrauten Probleme des Alltags und die rasante Entwicklung der Technik in einem neuen Licht erscheinen zu lassen. Wenn Sie ab jetzt ein bisschen bewusster einkaufen, ein wenig länger überlegen, bevor Sie etwas vernetzen oder automatisieren, etwas öfter den Fernseher und Computer ausschalten, um mit richtigen Menschen an einem richtigen Tisch zu sitzen und einfach nur über Gott und die Welt zu reden, dann haben die Meme in diesem Buch ihr Ziel erreicht.

Von Martin Luther stammt angeblich der Ausspruch: »Wenn ich wüsste, dass morgen der Jüngste Tag wäre, würde ich heute noch ein Apfelbäumchen pflanzen.« Es gibt keinen historischen Beleg dafür, dass Luther diesen Satz jemals gesagt hat – ein Hinweis darauf taucht erst 1944 in einem Rundbrief der hessischen Kirche auf. Dennoch hat sich dieses Mem erfolgreich ausgebreitet und es sogar in abgewandelter Form zum Titel eines Buchs von Hoimar von Ditfurth gebracht.

Dass er nicht von Luther stammt, tut der Schönheit und Weisheit des Satzes keinen Abbruch. Denn er sagt aus, dass wir mit unserer Beschränktheit *gar nicht wissen können*, ob morgen der Jüngste Tag ist!

»Die Hoffnung stirbt zuletzt«, heißt es in einer weniger poetischen Variante desselben Gedankens. Damit wäre die Hoffnung das mächtigste und langlebigste aller Meme – ein beruhigender Gedanke, wie ich finde.

Schließen wir also an dieser Stelle in der Hoffnung, dass es uns mit Hilfe der memetischen Evolution gelingen wird, die Erde in einen echten Garten Eden zu verwandeln!

Literatur

Berners-Lee, Tim; Fischetti, Mark: »Weaving the Web«, Harper San Francisco / San Francisco 1999

Blackmore, Susan: »Evolution and memes: The human brain as a selective imitation device«, Cybernetics and Systems 32 / 2001, S. 225-255

Briggs, John; Peat, David F.: »Die Entdeckung des Chaos«, Carl Hanser Verlag / München 1990

Bublath, Joachim: »Die neue Welt der Gene«, Deutscher Taschenbuch Verlag / München 2007

Darwin, Charles: »On the Origin of Species by Means of Natural Selection, or the Preservation of Favoured Races in the Struggle for Life«, veröffentlicht im Internet unter http://www.literature.org/authors/darwin-charles/the-origin-of-species/index.html

Dawkins, Richard: »The Extended Phenotype«, Oxford University Press / Oxford 1999

Dawkins, Richard: »Das egoistische Gen«, Rowohlt Taschenbuch Verlag / Reinbek 1996

Dawkins, Richard: »Der Gotteswahn«, Ullstein Verlag / Berlin 2007

Ditfurth, Hoimar von: »So lasst uns denn ein Apfelbäumchen pflanzen«, Droemer Knaur Verlag / München 1988

Dörner, Dietrich: »Die Logik des Misslingens«, Rowohlt Taschenbuch Verlag / Reinbek 2003

Dyson, George: »Darwin among the machines«, Basic Books / New York 1998

Dyson, Freeman: »Our Biotech Future«, The New York Review of Books 54, Nr. 12/2007

Ende, Michael: »Die unendliche Geschichte«, Roman, Thienemann-Verlag / Stuttgart 1979

Frey, James N.: »The Key – Die Kraft des Mythos«, Hermann-Josef Emons Verlag / Köln 2001

Geary, James: »The Body Electric – An Anatomy of the New Bionic Senses«, Weidenfeld & Nicolson / London 2002

Gould, Stephen Jay: »Illusion Fortschritt«, Fischer Taschenbuch Verlag / Frankfurt 1999

Gould, Stephen Jay: »The Mismeasure of Man«, W. W. Norton & Company / New York 1983

Horx, Matthias: »Technolution – Wie unsere Zukunft sich entwickelt«, Campus Verlag / Frankfurt am Main 2008

Horx, Matthias: »Die Reise mit den Söhnen – Das Computerspiel World of Warcraft und sein pädagogischer Nutzen«, Psychologie & Neue Medien, Dezember 2007, S. 45–51

Horx, Matthias: »Das Gefühlsmodul«, Weltwoche 37/2003, Zürich 2003

Huebner, Jonathan: »A possible declining trend for worldwide innovation«, Technological Forecasting & Social Change 72, S. 980–986, 2005

Jäger, Reinhold / Moormann, Nina: »Merkmale pathologischer Computerspielnutzung im Kindes- und Jugendalter«, herausgegeben vom Zentrum für empirische pädagogische Forschung (Zepf) der Universität Koblenz-Landau, Verlag Empirische Pädagogik / Landau 2008

King, Stephen: »On Writing«, Pocket Books / New York 2002

Kirschner, Sebastian: »Wie kam das Wort zum Menschen?«, GEO WISSEN Nr. 40 / 2007, S. 87-93

Kurzweil, Ray: »Homo S@piens«, ECON Verlag / München 2000

Kurzweil, Ray: »The Singularity is Near«, Penguin Books / New York 2006

Lenzen, Manuela: »Evolutionstheorien in den Natur- und Sozialwissenschaften«, Campus Verlag / Frankfurt 2003

Lienhard, John H.: »How Invention Begins«, Oxford University Press / Oxford 2006

Litz, Christian: »Der Vorrechner«, Financial Times Deutschland / 11. 6. 2009, S. 23

MessageLabs Ltd.: »MessageLabs Intelligence: Spammers defeat Google CAPTCHA mechanisms«, Pressemitteilung vom 29. 2. 2008, http://www.messagelabs.com/resources/press/11657
Modis, Theodore: »Forecasting the Growth of Complexity and Change«, Technological Forecasting & Social Change 69, No. 4, 2002
Modis, Theodore: »The Singularity Myth«, Technological Forecasting & Social Change 73, No. 2, 2006

Nielsen, Michael: »Spielregeln für Quantencomputer«, Spektrum der Wissenschaft, Dossier 2/2007, S. 83–90

Olsberg, Karl: »Das System«, Roman, Aufbau-Verlag / Berlin 2007

Rosenberg, Scott: »Anything You Can Do, I Can Do Meta«, Technology Review, January 2007

Smart, John: »Measuring Innovation in an Accelerating World: Review of ›A Possible Declining Trend for Worldwide Innovation‹«, Acceleration Studies Foundation, 2005, http://accelerating.org/articles/huebnerinnovation.html
Stede, Manfred: »Einführung in die Künstliche Intelligenz - Band 1: Methodische Grundlagen«, W.-D. Luther-Verlag / Sprendlingen 1983

Thuy, Michael, et al.: »Kognitive Automobile – Neue Konzepte und Ideen des Sonderforschungsbereiches/TR-28«, Publikation des Transregional Collaborative Research Center 2008, http://www.kognimobil.org
Turing, Alan: »Computing Machinery and Intelligence«, Mind 59 / 1950, S. 433–460

Walker, Stephen: »Hiroshima – Countdown der Katastrophe«, C. Bertelsmann Verlag / München 2005
Woese, Carl: »A New Biology for a New Century«, Microbiology and Molecular Biology Reviews, Juni 2004, S. 173–186

Zuckerman, Albert: »Bestseller«, Lübbe Verlag / Bergisch Gladbach 1995

Danksagung

Die Meme zu diesem Buch sind mir von verschiedenen Menschen in den Kopf gepflanzt worden. Die meisten finden sich in der Literaturliste wieder. Besonders hervorheben möchte ich Richard Dawkins, der den Begriff des Mems schuf und das Konzept einer breiten Öffentlichkeit darlegte (auch wenn er nicht der erste war, der den Grundgedanken dazu hatte). Mein Dank gilt darüber hinaus allen, die sich in unzähligen Diskussionen meine halbfertigen Ideen geduldig angehört und in einem schier endlosen Selektionsprozess den gröbsten Unsinn herausgefiltert haben – allen voran Olaf Voß, der mich mit seinem physikalischen Sachverstand und seiner analytischen Logik immer wieder auf den Boden der Realität zurückgeholt hat.

Meiner Agentin Silke Weniger, meinem Lektor Andreas Paschedag und dem Team des Aufbau-Verlags danke ich im Namen der Meme in diesem Buch dafür, dass sie es gelesen, akzeptiert, korrigiert, gestaltet, gedruckt und in den Handel gebracht haben.

Dieter Gandras danke ich für Anregungen und das exzellente Foto des Leoparden. Meinem Arbeitgeber, der Hamburger Unternehmensberatungsfirma PUTZ & PARTNER, gilt mein Dank für Unterstützung und Geduld. Meinem Laptop und seinen Schöpfern, den Firmen Hewlett-Packard, Microsoft und OpenOffice danke ich für die Unterstützung und die zuverlässige Vermeidung von Datenverlusten.

Dass ich trotz der vermeintlich düsteren Perspektiven, die manch einer aus diesem Buch herauslesen mag, ein

Optimist geblieben bin, verdanke ich vor allem meiner Frau Carolin, die sich auch diesmal als erste Leserin tapfer durch ein unfertiges Manuskript gekämpft hat, und meinen Söhnen Konstantin, Nikolaus und Leopold. Sie pflanzen täglich aufs Neue das mächtigste Mem von allen in meinen Kopf: Die Liebe.